KB115199

쉽게 **사진**으로 배우는

어린이 옷 만들기

조현주 · 정혜민 · 정명희 공저

Jumper Skirt
Blouse
Jacket
One-piece
Pants
Bluejone
Two-piece

전원문화사

머리말

본서에서 사용하는 아동복 원형은 평면으로 제도할 때의 기초가 되는 문화식을 사용한 것으로, 어린이의 사이즈에 맞는 옷을 제작하기 위한 쉽고 간편한 기본이 되는 방법이다. 원형은 가슴둘레와 등 길이, 소매 길이의 치수로부터 계산해서 제도하고, 이어서 원하는 디자인을 선택하여 원형 위에서 제도해 가는 방법으로 설명하고 있다.

점선이나 가는 실선은 기본 몸판 원형과 기본 소매 원형이며, 굵은 실선은 여유분이나 길이를 추가하고 다트나 낸단분 등이 추가된 것으로서, 각 디자인별로 제도를 해서 옷본을 만들어 사용하면 된다.

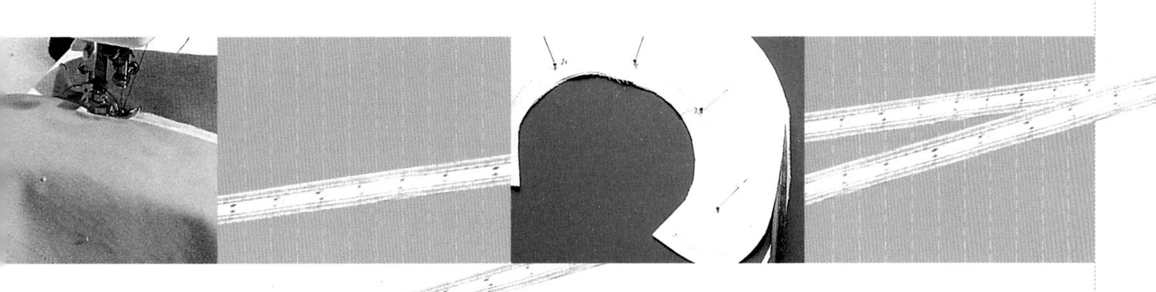

우선 제도를 하기에 앞서 어린이의 가슴둘레, 허리둘레, 엉덩이둘레, 소매 길이, 바지 길이와 밑 위, 밑 아래 길이 등의 사이즈를 재어 사용하는 것이 가장 몸에 잘 맞게 된다. 사이즈를 정확히 계측하였는지 참고 치수표와 비교해 보는 것도 좋을 것이다.

또한 본서에서는 기본 원형 위에서 원하는 디자인의 제도를 하여 사용할 수 있도록, 신장을 기준으로 한 세 가지 사이즈로 나누어 제도한 실물 크기의 기본 원형을 첨부해 두었다.

봉제 방법에 있어서는 제작 과정에 따라 촬영된 컬러 사진들을 보아 가면서 교실에서 직접 강의를 듣는 것과 같은 감각으로 쉽게 따라 할 수 있도록 상세하게 설명하였다.

끝으로 출판에 협조해 주신 전원문화사의 김철영 사장님, 이희정 실장님, 클릭의 김미경 실장님과 최윤정 씨에게 감사의 뜻을 표합니다.

차 례 C.O.N.T.E.N.T.S

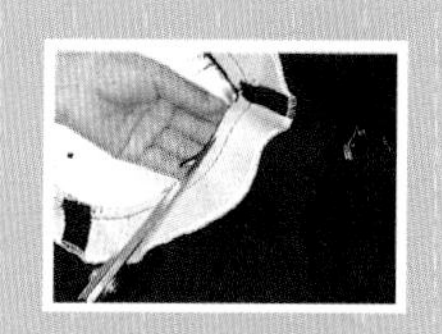

Jumper Skirt

—

Blouse

—

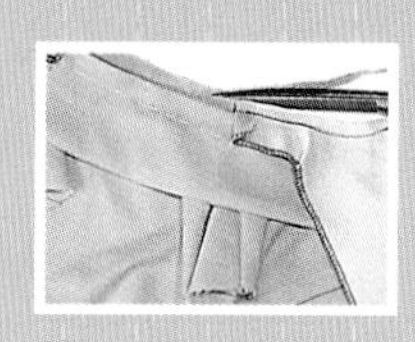

Jacket

—

One-piece

—

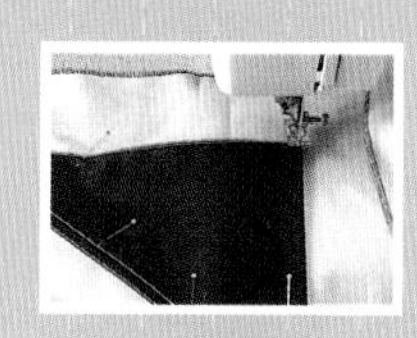

Pants

—

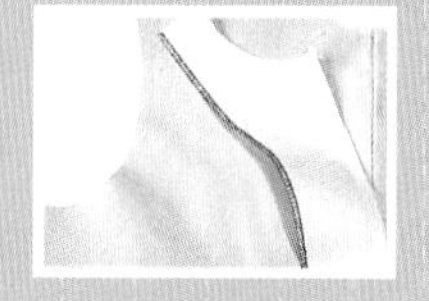

Bluejone

—

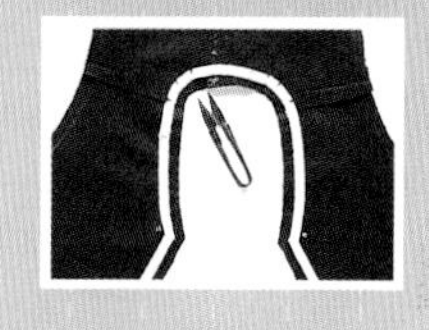

Two-piece

사이즈 재는 법

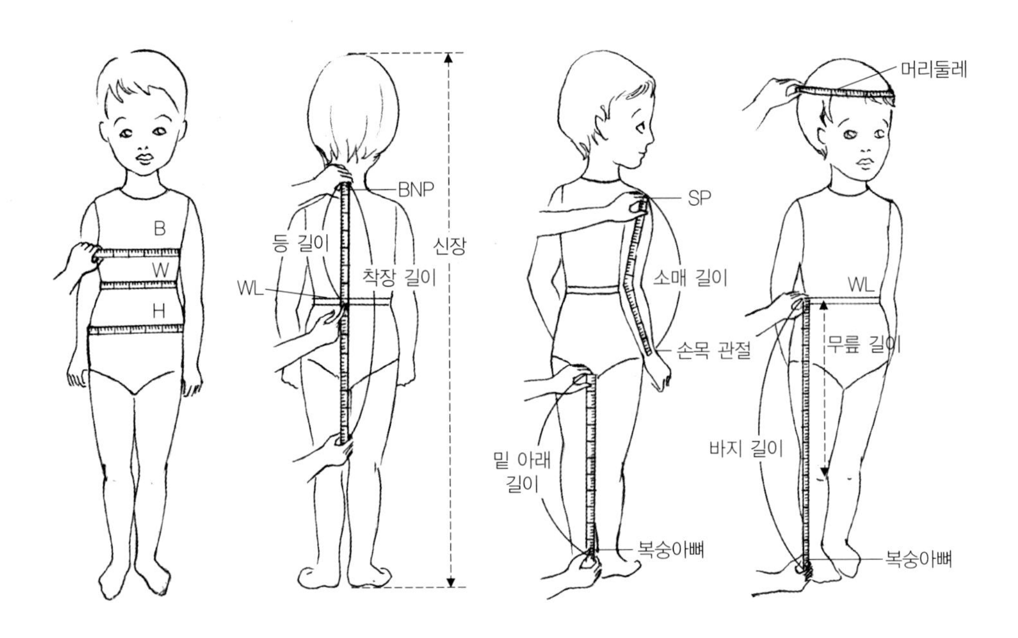

● **참고 치수표** ●

단위(cm)

참고 연령	가슴 둘레	허리 둘레	엉덩이 둘레	등 길이	소매 길이	바지 길이	밑 위 길이	밑 아래 길이	무릎 길이	머리 길이	체중 (kg)
3세	51~52	49	52	19~21	27	48~50	20	28~30	27~29	50	13~15
4세~4.5세	53~54	51	57	23~24	31	54~56	20	34~36	33~35	53	16~18
5세~6.5세	56~58	53	58~60	26~27	37	61~65	21	40~44	36~39	54	20~22

* 밑 위 길이는 바지 길이에서 밑 아래 길이를 뺀 치수.

용 어

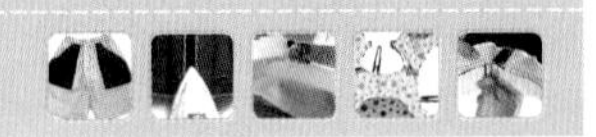

- B = Bust(가슴둘레의 약자)
- W = Waist(허리둘레의 약자)
- H = Hip(엉덩이둘레의 약자)
- BP = Bust Point(유두점의 약자)
- BNP = Back Neck Point(뒷목점의 약자)
- SP = Shoulder Point(어깨 끝점의 약자)
- EL = Elbow Line(팔뒤꿈치 선의 약자)
- BL = Bust Line(가슴둘레 선의 약자)
- WL = Waist Line(허리둘레 선의 약자)
- HL = Hip Line(엉덩이둘레 선의 약자)
- FNP = Front Neck Point(앞 목점의 약자)
- SNP = Side Neck Point(옆 목점의 약자)
- AH = Armhole(진동둘레의 약자)

● **몸판 원형 :** 필요한 치수 = 가슴둘레, 등 길이

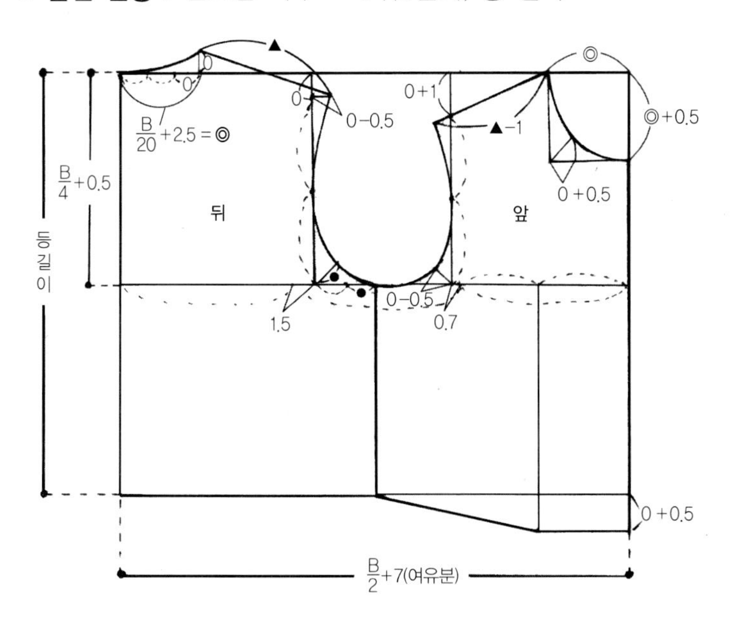

● **소매 원형 :** 필요한 치수 = 소매 길이, 몸판의 진동둘레 치수

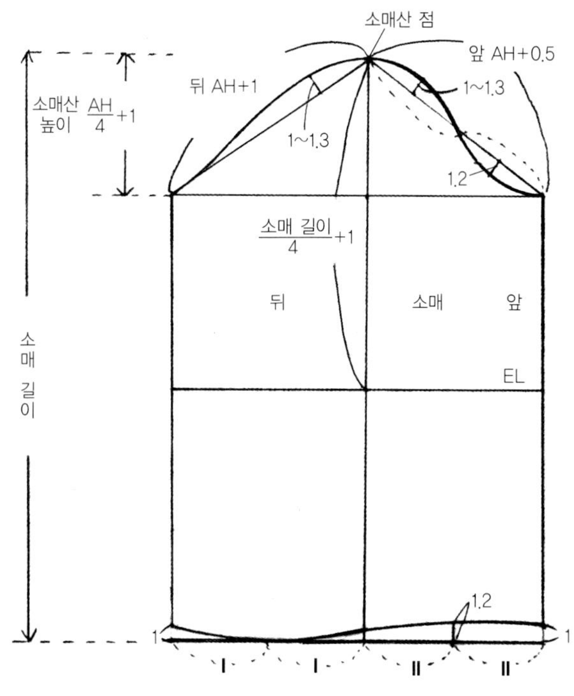

소매산의 높이

- 1 ~ 6세까지 = $\frac{AH}{4}+1$
- 7 ~ 10세까지 = $\frac{AH}{4}+1.5$

제도 기호

- **완성선**
  굵은 선. 이 위치가 완성 실루엣이 된다.

- **안내선**
  짧은 선. 원형의 선을 가리킴. 완성선을 그리기 위한 안내선. 점선은 같은 위치를 연결하는 선.

- **안단선**
  안단의 폭이 앞 여밈단으로부터 선의 위치까지 라는 것을 가리킨다.

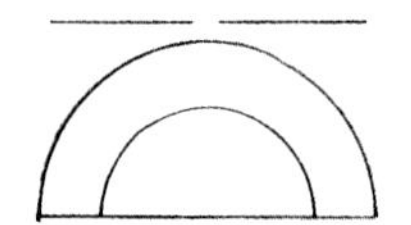

- **골선**
  조금 긴 파선. 천을 접어 그 접은 곳에 패턴을 맞추어서 배치하라는 표시.

- **꺾임선, 주름산 선**
  짧은 중간 굵기의 파선. 칼라의 꺾임선, 팬츠의 주름산 선.

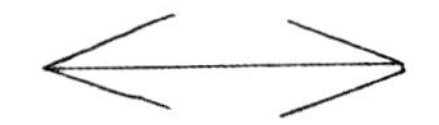

- **식서 방향(천의 세로 방향)**
  천을 재단할 때 이 화살표 방향에 천의 세로 방향이 통하게 한다.

외주름 겉 핀턱 안 핀턱 맞주름 턱

- **플리츠, 턱의 표시**
  플리츠나 턱으로 되는 것의 접히는 부분을 가리키는 것으로, 사선이 위를 향하고 있는 쪽이 위로 오게 접는다.

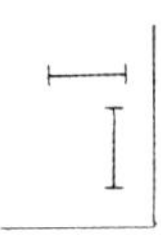

- **단춧구멍 표시**
  단춧구멍을 뚫는 위치를 가리킨다.

- **오그림 표시**
  봉제할 때 이 위치를 오그리라는 표시.

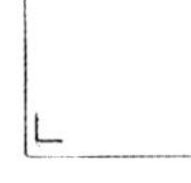

- **직각의 표시**
  자를 대어 정확히 그린다.

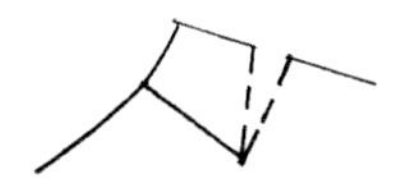

- **접어서 절개**
  패턴의 실선 부분을 자르고, 파선 부분을 접어 그 반전된 것을 벌린다.

3절개

● **절개**

패턴을 절개하여 숫자의 분량만큼 잘라서 벌린다.

● **절개**

화살표 끝의 위치를 고정시키고 숫자의 분량만큼 잘라서 벌린다.

● **등분선**

등분한 위치의 표시.

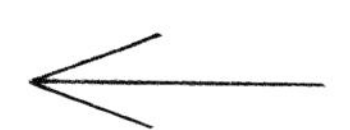

● **털의 방향**

코르덴이나 모피 등 털이 있는 것을 재단할 때 화살표 방향에 털 방향을 맞춘다.

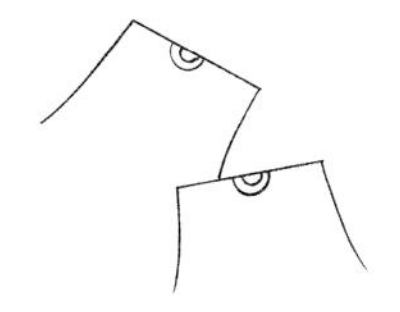

● **서로 마주 대는 표시**

따로 제도한 패턴을 서로 마주 대어 한 장의 패턴으로 하라는 표시. 위치에 따라 골선으로 사용하는 경우도 있다.

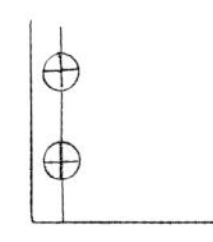

● **단추 표시**

단추 다는 위치를 가리킨다.

● **늘림 표시**

봉제할 때 이 위치를 늘려 주라는 표시.

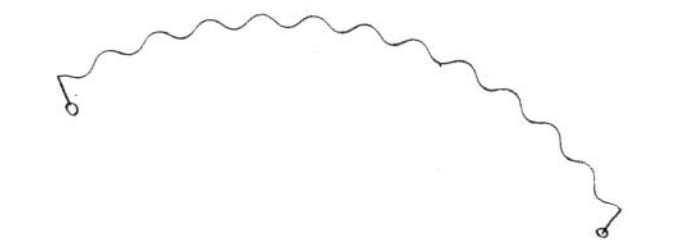

● **개더 표시**

개더 잡을 위치의 표시.

● **다트 표시**

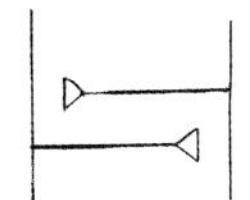

● **지퍼 끝 표시**

지퍼달림이 끝나는 위치.

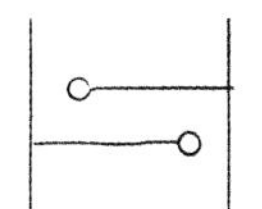

● **봉제 끝 위치**

박기를 끝내는 위치.

점퍼스커트 1 | *Jumper Skirt*

끈이 달린 점퍼스커트 처리법을 배운다. 데님 천으로 만들면 사계절 모두 착용. 단추의 위치를 바꿀 수 있어 키가 커도 착용할 수 있다.

- 겉감 110cm 폭 ···▸ 125cm
- 접착심지 90cm 폭 ···▸ 50cm(안단, 주머니 입구분)
- 단추 직경 1.5cm ···▸ 2개

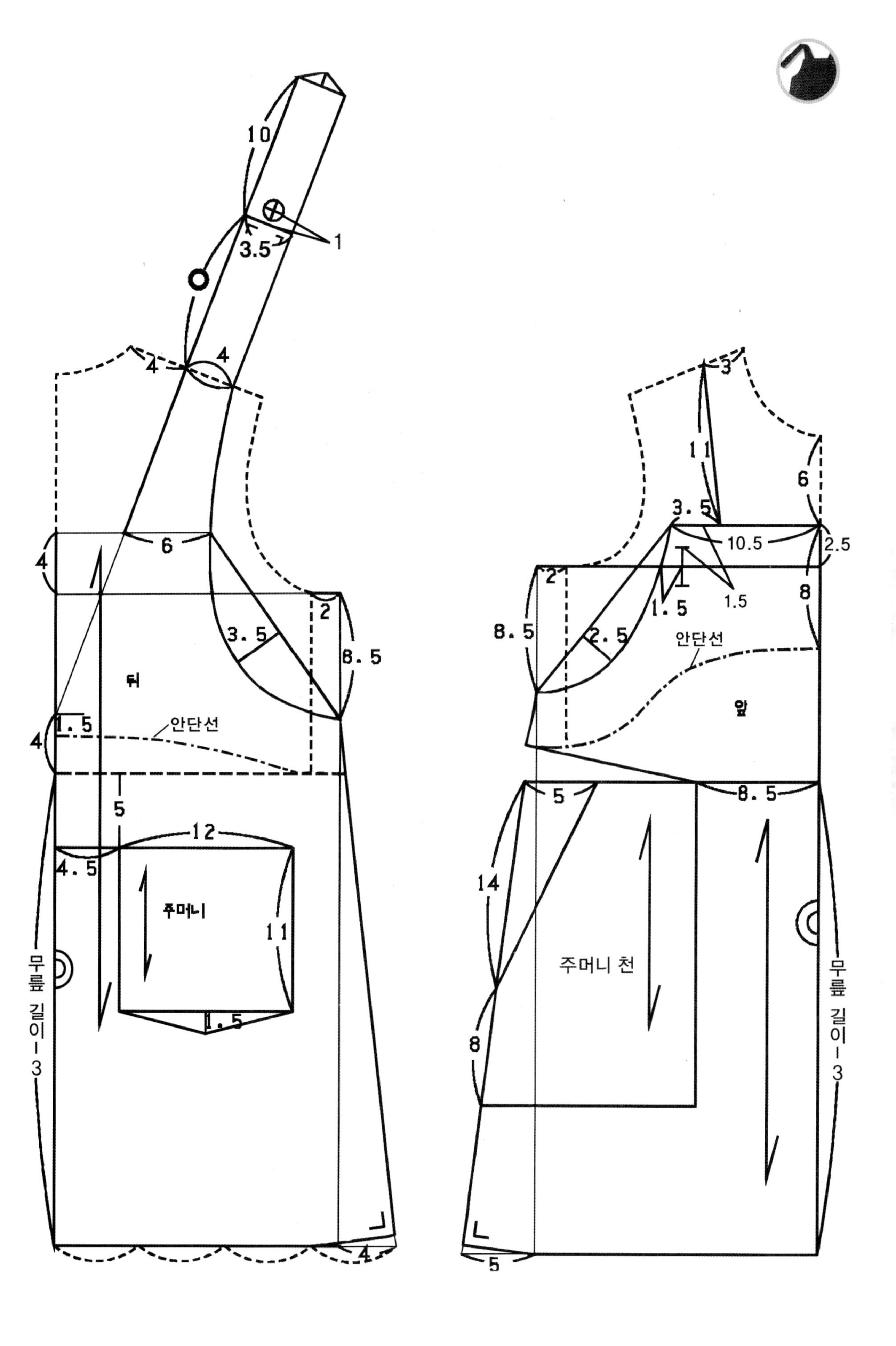
10
3.5
1
4
4
6
4
2
3. 5
8. 5
뒤
1. 5
안단선
4
5
12
4. 5
주머니
11
1.5
무릎 길이－3
4
3
11
6
3. 5
10.5
2.5
2
1.5
1. 5
8
8. 5
2. 5
안단선
앞
5
8. 5
14
주머니 천
8
무릎 길이－3
5

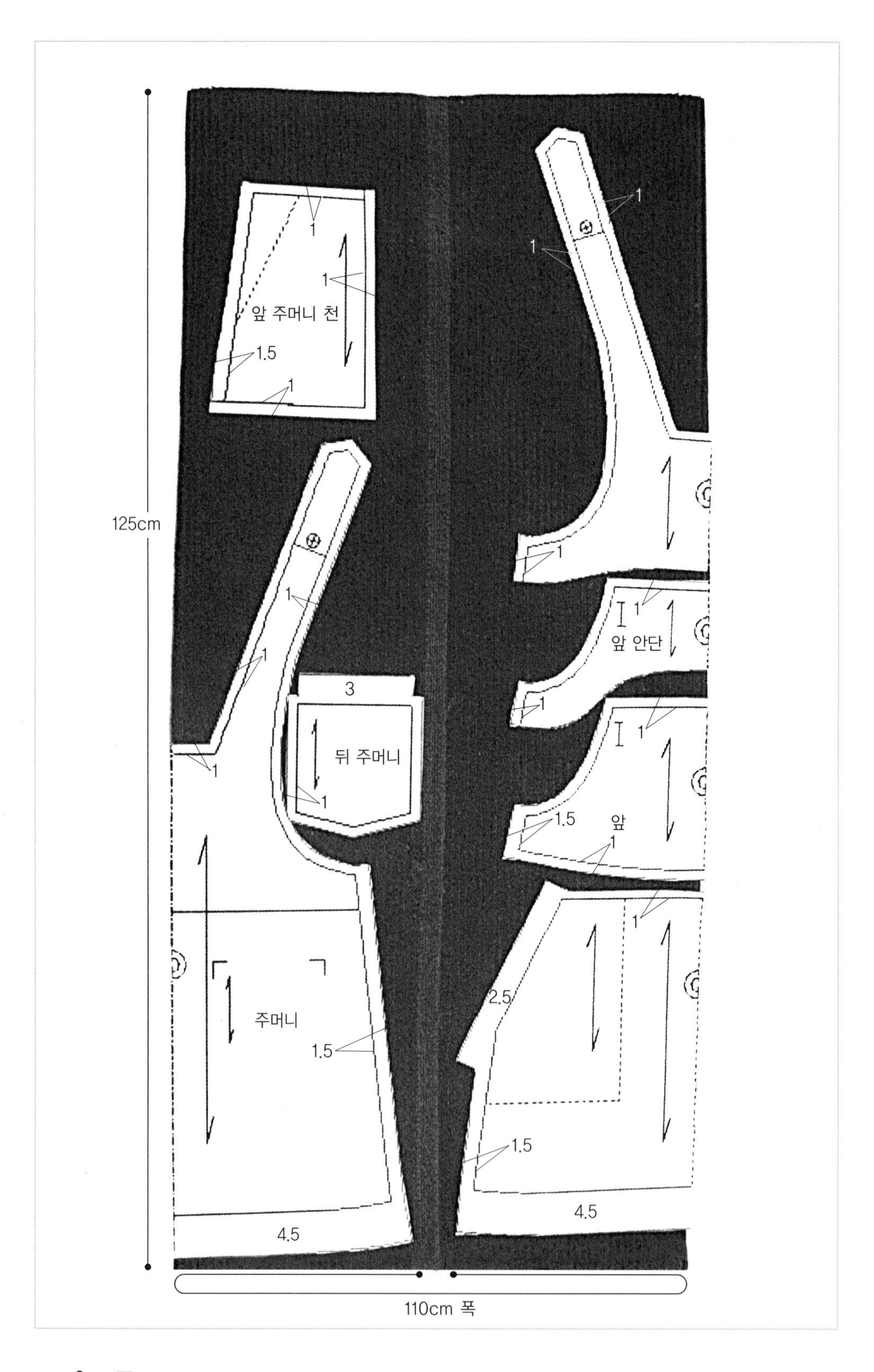

125cm
앞 주머니 천
1
1.5
뒤 주머니
3
주머니
1.5
4.5
앞 안단
앞
2.5
110cm 폭

1. 접착심지를 붙인다.

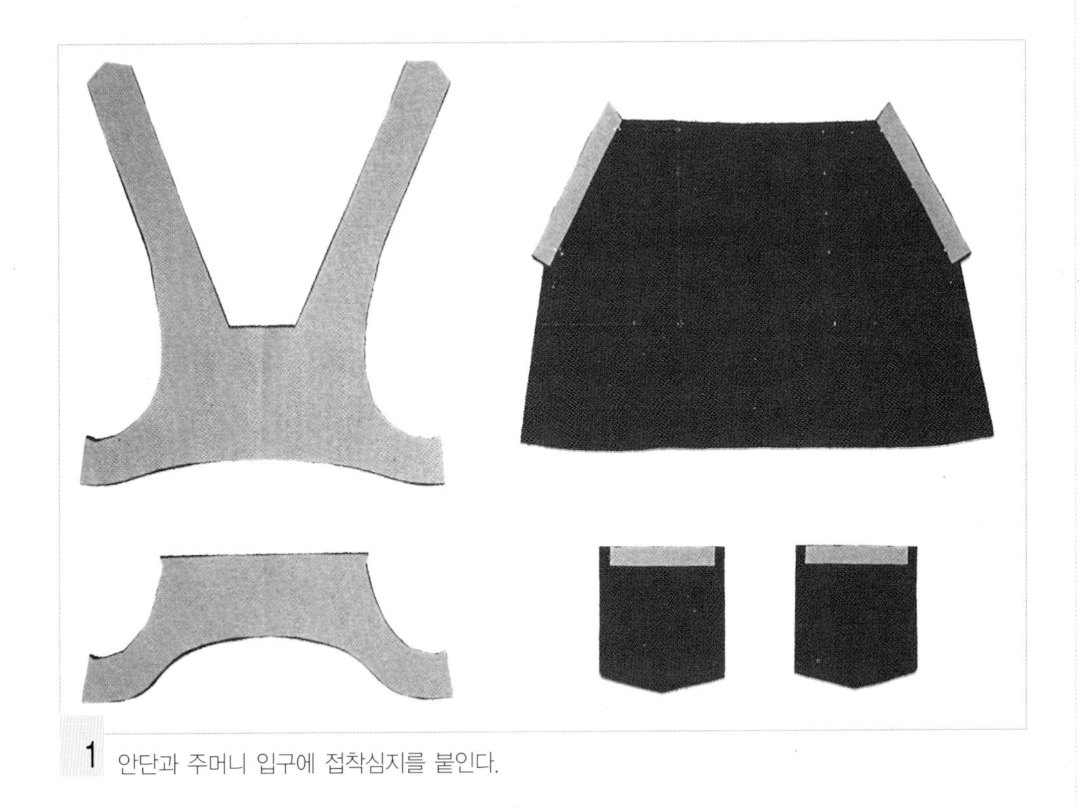

1 안단과 주머니 입구에 접착심지를 붙인다.

2. 뒤 주머니를 만들어 단다.

1 패치 포켓의 주머니 입구에 오버록 재봉을 한다.

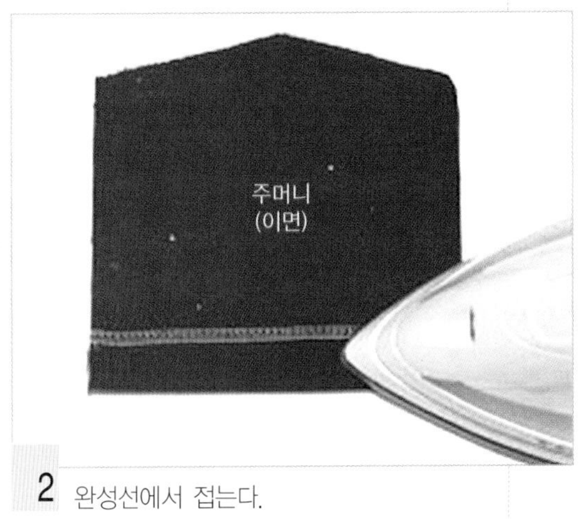

2 완성선에서 접는다.

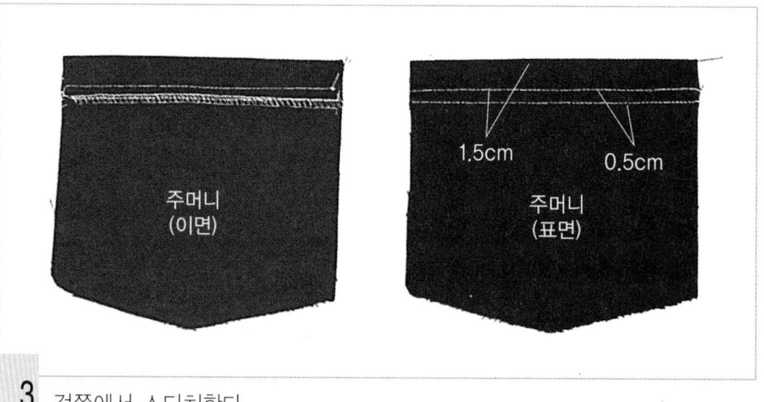

3 겉쪽에서 스티치한다.

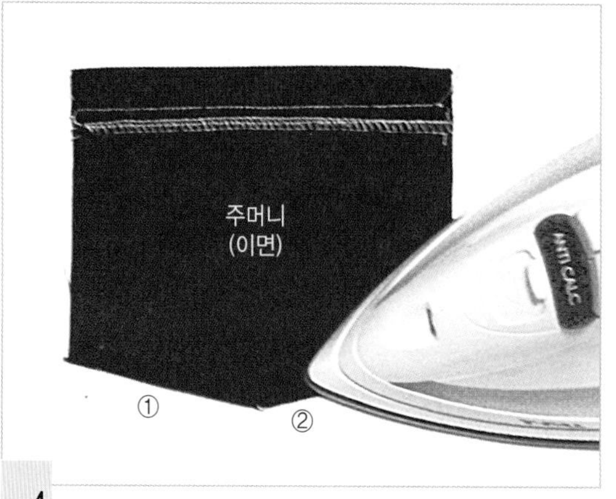

4 주머니 밑을 ①, ② 순으로 접는다.

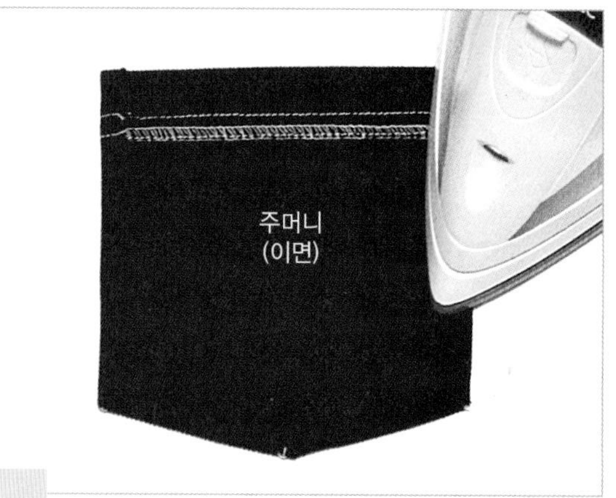

5 주머니 양옆을 접는다.

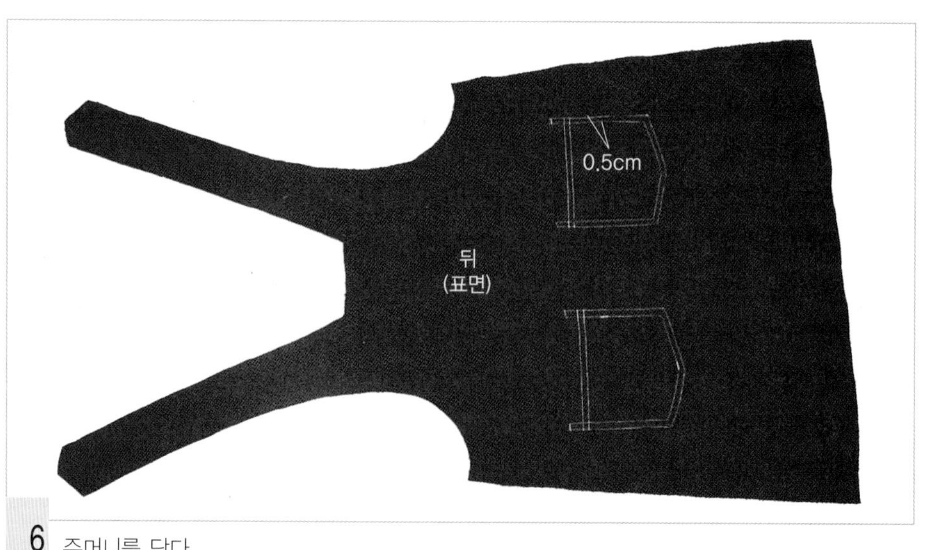

6 주머니를 단다.

3. 앞 주머니를 만든다.

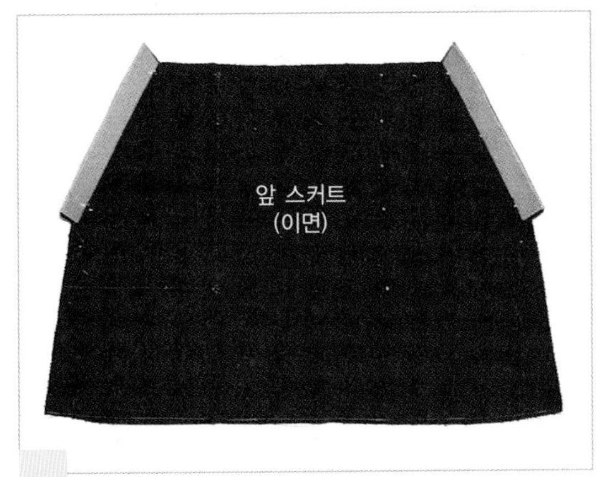

1 주머니 입구에 오버록 재봉을 한다.

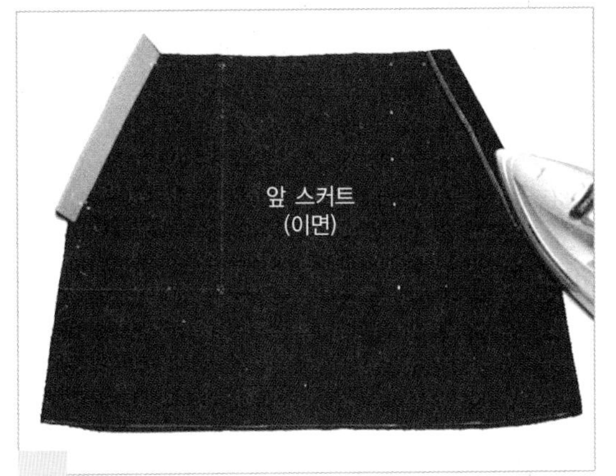

2 주머니 입구의 완성선에서 접는다.

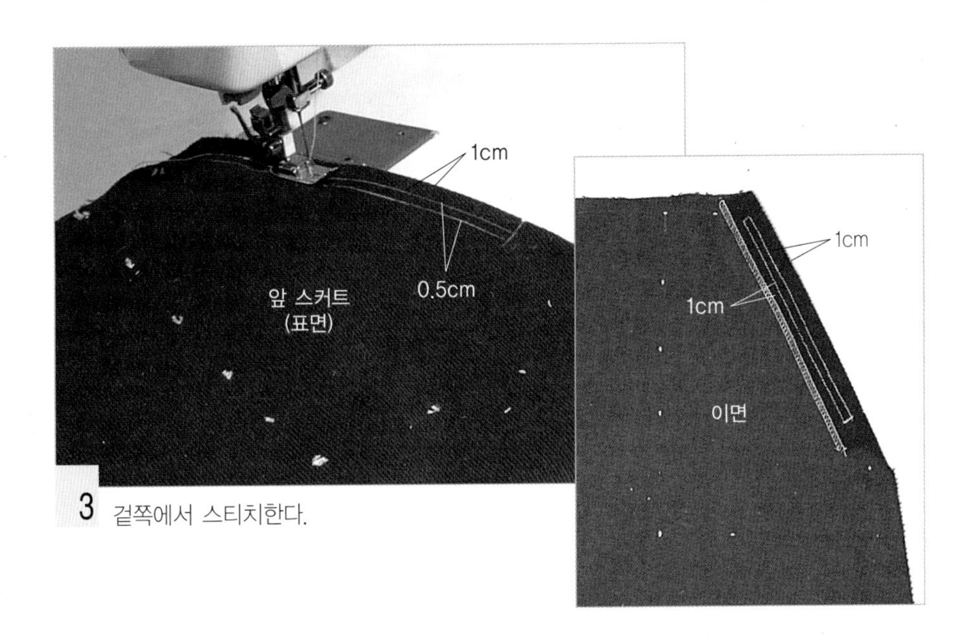

3 겉쪽에서 스티치한다.

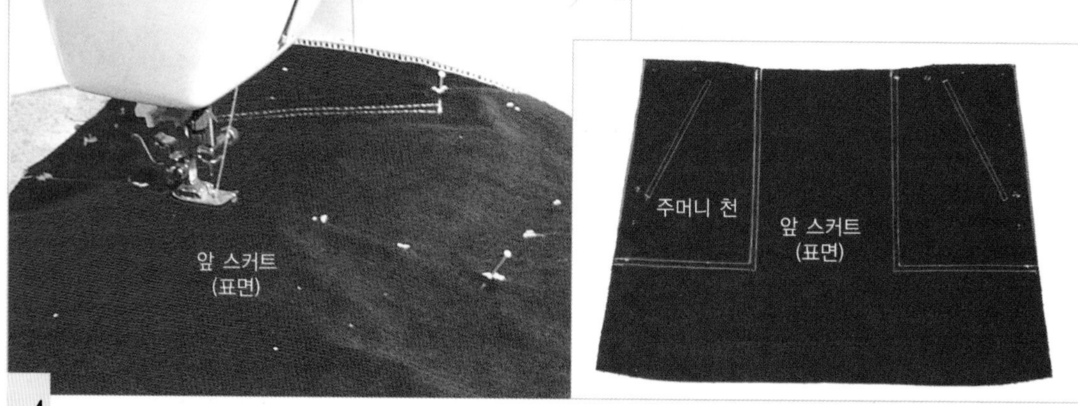

4 주머니 천에 앞 스커트의 주머니 입구 맞춤표시를 맞추고 겉쪽에서 주머니 둘레에 스티치한다.

4. 앞 허리선을 박는다.

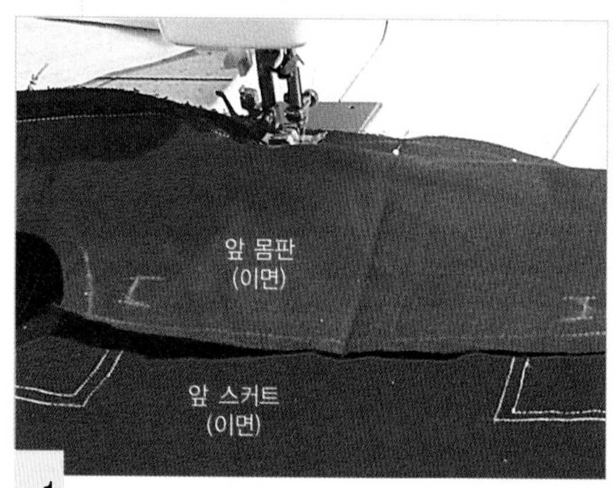

1 앞 몸판과 스커트를 겉끼리 마주 대어 허리선을 박는다.

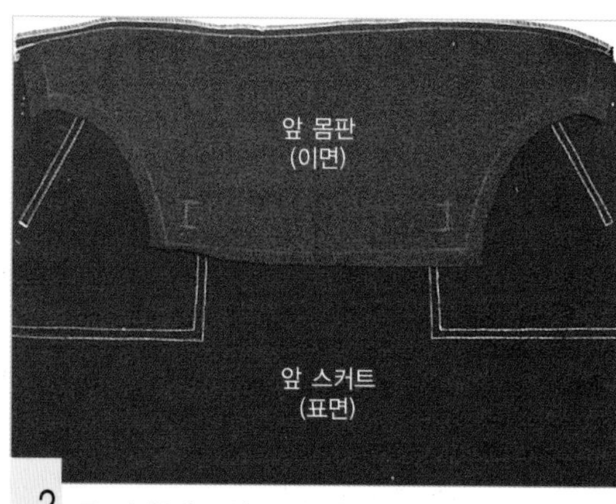

2 두 장 함께 오버록 재봉을 한다.

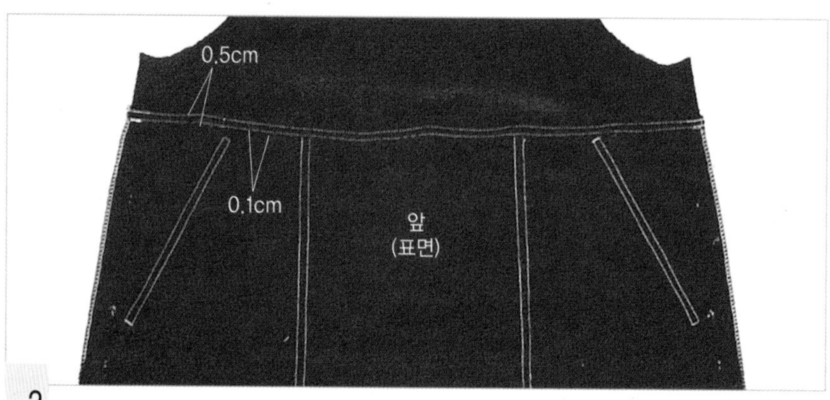

3 허리선의 시접을 몸판 쪽으로 넘기고 겉에서 0.1cm와 0.7cm에 두 줄 스티치한다.

5. 옆선을 박는다.

1 겉끼리 마주 대어 옆선을 박는다.

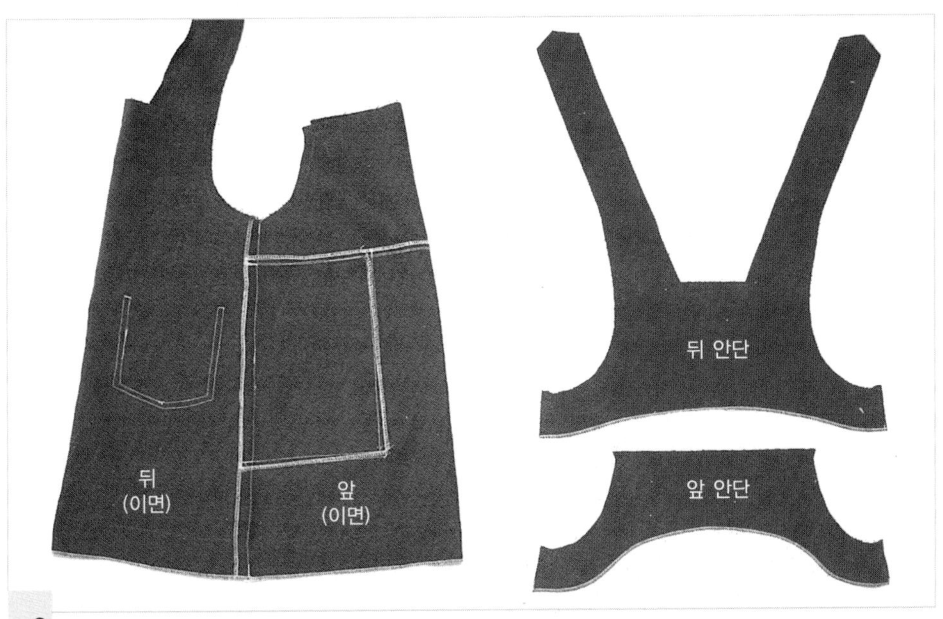

2 옆선은 두 장 함께 오버록 재봉을 하고, 앞뒤 안단은 밑 부분에 오버록 재봉을 한다.

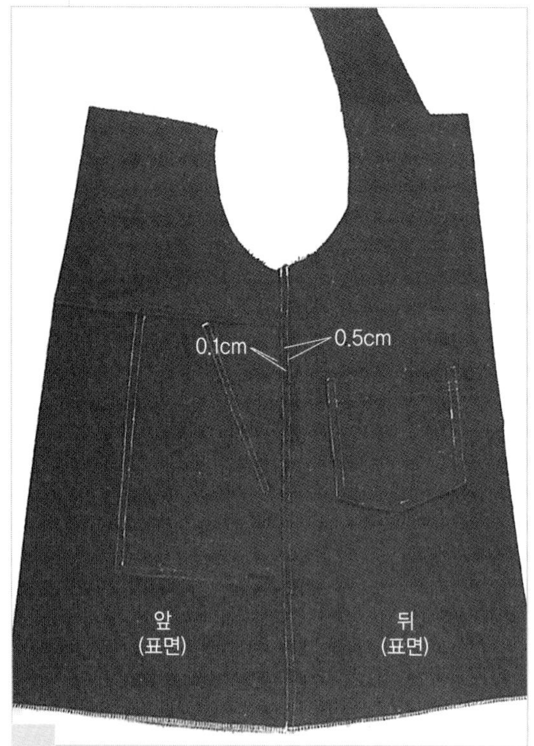

3 시접을 뒤쪽으로 넘기고 겉쪽에서 스티치한다.

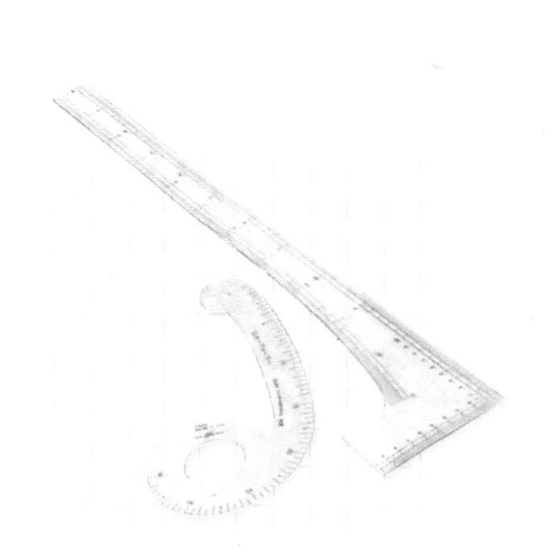

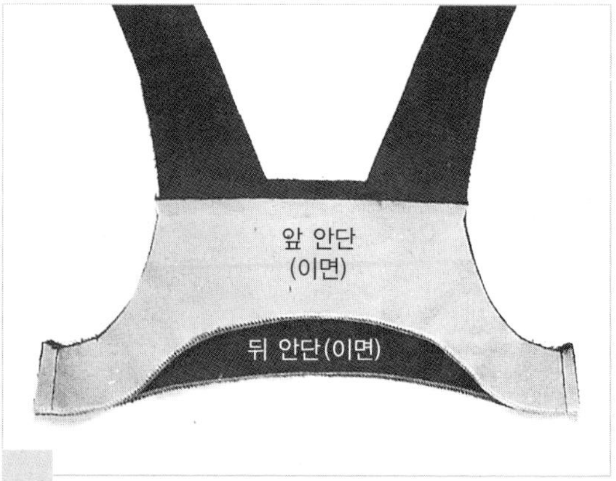

4 안단의 옆선을 겉끼리 마주 대어 박는다.

6. 어깨끈을 처리한다.

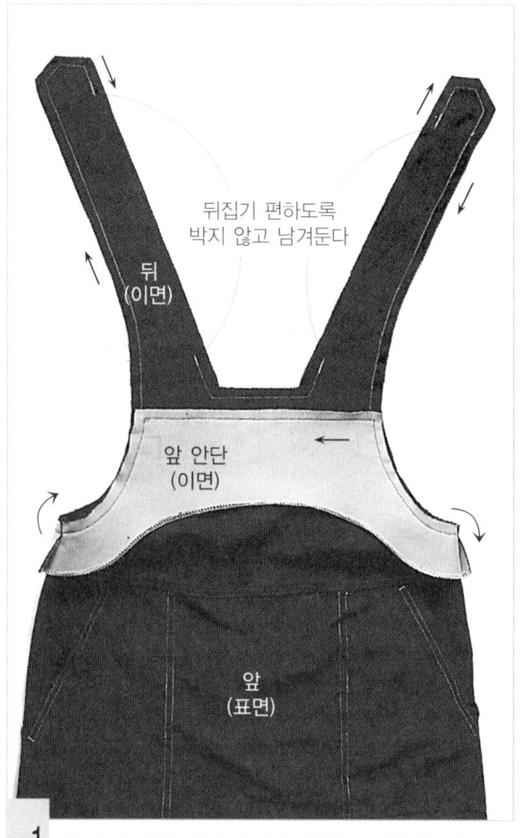

1 겉끼리 마주 대어 안단을 화살표 방향을 따라 박는다.

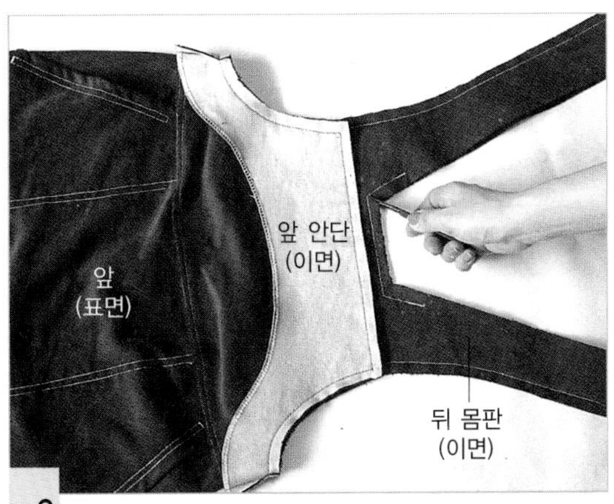

2 뒤판의 각진 곳에 가윗밥을 넣는다.

3 곡선 부분에 가윗밥을 넣고 시접을 가른다.

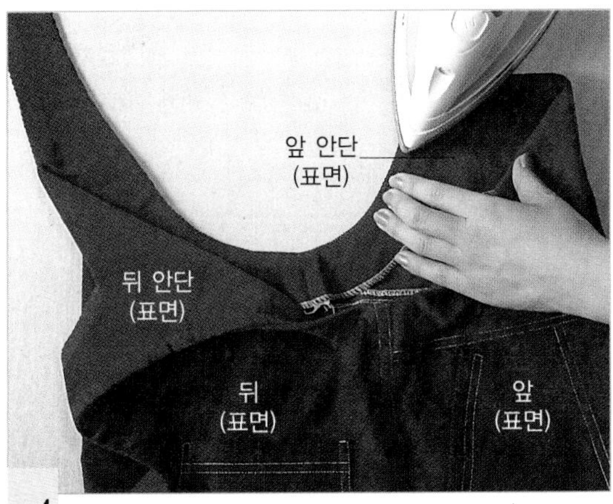

4 겉으로 뒤집어서 겉감과 안단을 0.1cm 차이나게 안단을 안으로 들여서 다림질한다.

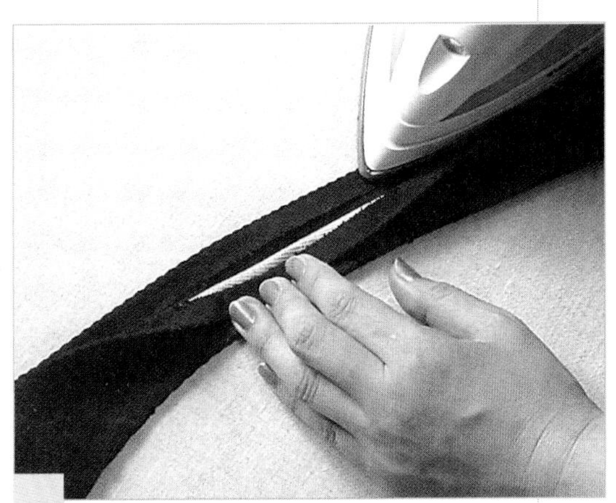

5 뒤 어깨끈의 박지 않은 부분을 완성선에서 접는다.

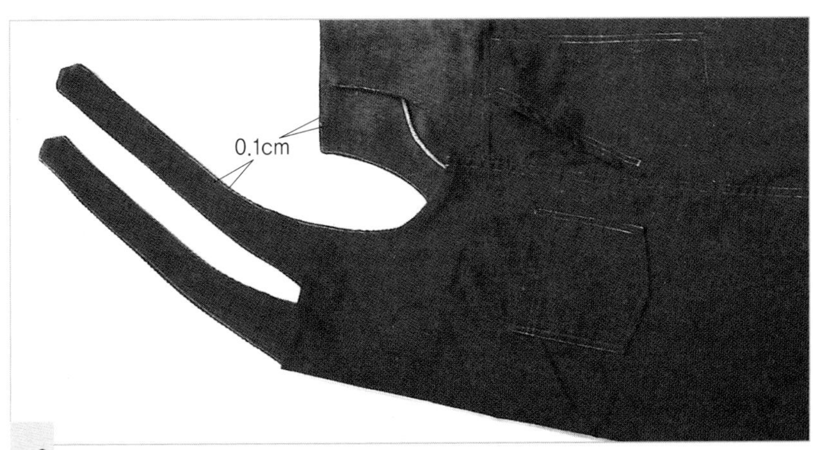

6 겉쪽에서 가장자리 0.1cm에 스티치한다.

7. 스커트 단을 처리한다.

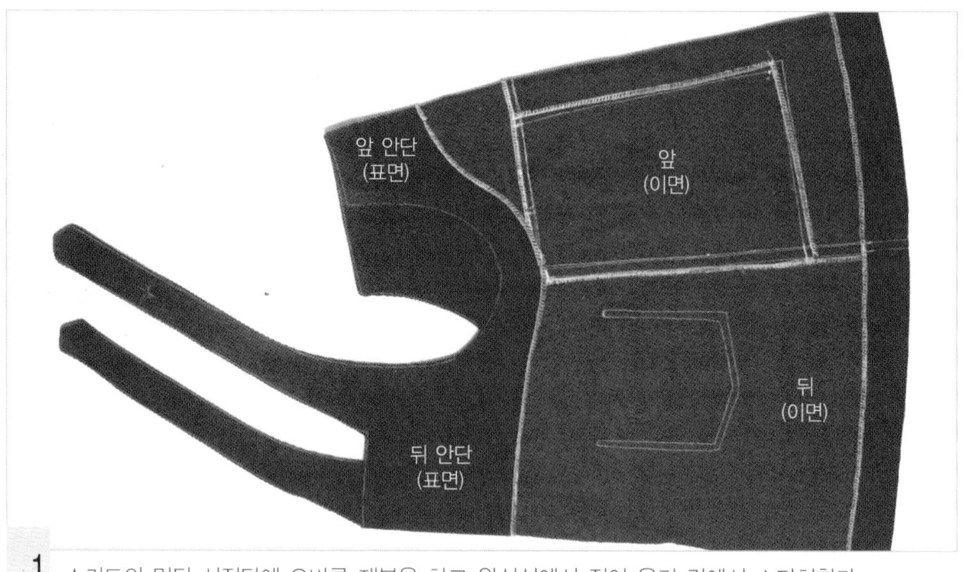

1 스커트의 밑단 시접단에 오버록 재봉을 하고 완성선에서 접어 올려 겉에서 스티치한다.

8. 안단을 고정시킨다.

1 겨드랑 밑 양 옆선의 안단을 몸판 시접에 감침질하여 고정시킨다.

9. 단춧구멍을 만들고 단추를 달아 완성한다.

1 완성.

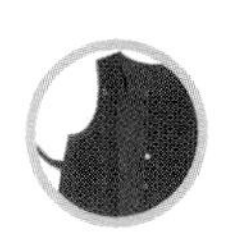

점퍼스커트 2 | *Jumper Skirt*

어깨선, 옆선을 쌈솔로 처리하고, 바이어스 천으로 목둘레와 진동둘레를 처리한다.

- 겉감 110cm 폭 ···▸ 115cm
- 접착심지 90cm 폭 ···▸ 60cm(안단, 주머니 입구분)
- 단추 직경 1.2cm ···▸ 7개

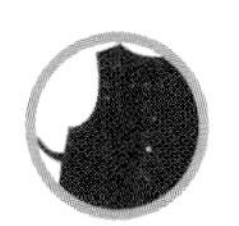

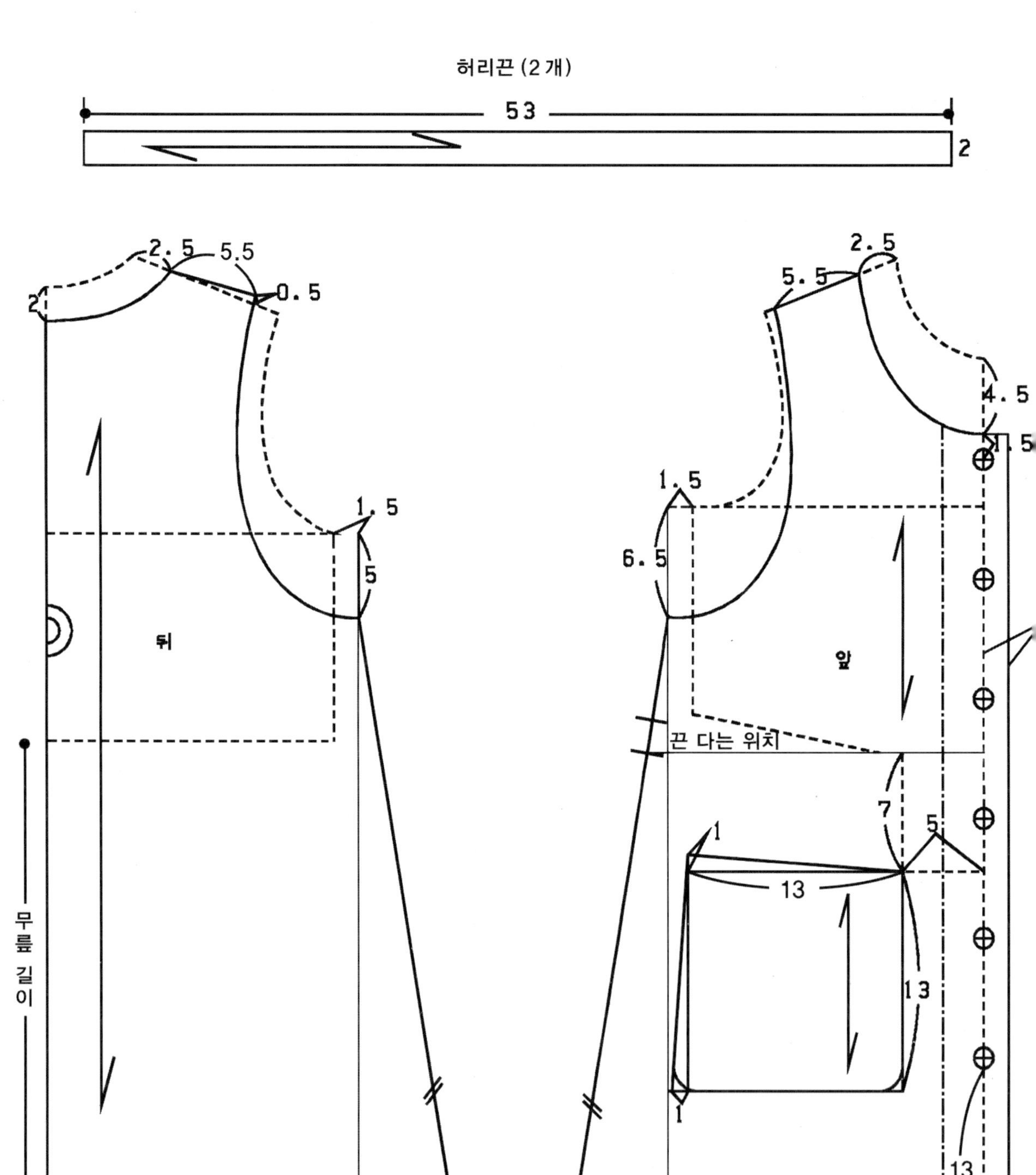
허리끈 (2개)
53
2
2.5
5.5
0.5
2
1.5
5
뒤
무릎 길이
2.5
5.5
4.5
1.5
1.5
6.5
앞
끈 다는 위치
7
5
1
13
13
1
13
4~5

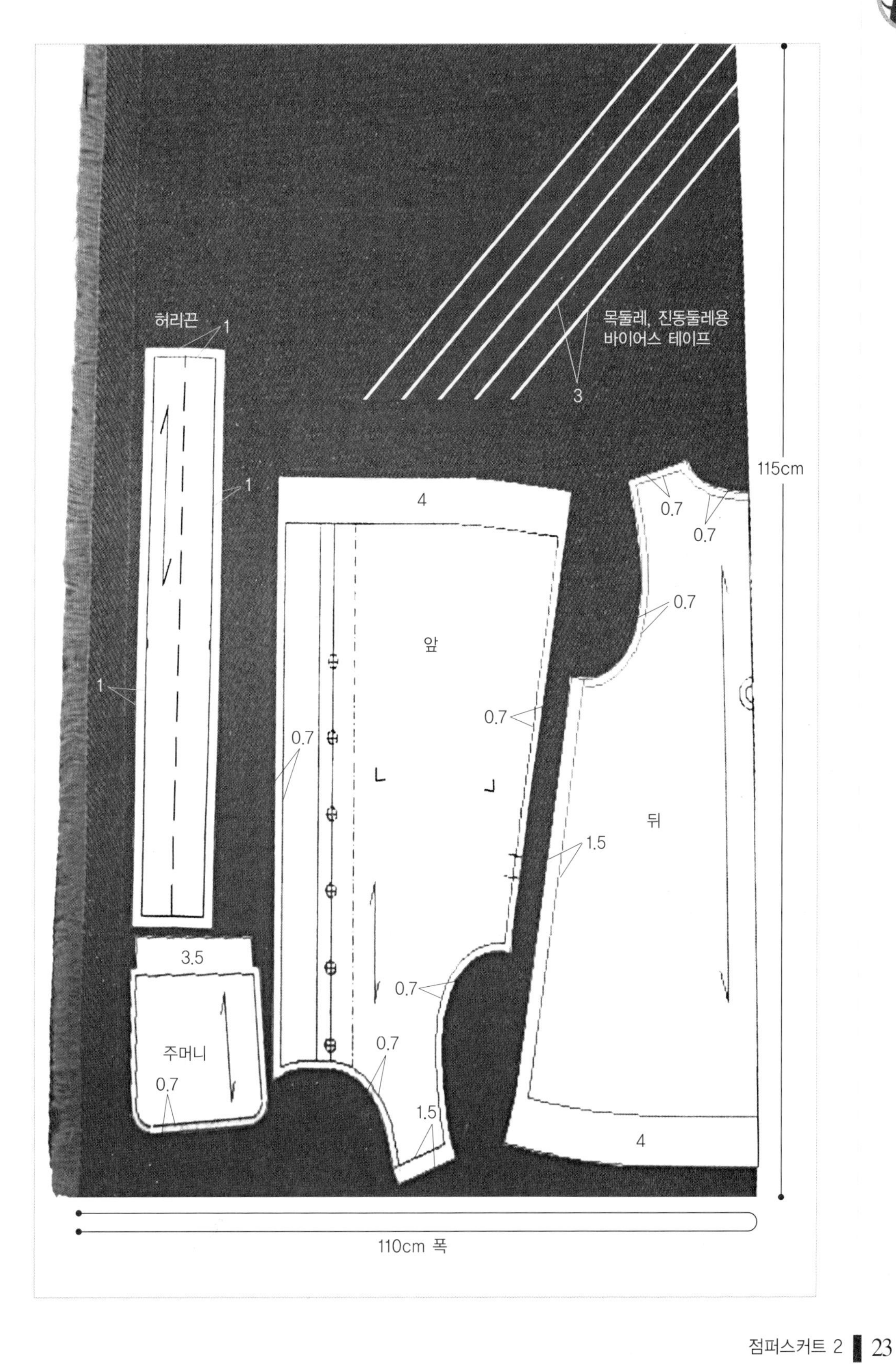

허리끈
1
1
1
목둘레, 진동둘레용
바이어스 테이프
3
115cm
4
0.7
0.7
0.7
앞
0.7
0.7
뒤
1.5
3.5
주머니
0.7
0.7
0.7
1.5
4
110cm 폭

1. 접착심지를 붙인다.

1 앞 몸판의 안단과 주머니 입구에 접착심지를 붙인다.

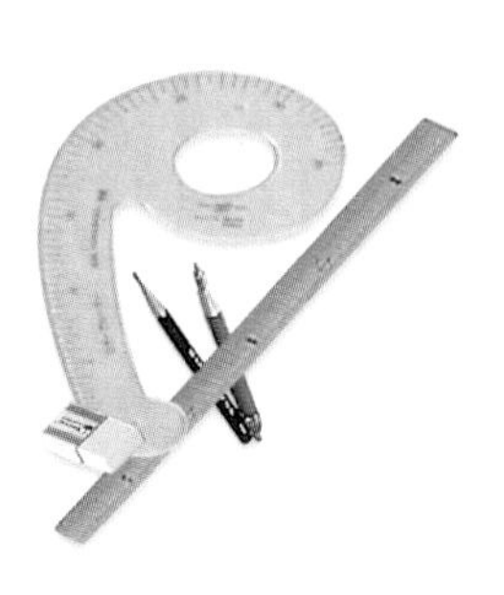

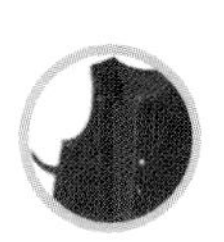

2. 주머니를 만들어 단다.

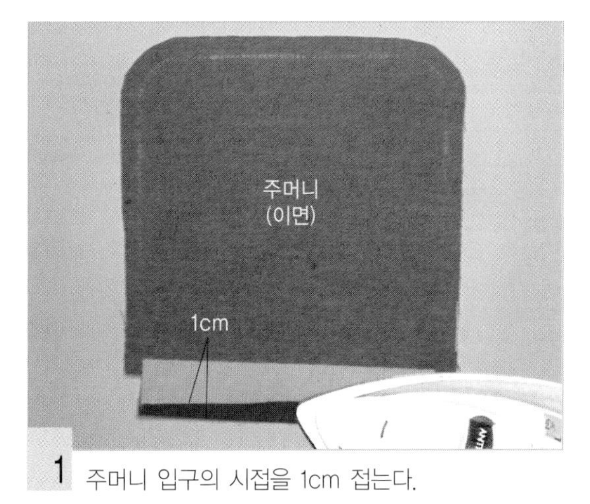

1 주머니 입구의 시접을 1cm 접는다.

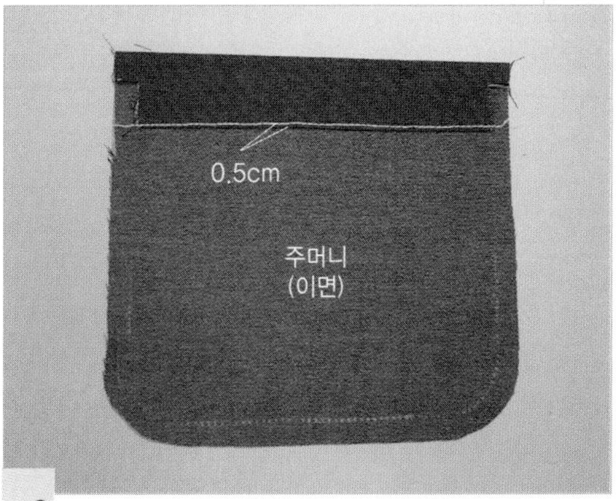

2 주머니 입구의 시접을 완성선에서 접어 겉에서 스티치한다.

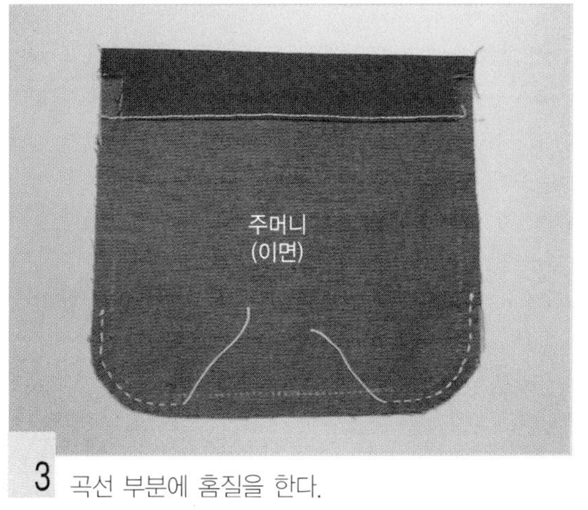

3 곡선 부분에 홈질을 한다.

4 두꺼운 종이 패턴을 대고 홈질한 실을 당겨 모양을 만든다.

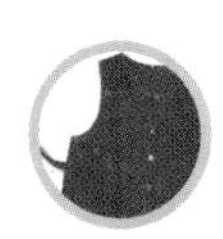

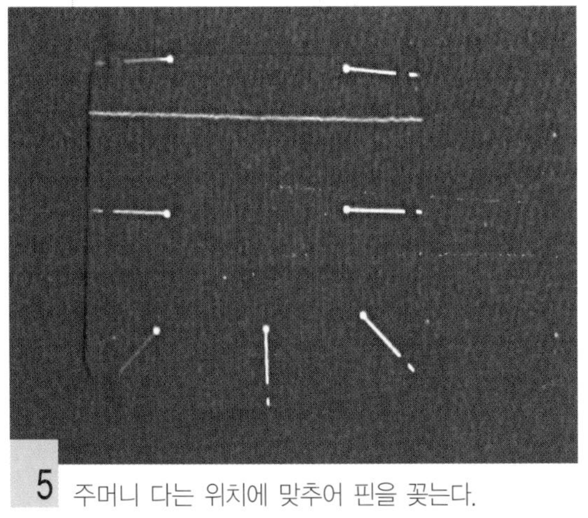

5 주머니 다는 위치에 맞추어 핀을 꽂는다.

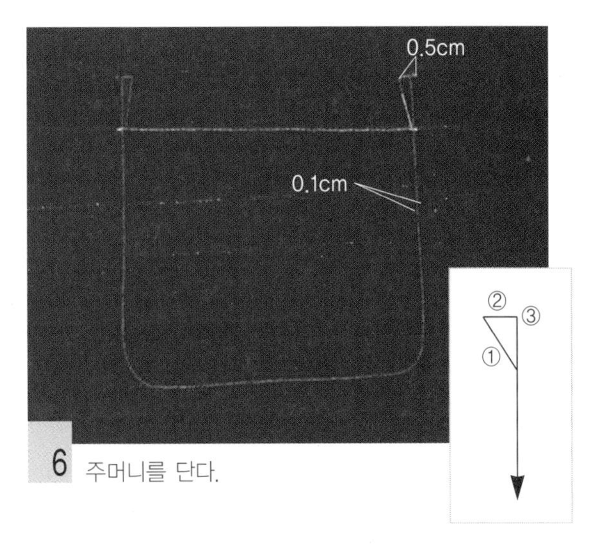

6 주머니를 단다.

3. 어깨선을 박는다.

1 겉끼리 마주 대어 어깨선을 박는다.

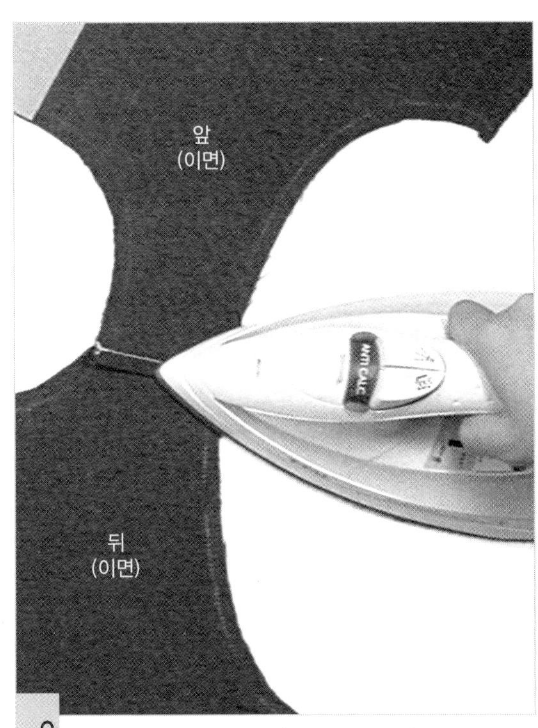

2 앞 몸판의 시접으로 뒤 몸판의 시접을 감싼다.

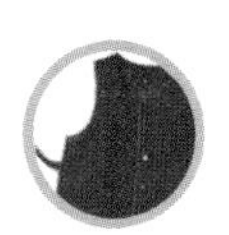

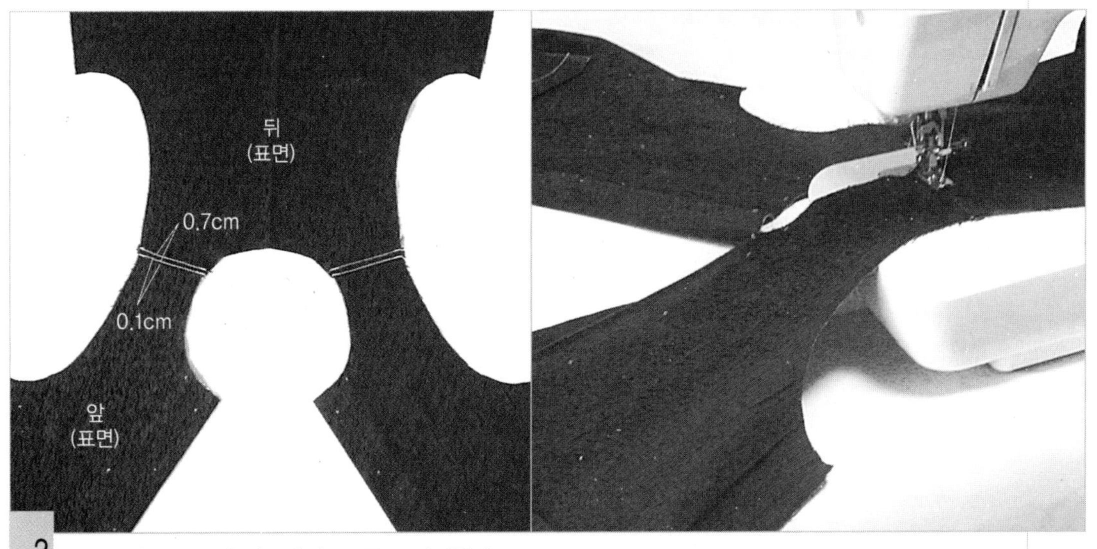

3 0.1cm와 0.7cm에 겉쪽에서 두 줄 스티치한다.

4. 허리끈을 만든다.

1 겉끼리 마주 대어 ㄱ자로 박는다.

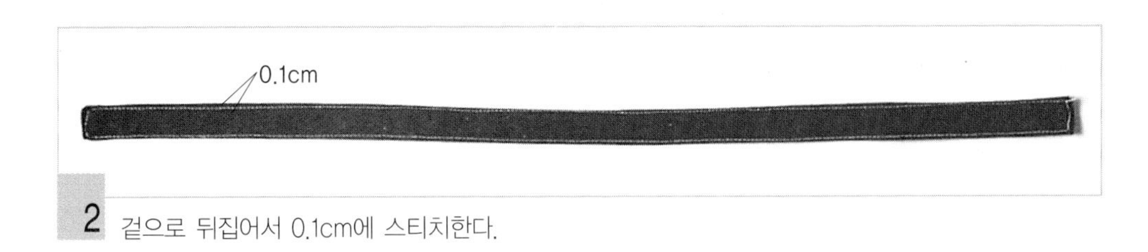

2 겉으로 뒤집어서 0.1cm에 스티치한다.

5. 옆선을 박는다.

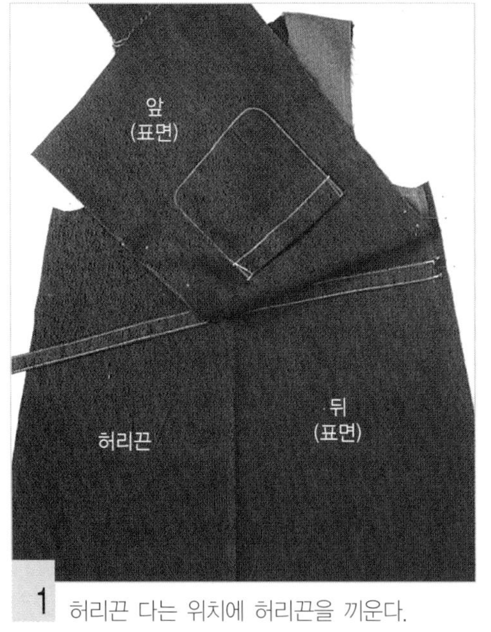

1 허리끈 다는 위치에 허리끈을 끼운다.

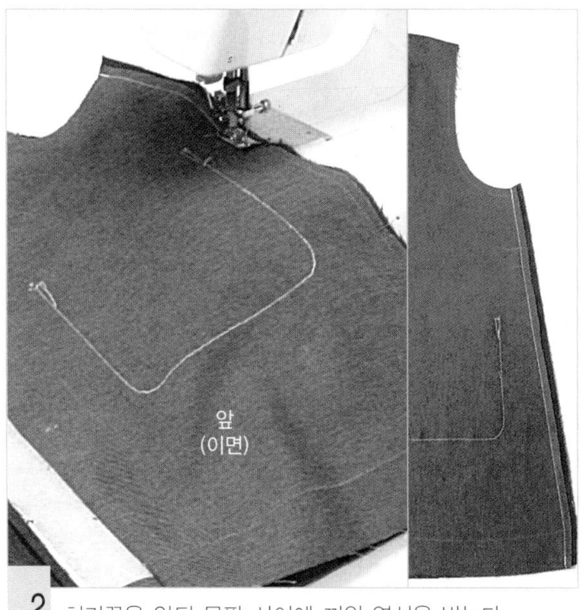

2 허리끈을 앞뒤 몸판 사이에 끼워 옆선을 박는다.

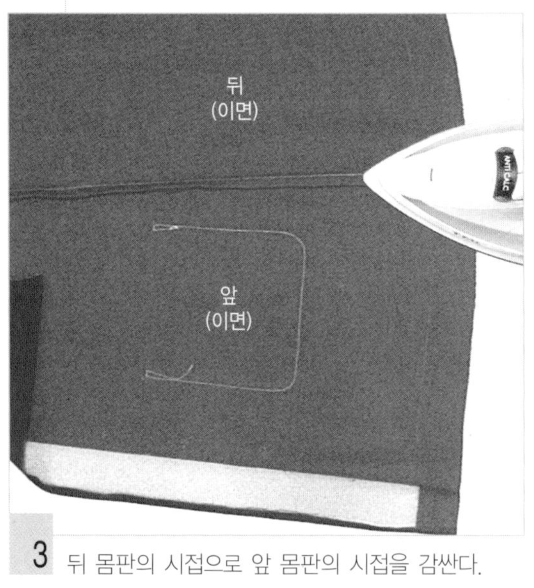

3 뒤 몸판의 시접으로 앞 몸판의 시접을 감싼다.

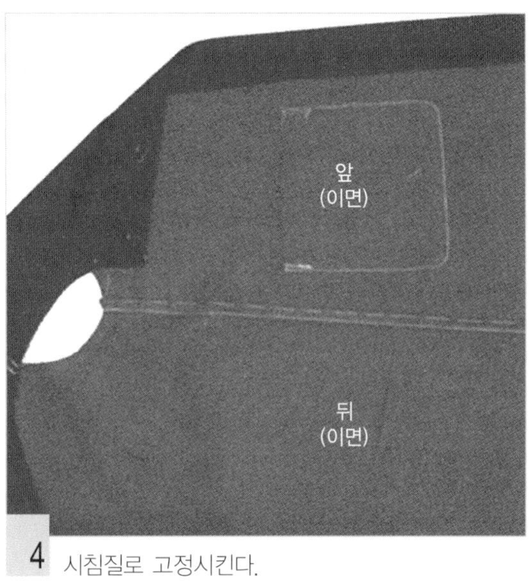

4 시침질로 고정시킨다.

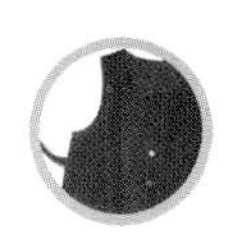

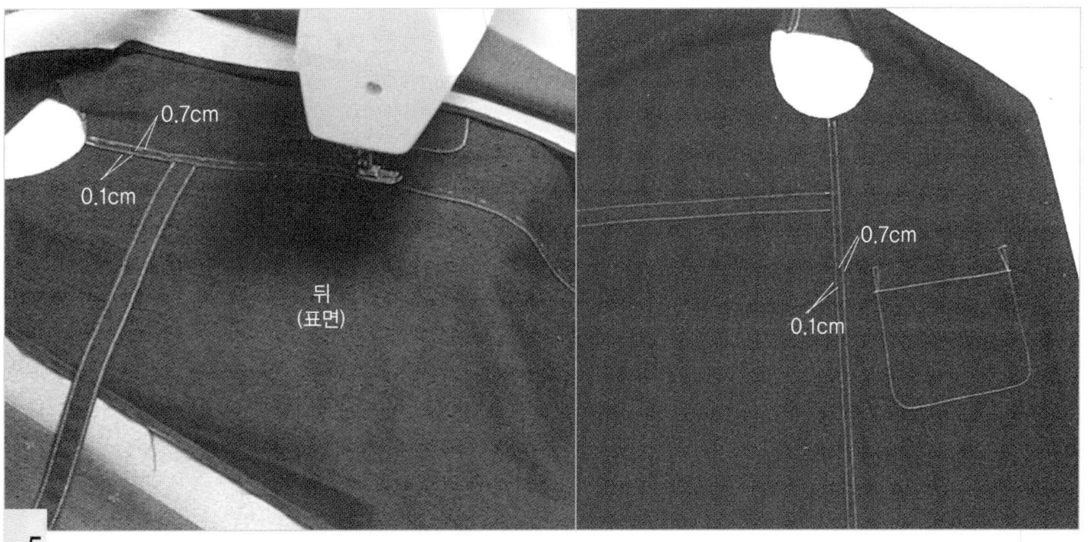

5 겉쪽에서 0.1cm와 0.7cm에 두 줄 스티치한다.

6. 소매둘레를 처리한다.

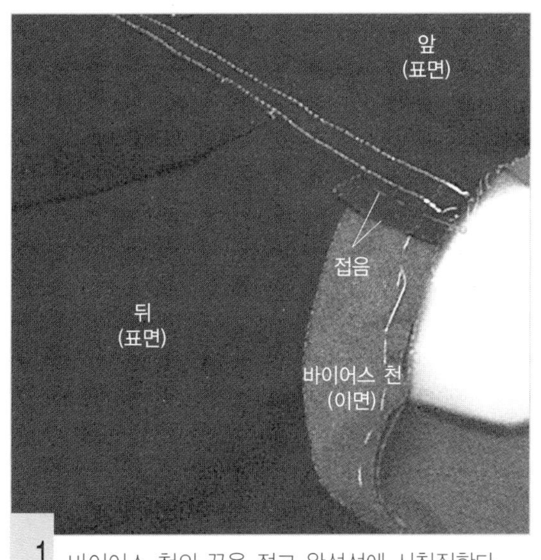

1 바이어스 천의 끝을 접고 완성선에 시침질한다.

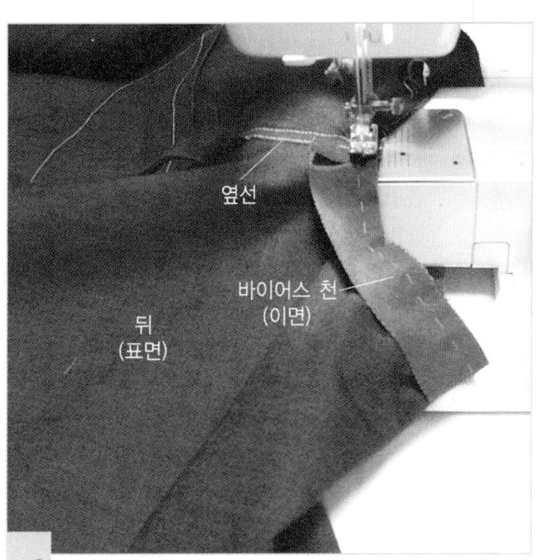

2 바이어스 천의 끝을 접은 채로 0.1cm 시접 쪽을 박기 시작한다.

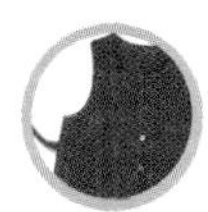

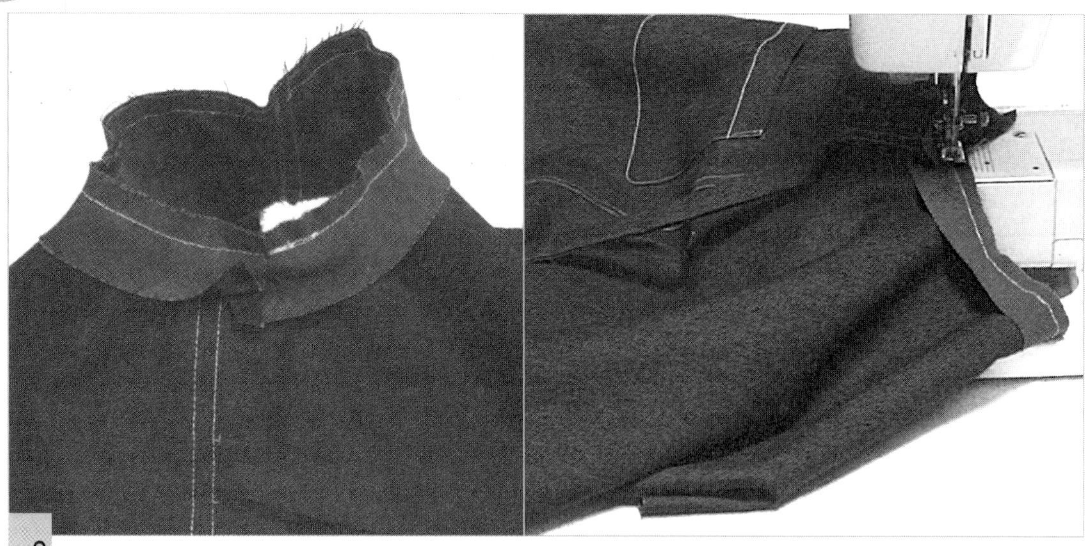

3 바이어스 천의 한쪽 끝을 겹쳐서 박는다.

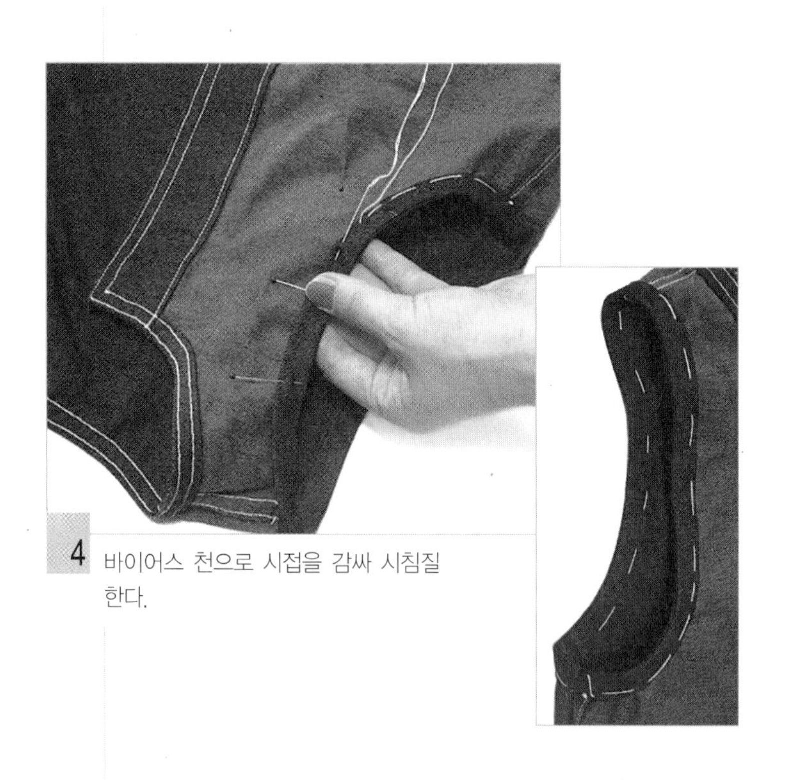

4 바이어스 천으로 시접을 감싸 시침질 한다.

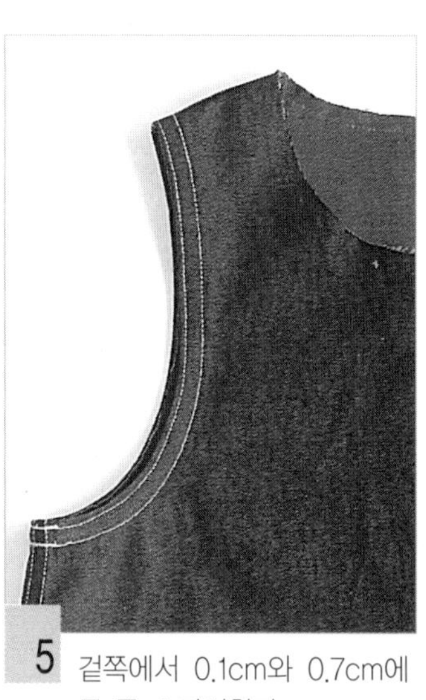

5 겉쪽에서 0.1cm와 0.7cm에 두 줄 스티치한다.

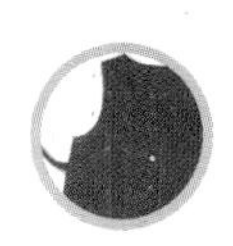

7. 목둘레를 박는다.

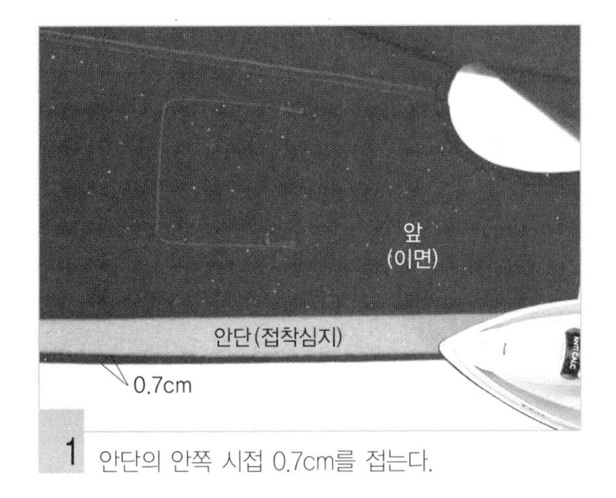

1 안단의 안쪽 시접 0.7cm를 접는다.

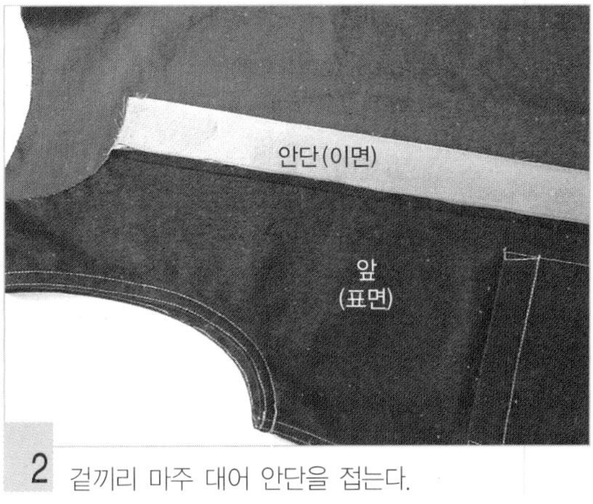

2 겉끼리 마주 대어 안단을 접는다.

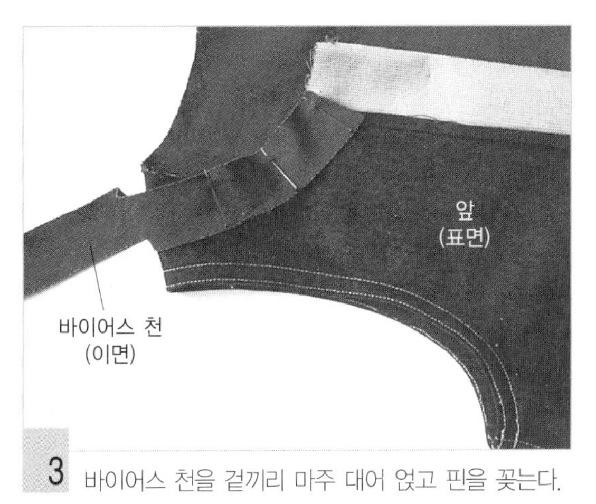

3 바이어스 천을 겉끼리 마주 대어 얹고 핀을 꽂는다.

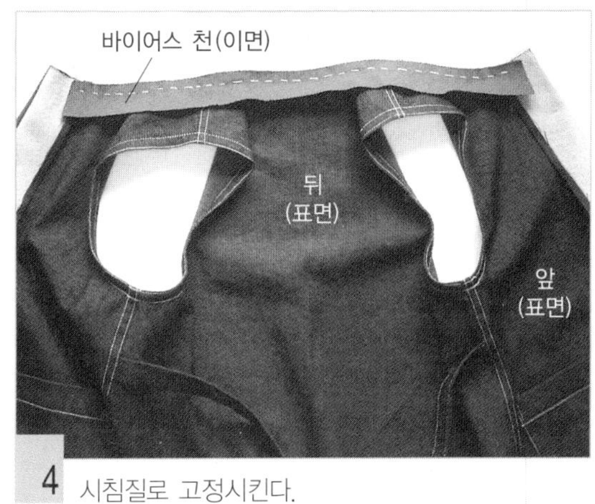

4 시침질로 고정시킨다.

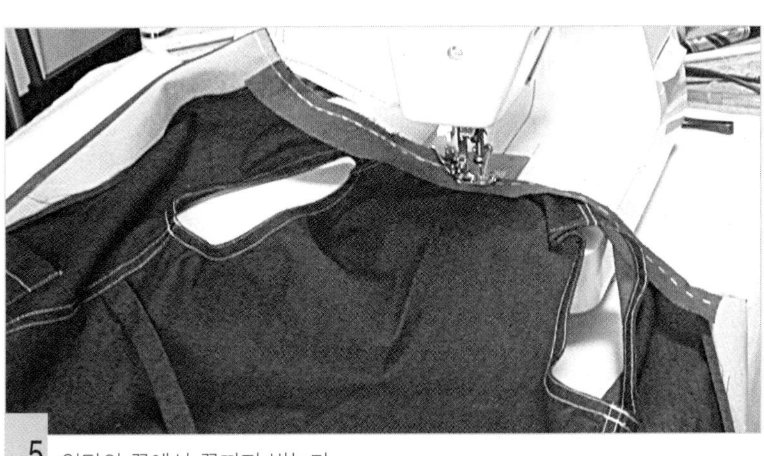

5 안단의 끝에서 끝까지 박는다.

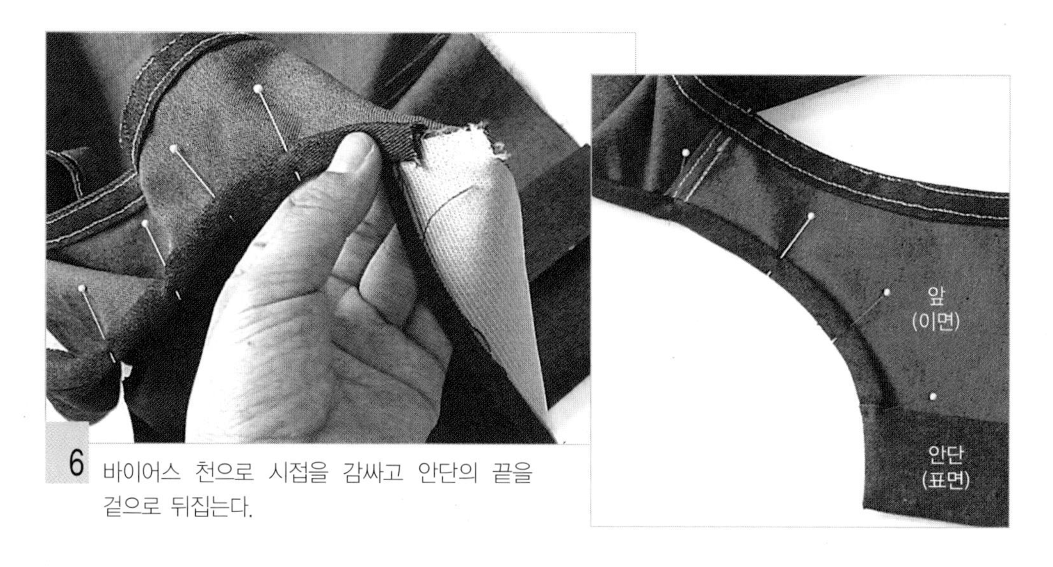

6 바이어스 천으로 시접을 감싸고 안단의 끝을 겉으로 뒤집는다.

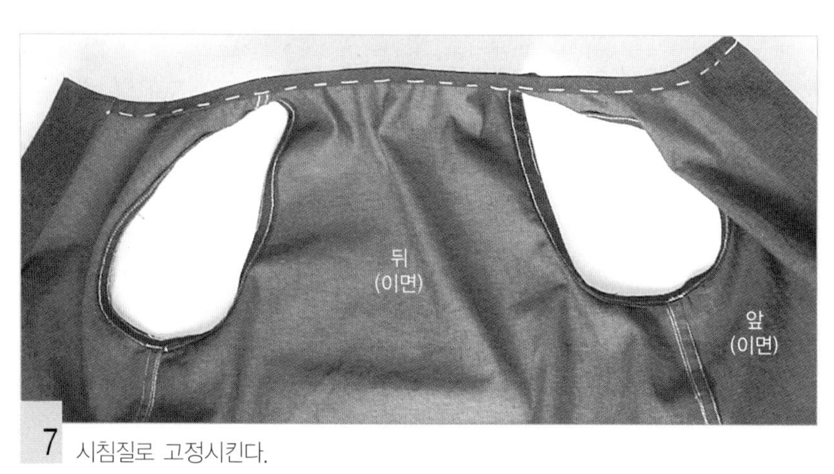

7 시침질로 고정시킨다.

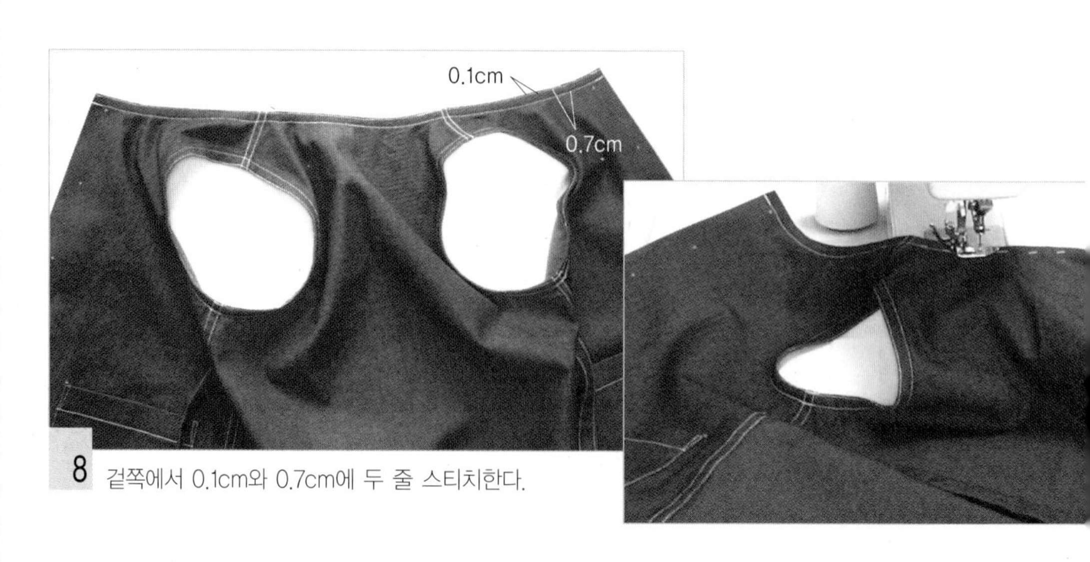

8 겉쪽에서 0.1cm와 0.7cm에 두 줄 스티치한다.

8. 안단을 박는다.

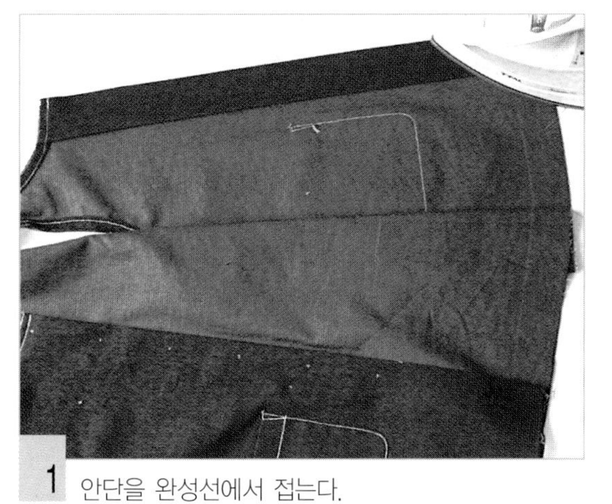
1 안단을 완성선에서 접는다.

2 안단에 겉쪽에서 스티치한다.

9. 밑단을 박는다.

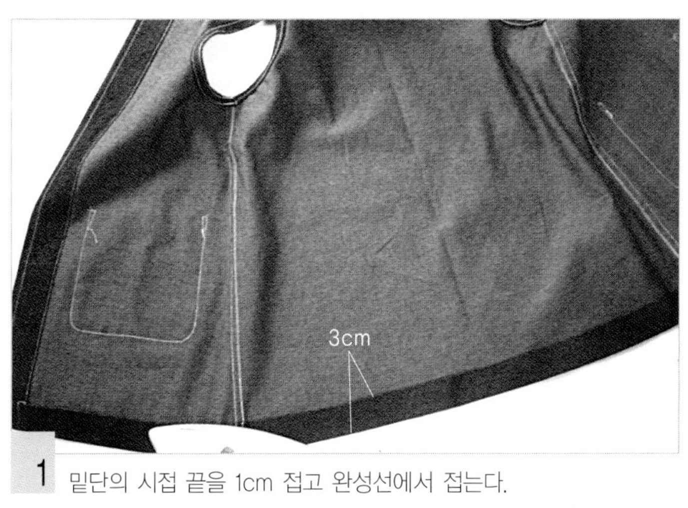

1 밑단의 시접 끝을 1cm 접고 완성선에서 접는다.

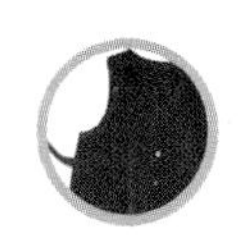

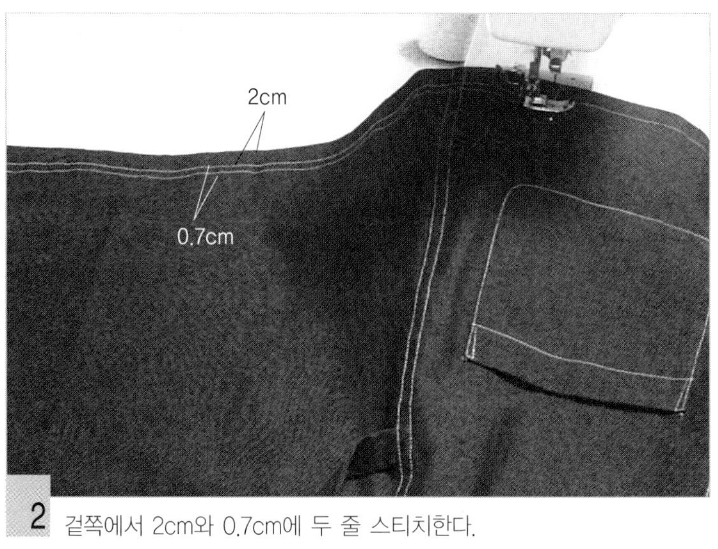

2 겉쪽에서 2cm와 0.7cm에 두 줄 스티치한다.

10. 단춧구멍을 만들고 단추를 달아 완성한다.

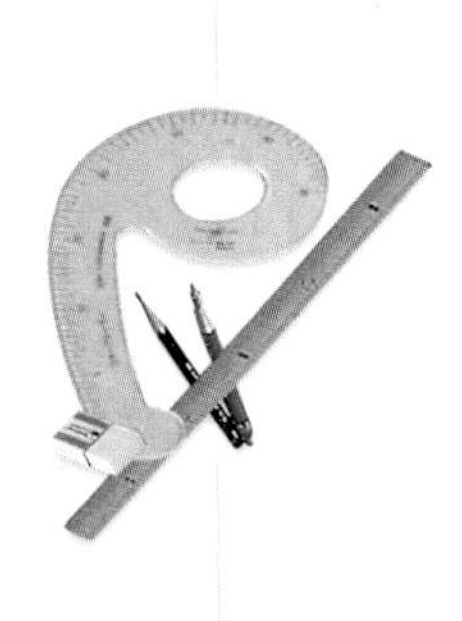

1 완성.

03 점퍼스커트 3 | *Jumper Skirt*

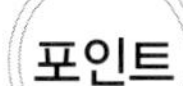

개더가 풍성하게 들어간 앞치마 풍의 점퍼스커트로 여자아이다움을….

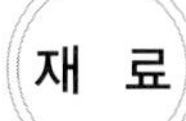

- 겉감 110cm 폭 ⋯▸ 150cm
- 접착심지 90cm 폭 ⋯▸ 75cm(앞뒤 몸판, 벨트)
- 접착 테이프(주머니 입구분)
- 단추 직경 1.5cm ⋯▸ 10개

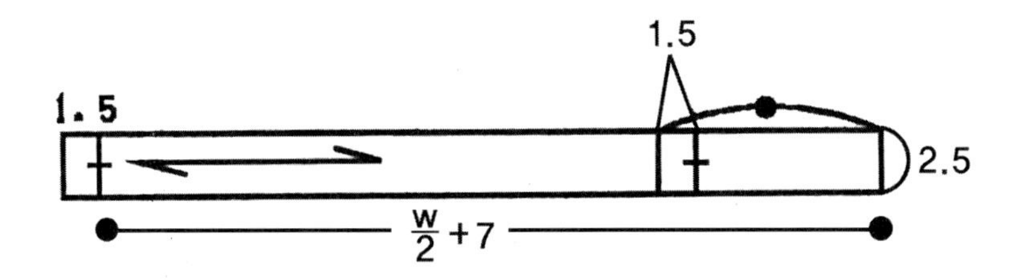
1.5
1.5
2.5
w/2 +7

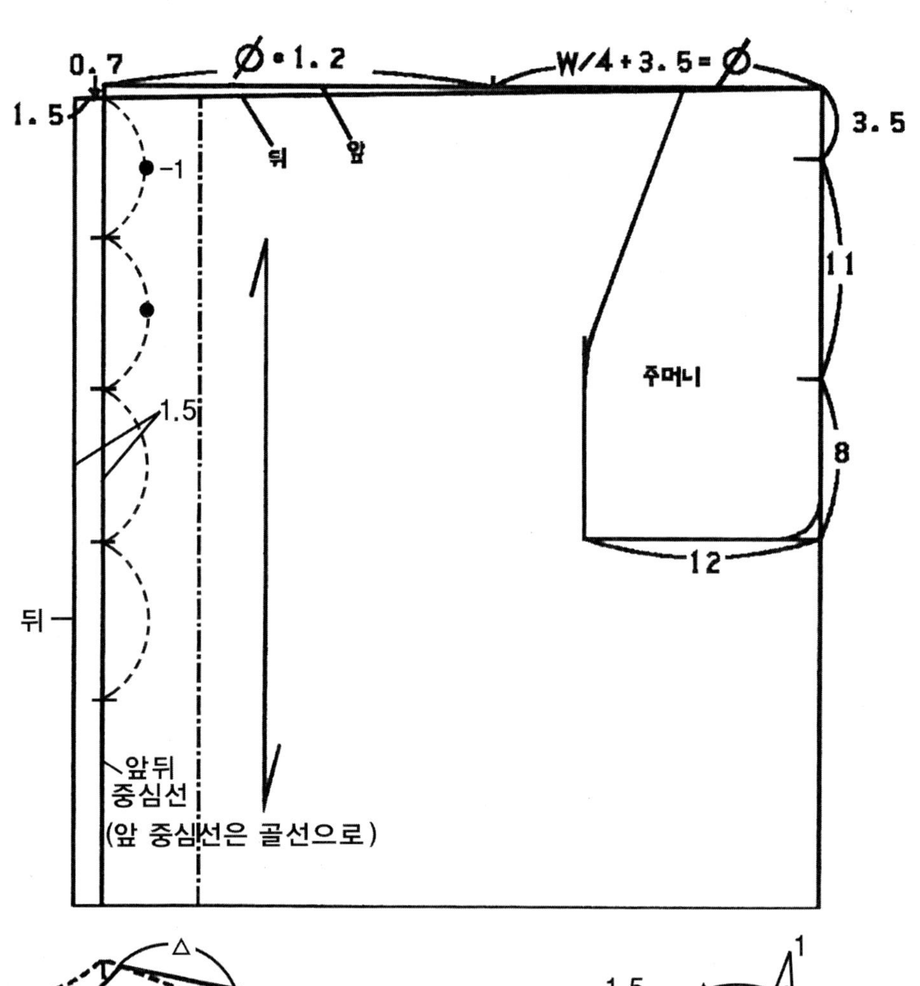
0.7
Ø+1.2
W/4+3.5=Ø
1.5
뒤
앞
3.5
-1
11
주머니
1.5
8
12
뒤
앞뒤
중심선
(앞 중심선은 골선으로)

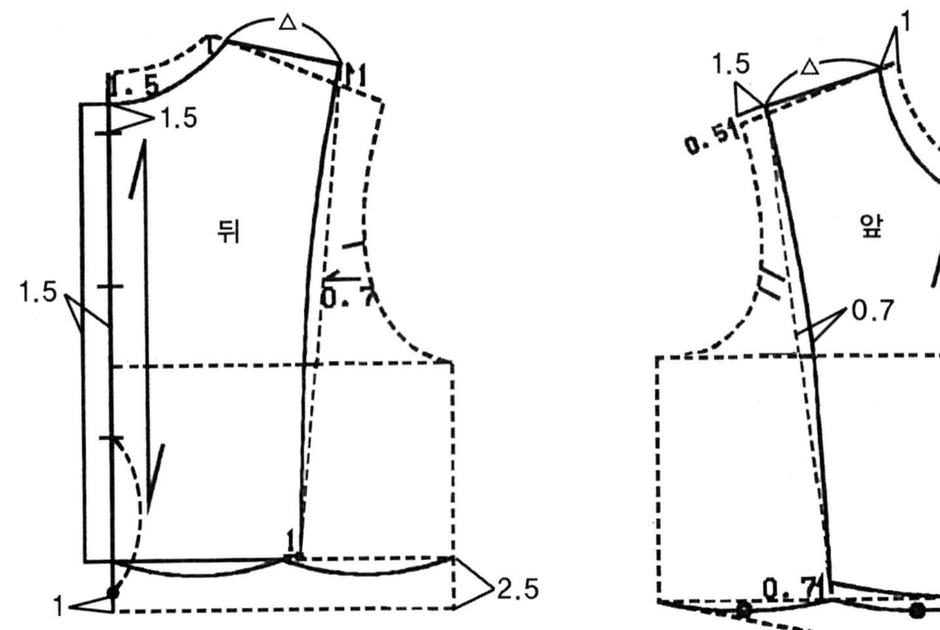
△
1.5
1
1.5
뒤
1.5
0.7
1
2.5
1
1
1.5
△
0.5
1.5
1.5
앞
0.7
0.7
2.5

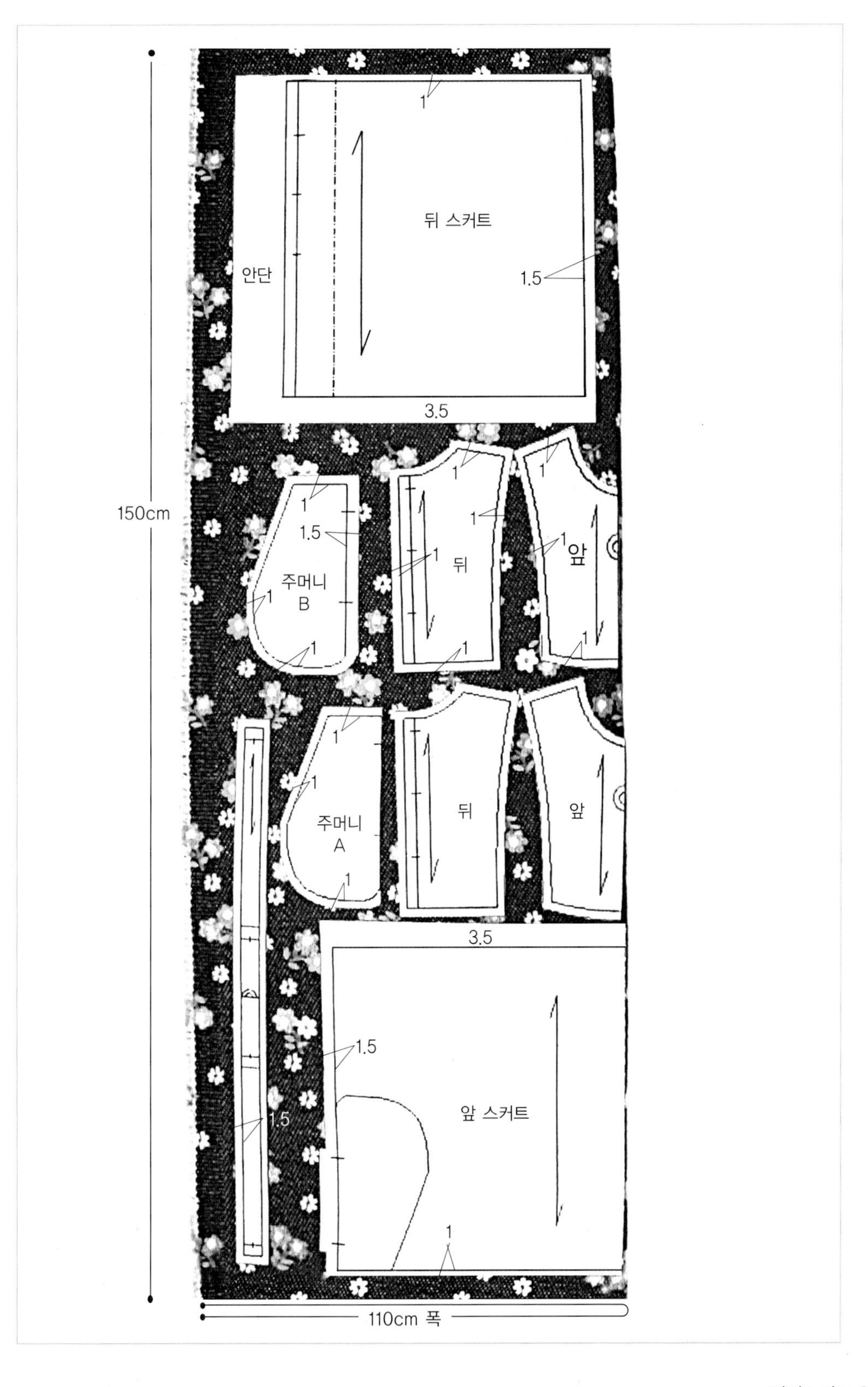
1
뒤 스커트
안단
1.5
3.5
150cm
1
1.5
주머니
B
1
1
1
1
1
뒤
1
앞
1
1
1
1
주머니
A
1
뒤
앞
3.5
1.5
1.5
앞 스커트
1
110cm 폭

1. 접착심지를 붙인다.

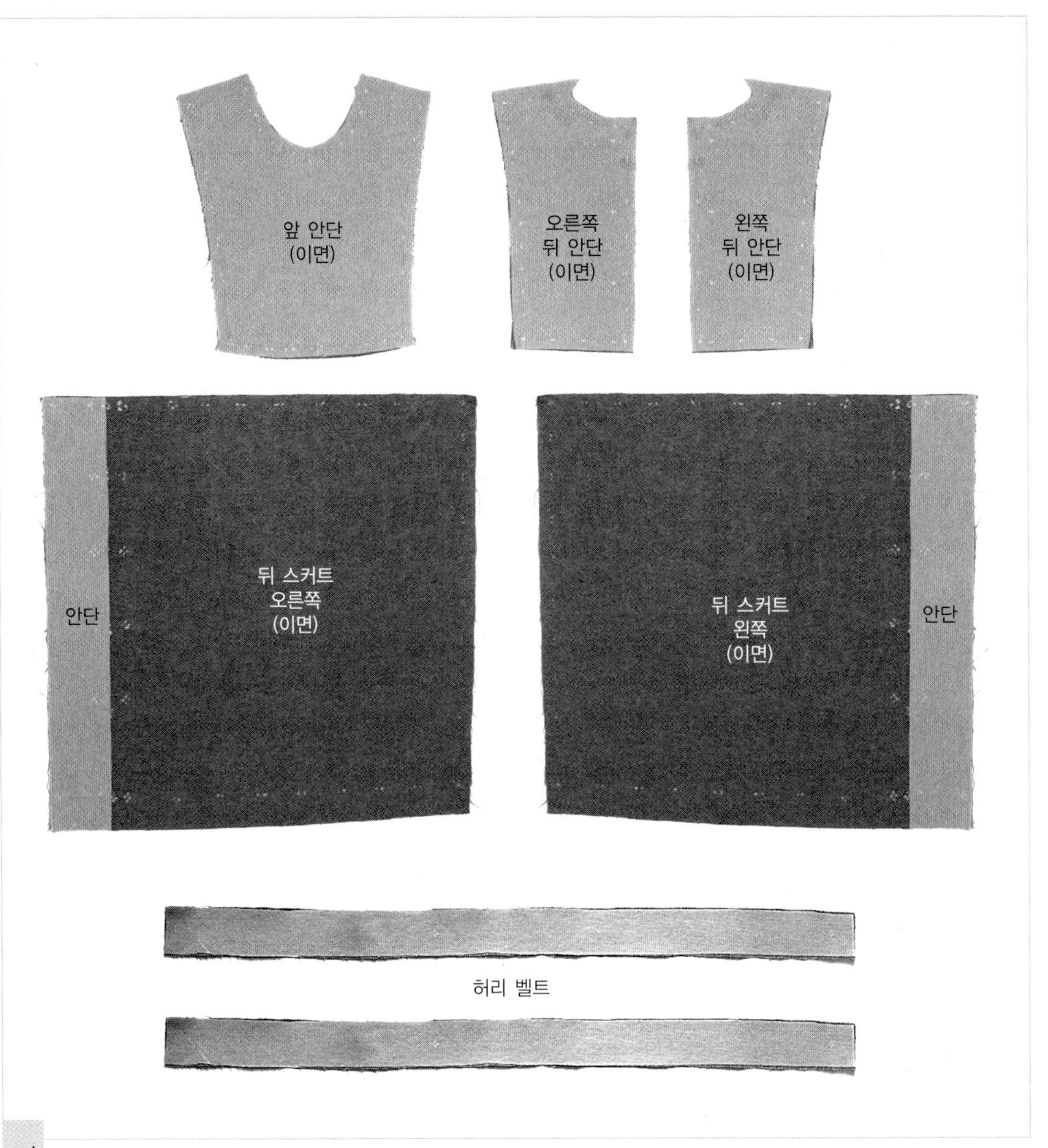

1 앞뒤 몸판과 스커트의 안단, 허리 벨트에 접착심지를 붙인다.

2. 몸판의 어깨선을 박는다.

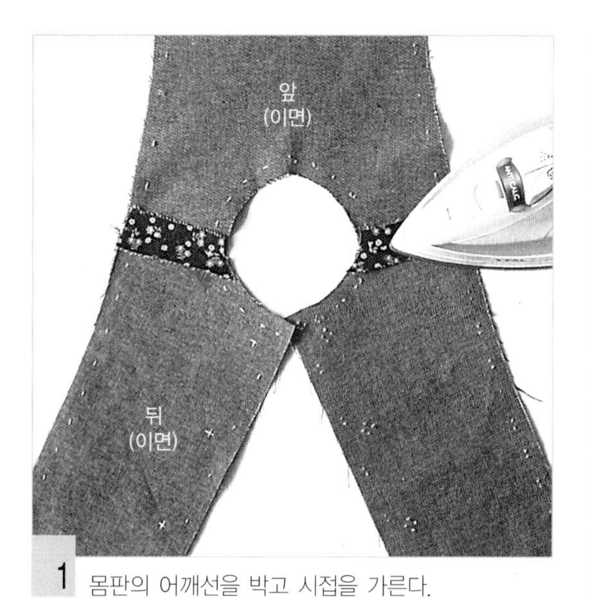

1 몸판의 어깨선을 박고 시접을 가른다.

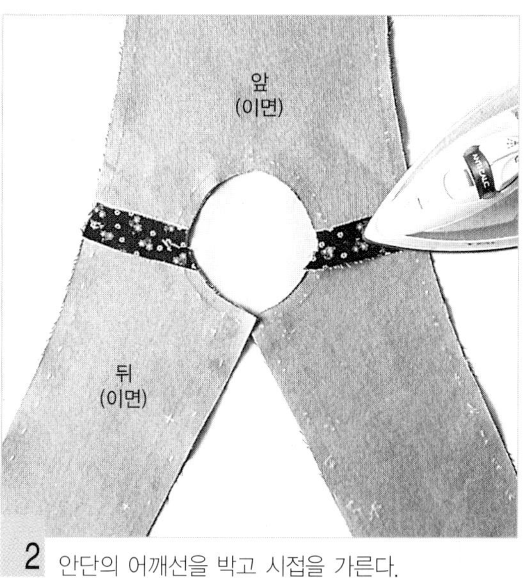

2 안단의 어깨선을 박고 시접을 가른다.

3. 목둘레와 소매둘레, 뒤 여밈의 단을 박는다.

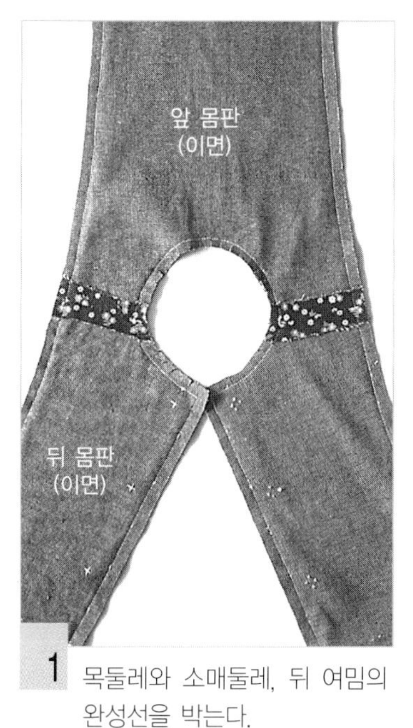

1 목둘레와 소매둘레, 뒤 여밈의 완성선을 박는다.

뒤 몸판
(이면)
앞 몸판
(이면)

2 목둘레에 가윗밥을 넣는다.

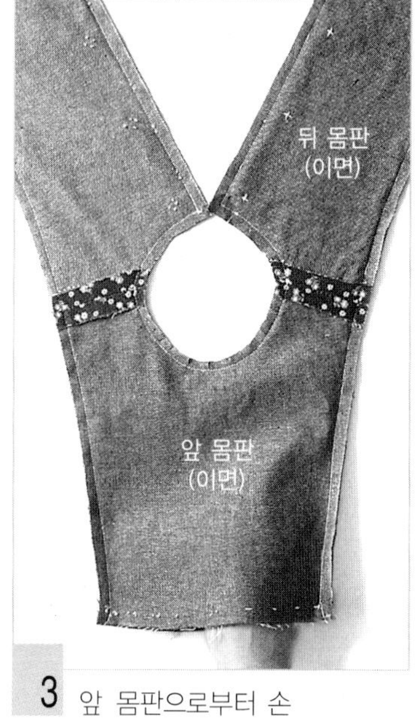

3 앞 몸판으로부터 손을 넣는다.

4 뒤 몸판을 끄집어낸다.

5 겉으로 뒤집어서 정리한다.

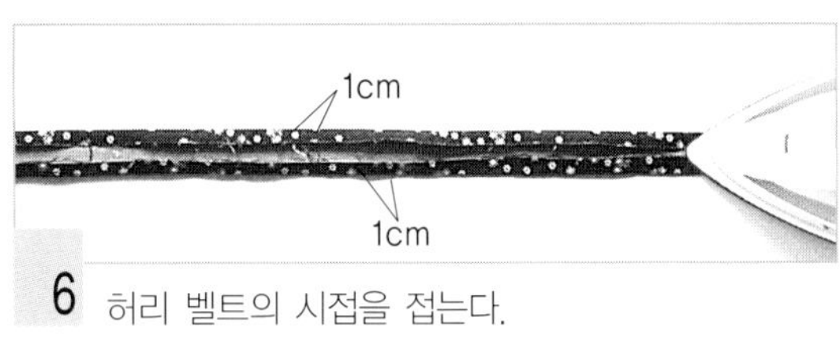

6 허리 벨트의 시접을 접는다.

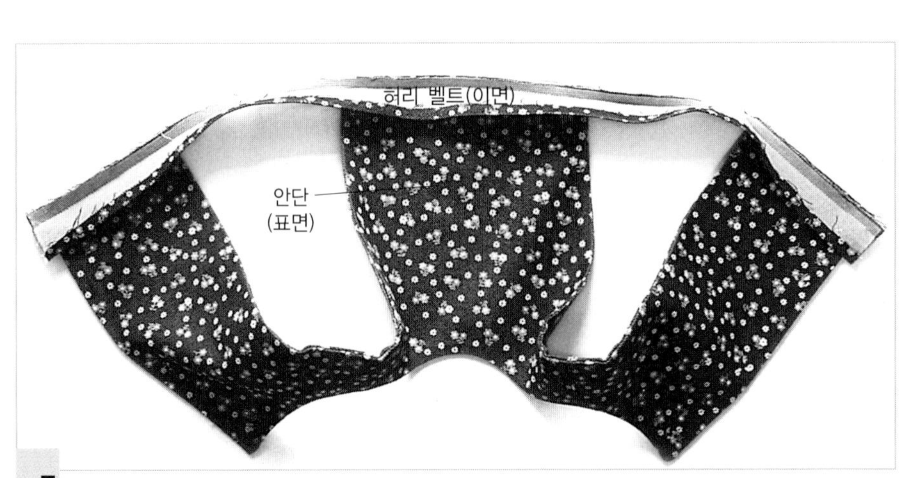

7 허리 벨트의 표면과 안단의 표면을 마주 대어 박는다.

4. 스커트의 주머니를 만든다.

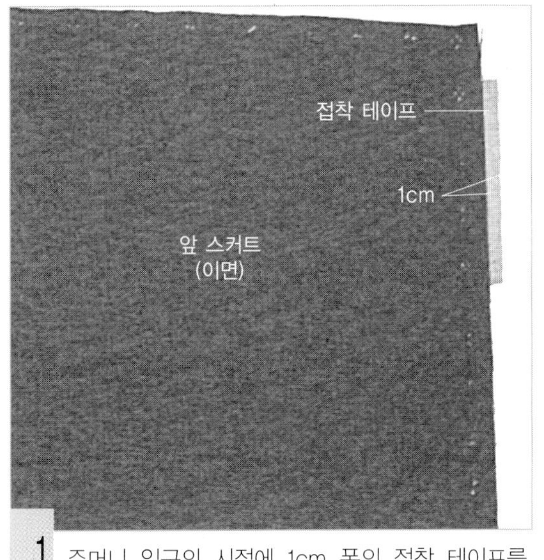

1 주머니 입구의 시접에 1cm 폭의 접착 테이프를 붙인다.

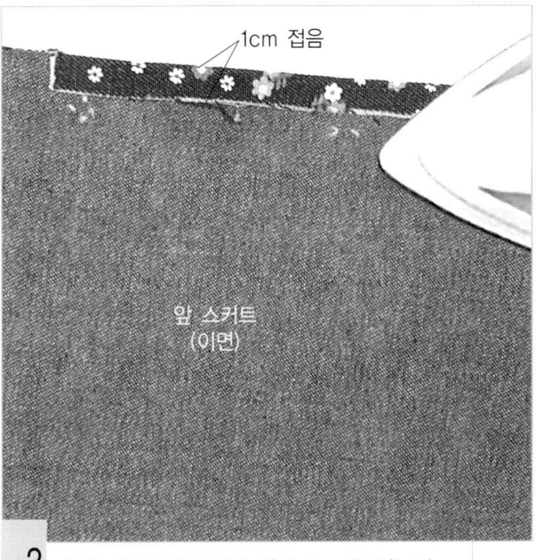

2 접착 테이프를 붙인 시접 1cm를 접는다.

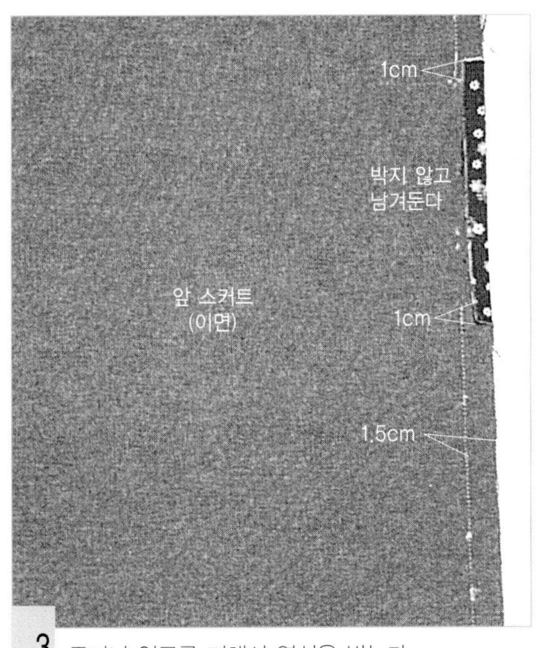

3 주머니 입구를 피해서 옆선을 박는다.

4 옆선의 시접을 가른다.

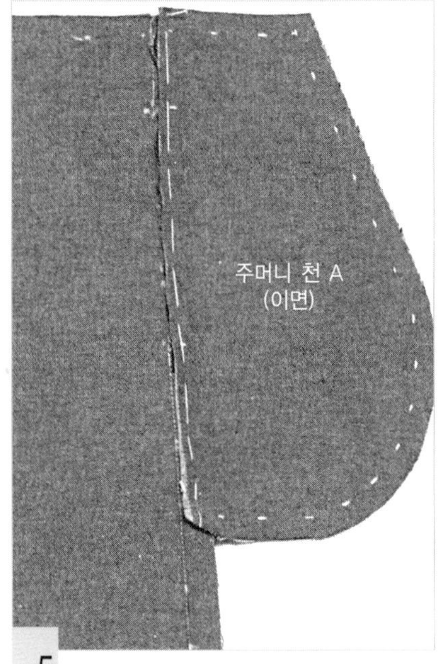

5 앞 스커트의 시접에 주머니 A를 얹어 시침질하고 박는다.

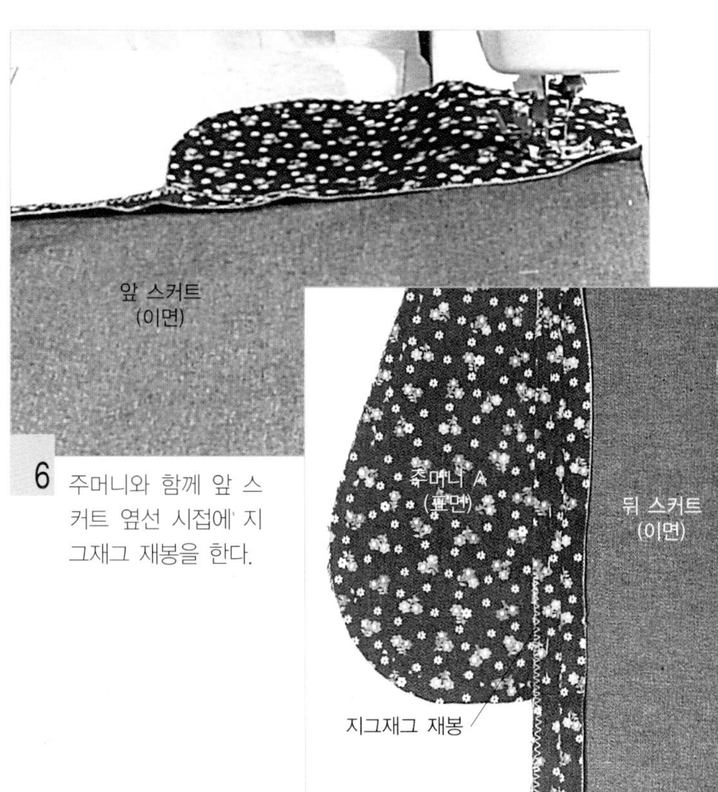

6 주머니와 함께 앞 스커트 옆선 시접에 지그재그 재봉을 한다.

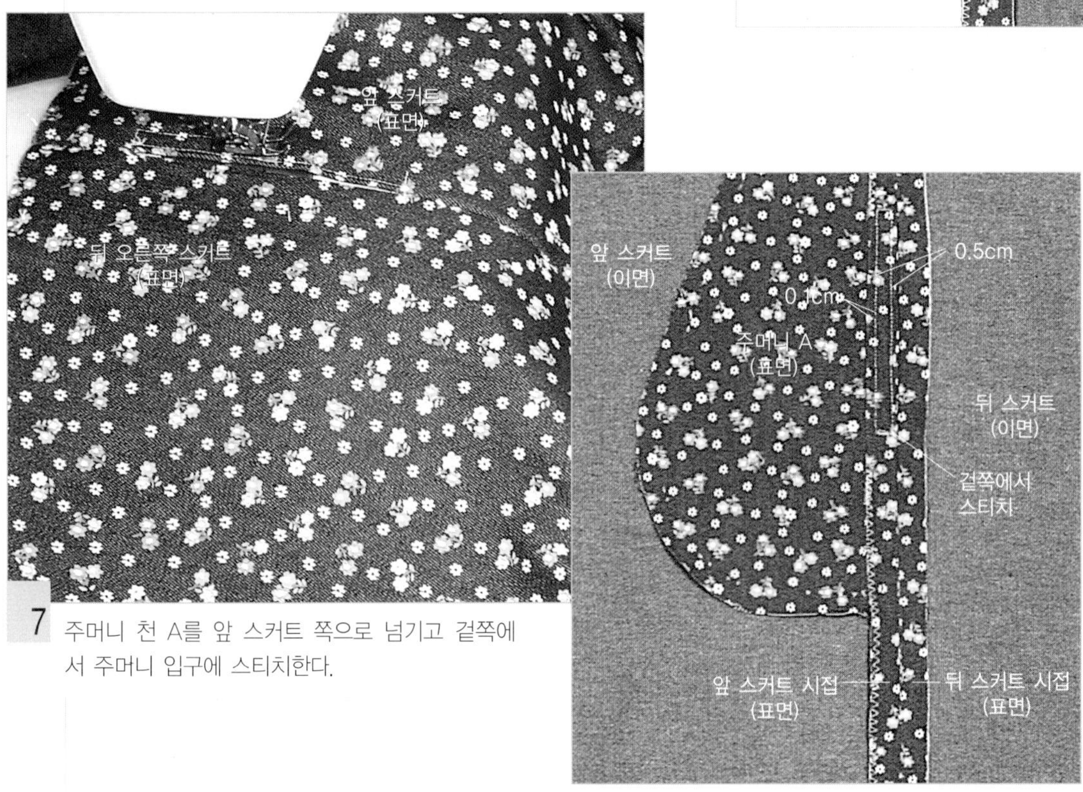

7 주머니 천 A를 앞 스커트 쪽으로 넘기고 겉쪽에서 주머니 입구에 스티치한다.

스티치한 상태를 이면에서 본 것.

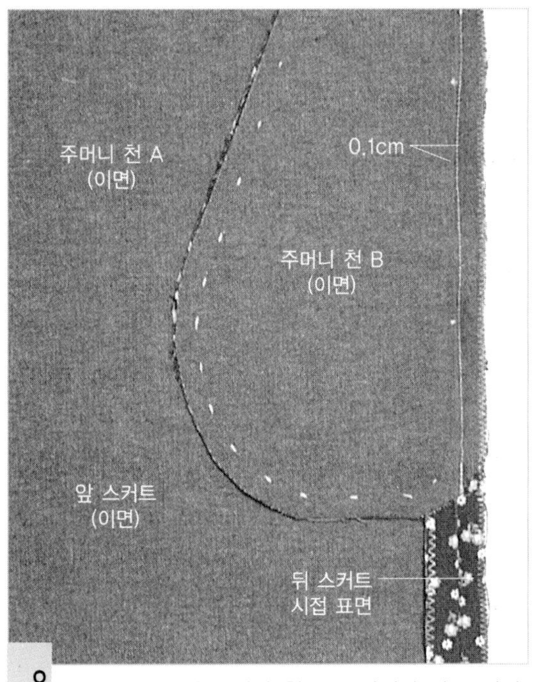

8 주머니 천 A와 주머니 천 B를 겉끼리 마주 대어 얹고, 뒤 스커트의 시접에 옆선의 완성선에서 0.1cm 시접 쪽을 박는다.

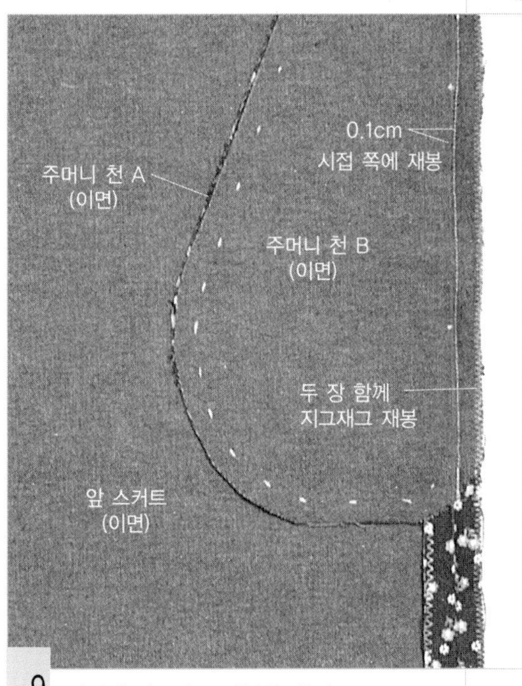

9 시접에 지그재그 재봉을 한다.

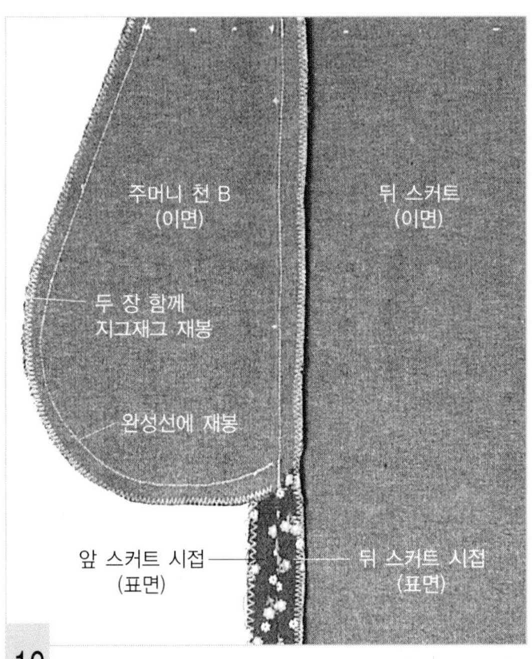

10 주머니의 완성선을 박고 시접에 지그재그 재봉을 한다.

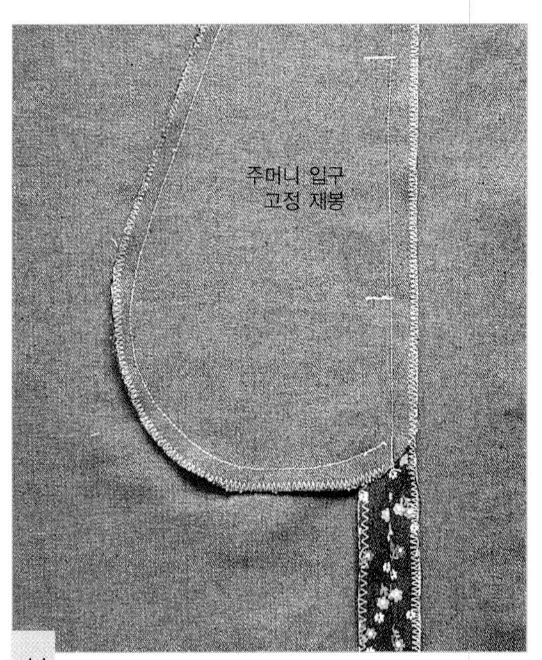

11 주머니 입구에 겉쪽에서 고정시키기 위한 재봉을 한다.

5. 스커트의 단을 박는다.

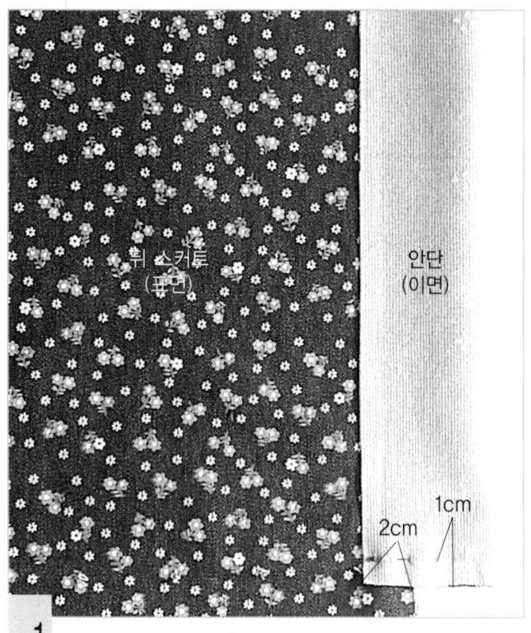

1 스커트 단의 안단을 접어 시접을 잘라낸다.

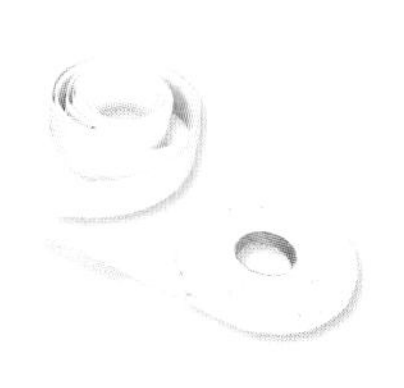

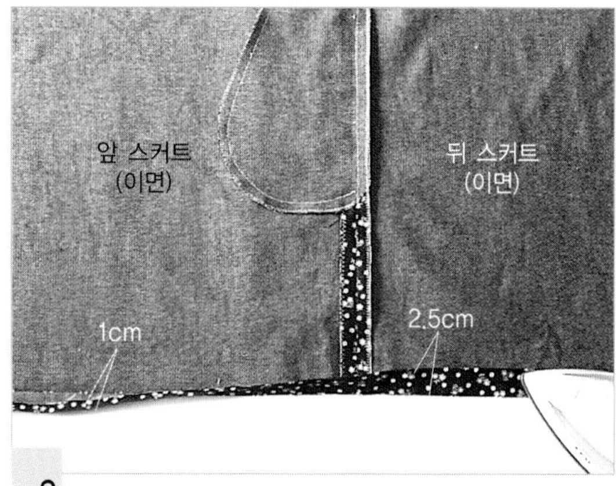

2 스커트 단의 시접을 1cm 접고 완성선에서 또 한 번 접는다.

3 스커트 밑단의 안단을 겉끼리 마주 대어 뒤 여밈단에서 접어 완성선을 박는다.

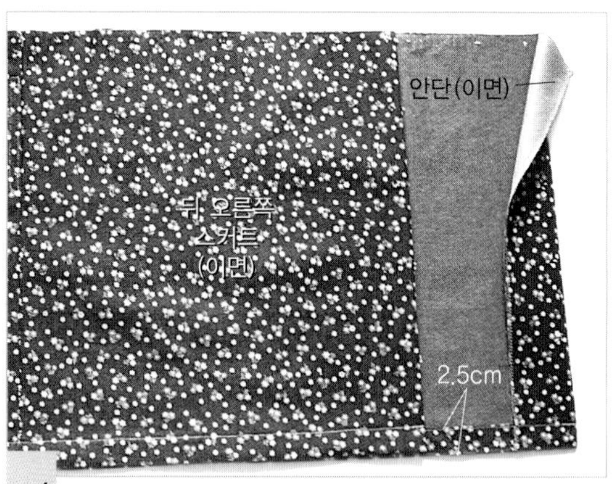

4 겉으로 뒤집어 단에 재봉을 한다.

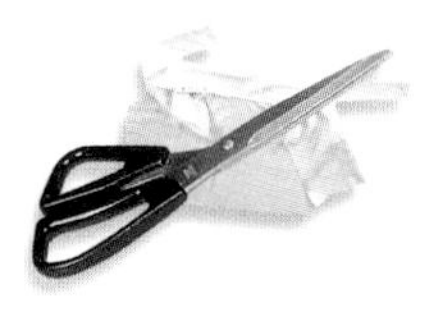

6. 허리 벨트를 단다.

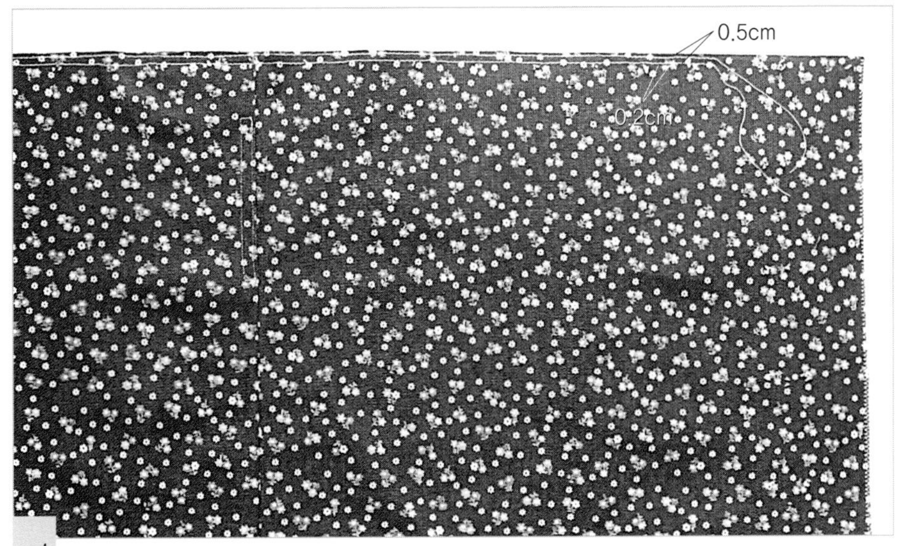

1 스커트의 허리 완성선에서 0.2cm와 0.7cm 되는 곳에 주머니를 피해서 시침재봉을 두 줄 한다.

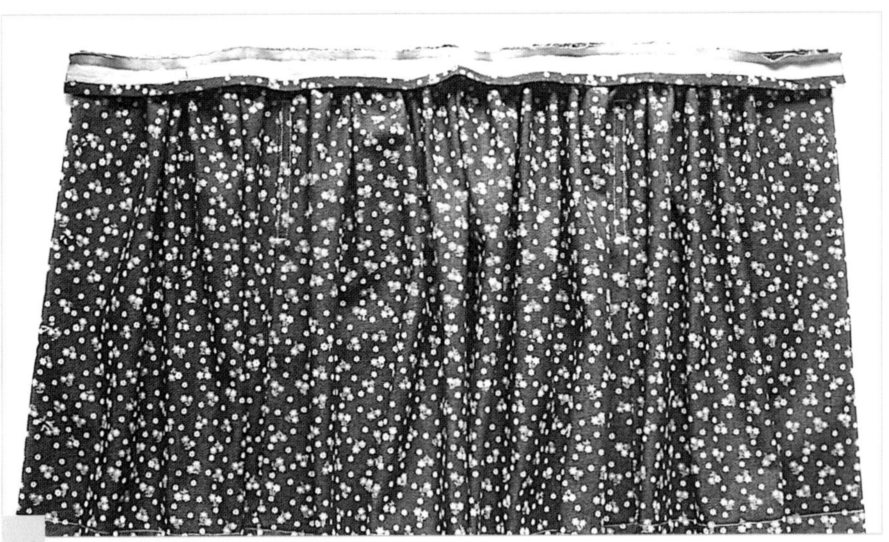

2 스커트의 허리 시접에 시침재봉한 두 줄의 밑실 두 올을 함께 당겨 개더를 잡고, 허리 벨트와 겉끼리 마주 대어 시침질하고 박는다.

7. 몸판과 연결한다.

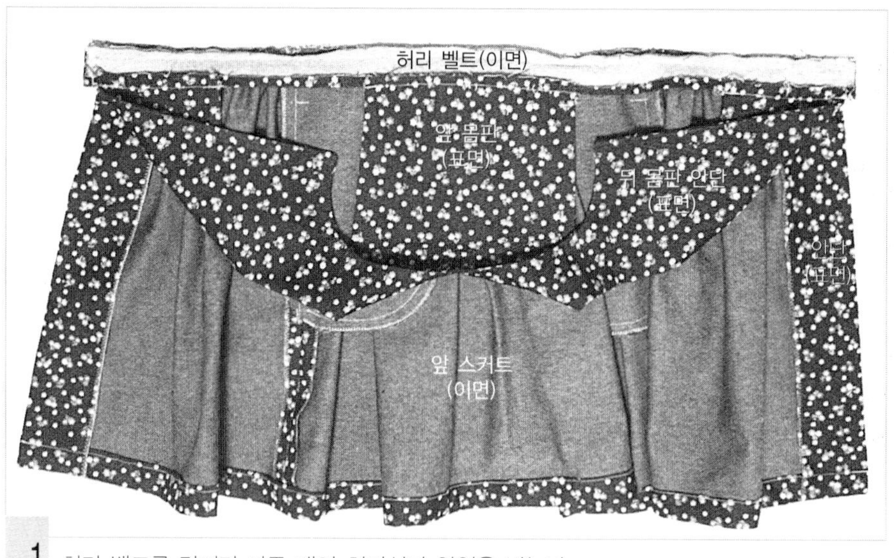

1 허리 벨트를 겉끼리 마주 대어 허리선과 양옆을 박는다.

2 겉쪽에서 허리 벨트의 뒤쪽에 스티치 또는 공그르기를 한다.

8. 단춧구멍을 만들고 단추를 달아 완성한다.

1 완성.

블라우스 | *Blouse*

개더 소매 만드는 법, 목둘레의 시접을 몸판 쪽으로 넘겨 칼라 다는 법을 배운다.

- 겉감 110cm 폭 ⋯▸ 90cm
- 접착심지 90cm 폭 ⋯▸ 45cm(위 칼라, 안단분)
- 단추 직경 1.2cm ⋯▸ 5개
- 고무 테이프

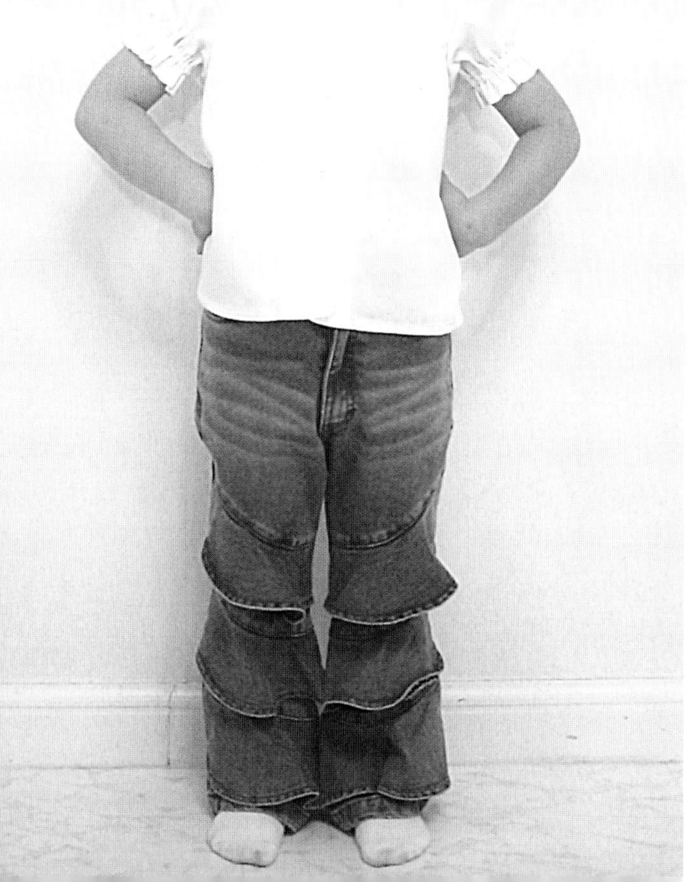

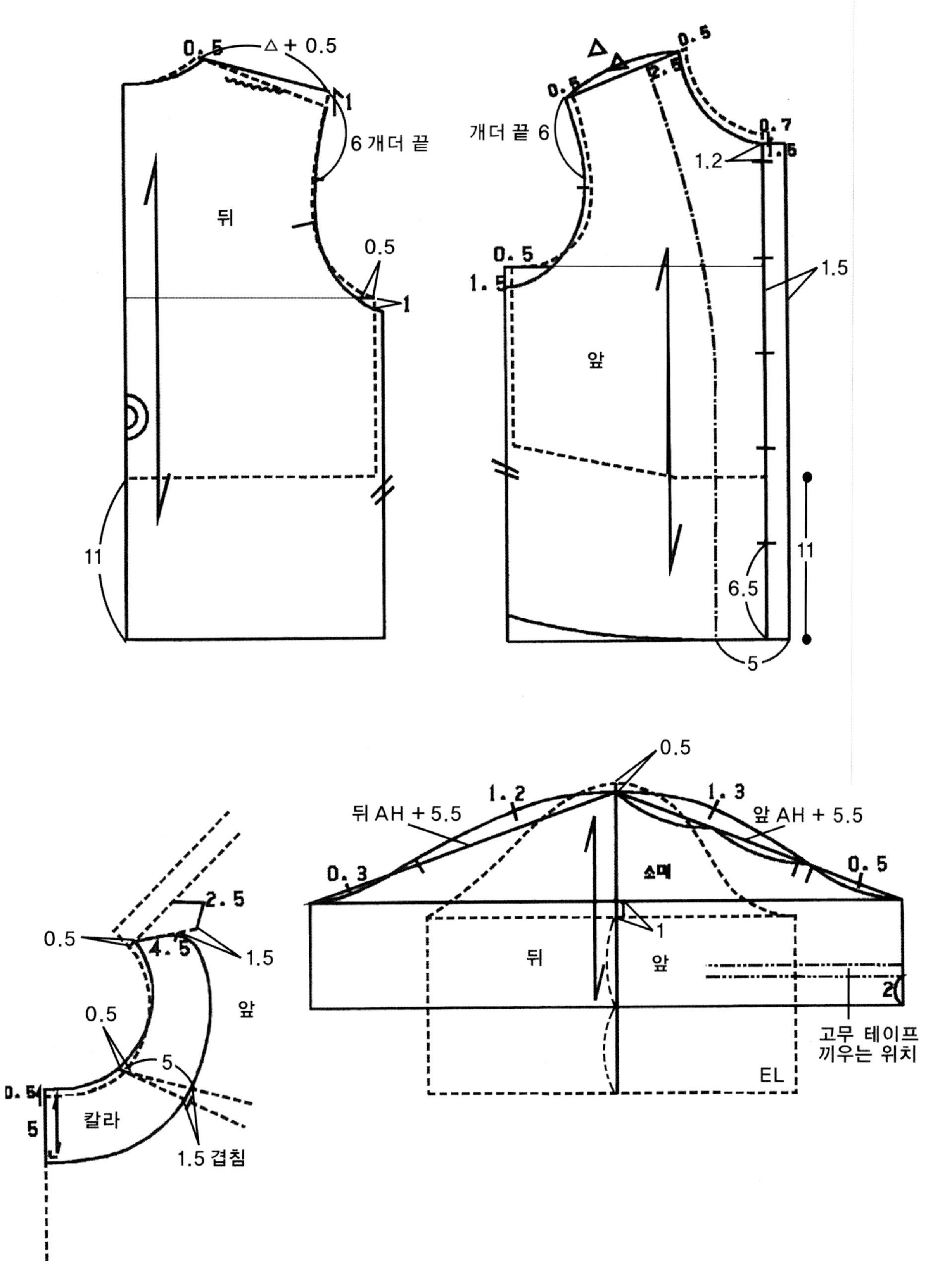

0.5
△ + 0.5
1
6 개더 끝
뒤
0.5
1
11
△
△
0.5
0.5
2.5
0.7
개더 끝 6
1.2
1.5
0.5
1.5
1.5
앞
11
6.5
5
0.5
2.5
0.5
4.5
1.5
0.5
앞
5
0.5
5
칼라
1.5 겹침
0.5
1.2
1.3
뒤 AH + 5.5
앞 AH + 5.5
0.3
0.5
소매
1
뒤
앞
2
고무 테이프
끼우는 위치
EL

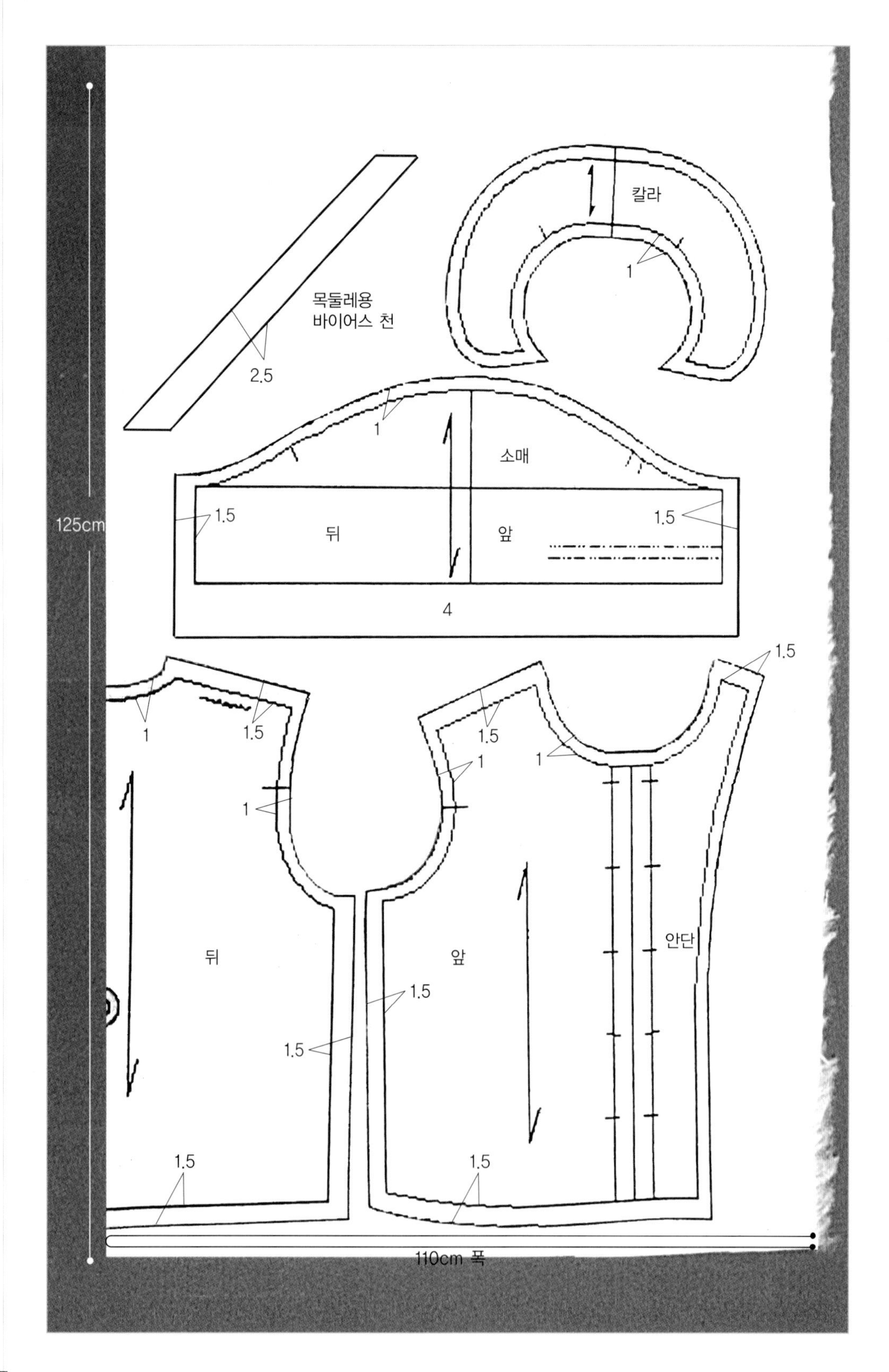
칼라
1
목둘레용
바이어스 천
2.5
1
소매
125cm
1.5
뒤
앞
1.5
4
1.5
1
1.5
1.5
1
1
1
1
안단
뒤
앞
1.5
1.5
1.5
1.5
110cm 폭

1. 접착심지를 붙인다.

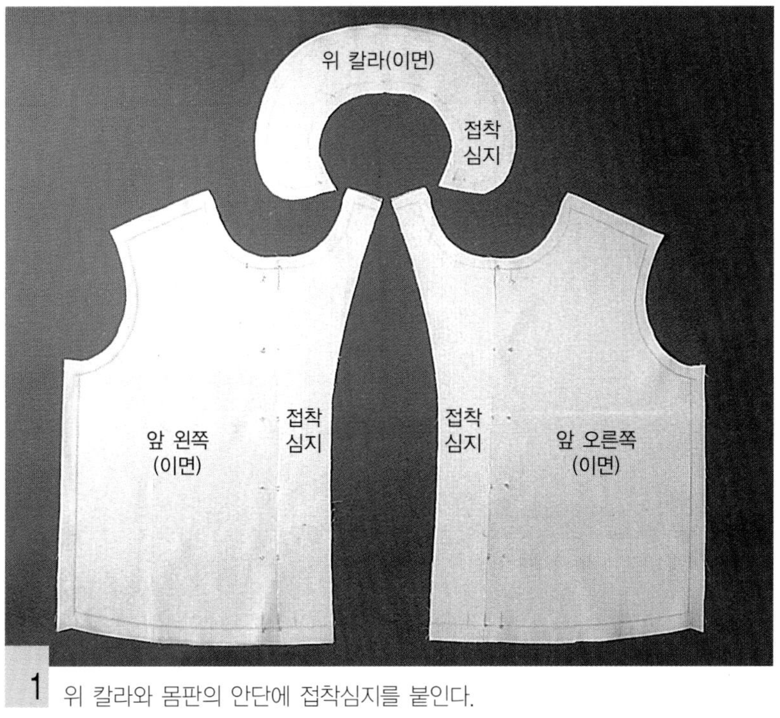

1 위 칼라와 몸판의 안단에 접착심지를 붙인다.

2. 오버록 재봉을 한다.

2 몸판의 어깨선, 옆선, 앞 안단의 안쪽, 소매 옆선과 소매단에 오버록 재봉을 한다.

3 어깨선을 박는다.

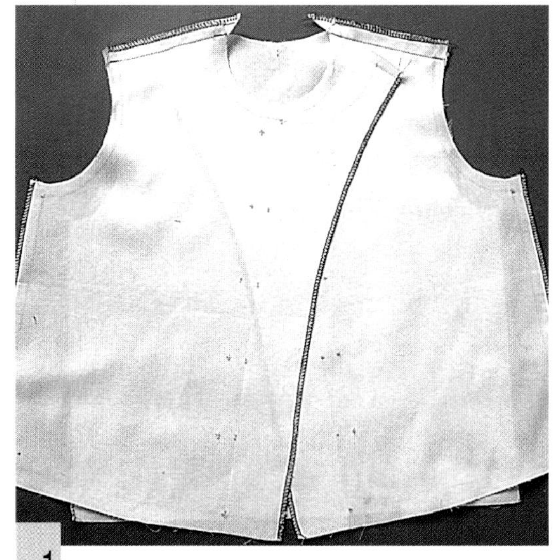

1 앞 몸판과 뒤 몸판을 겉끼리 마주 대어 양쪽 어깨선을 박는다.

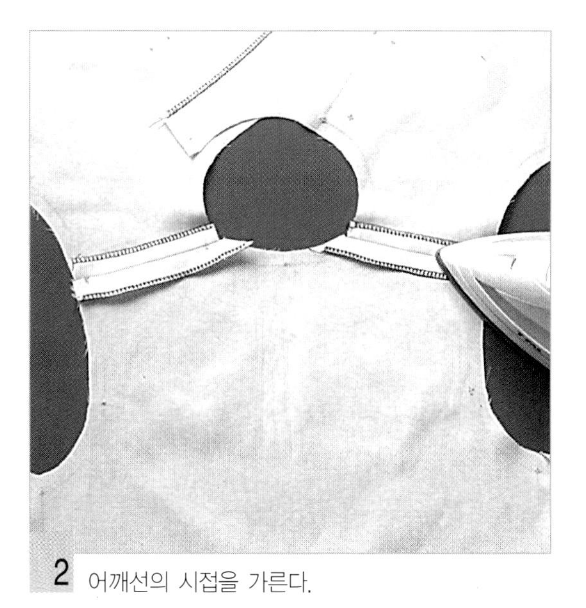

2 어깨선의 시접을 가른다.

4. 칼라를 만들어 단다.

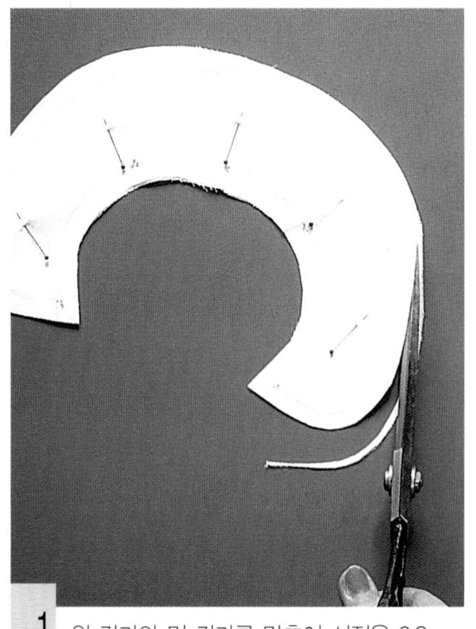

1 위 칼라와 밑 칼라를 맞추어 시접을 0.8cm로 잘라낸다.

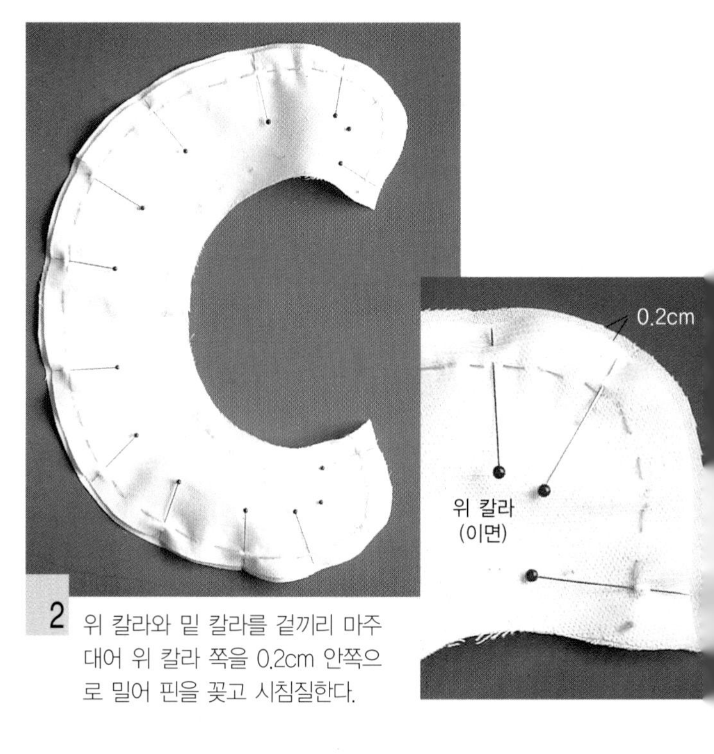

2 위 칼라와 밑 칼라를 겉끼리 마주 대어 위 칼라 쪽을 0.2cm 안쪽으로 밀어 핀을 꽂고 시침질한다.

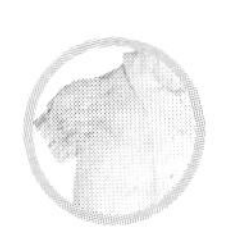

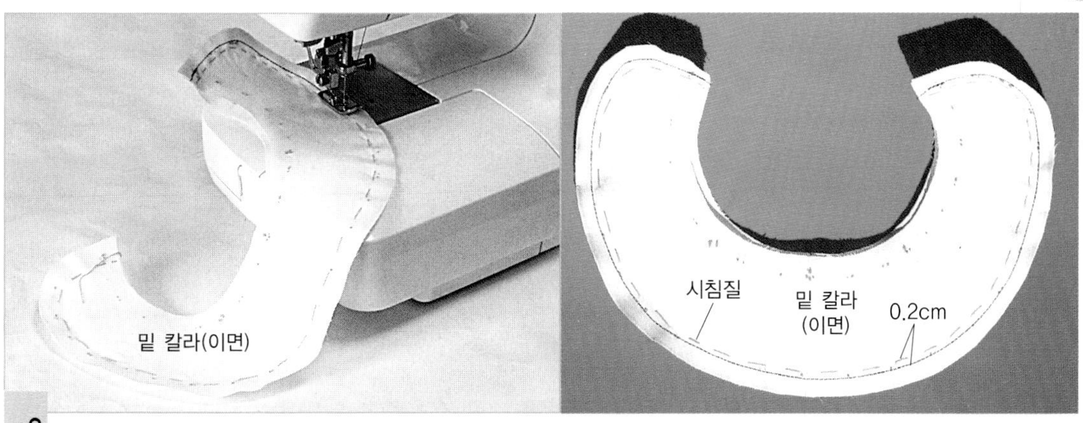

3 밑 칼라 쪽의 완성선을 박는다. 위 칼라를 0.2cm 안쪽으로 밀어 차이나게 했으므로, 밑 칼라의 완성선을 박으면 위 칼라에 여유분이 생긴다.

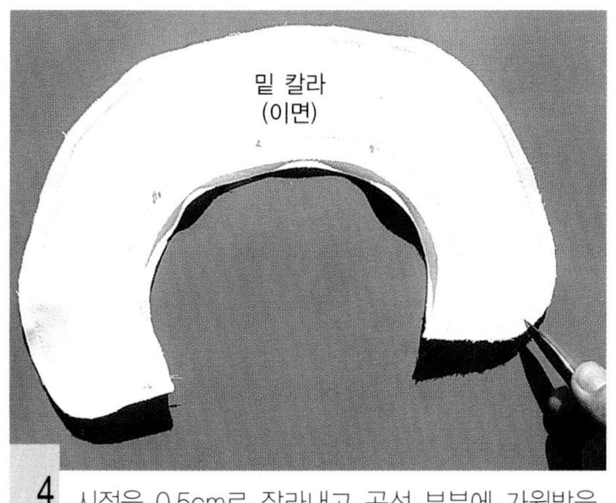

4 시접을 0.5cm로 잘라내고 곡선 부분에 가윗밥을 넣는다.

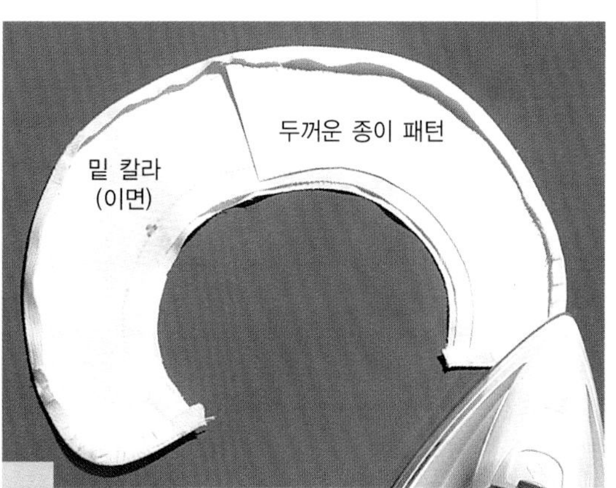

5 두꺼운 종이로 만든 패턴을 대고 박은 선을 접어 다림질한다.

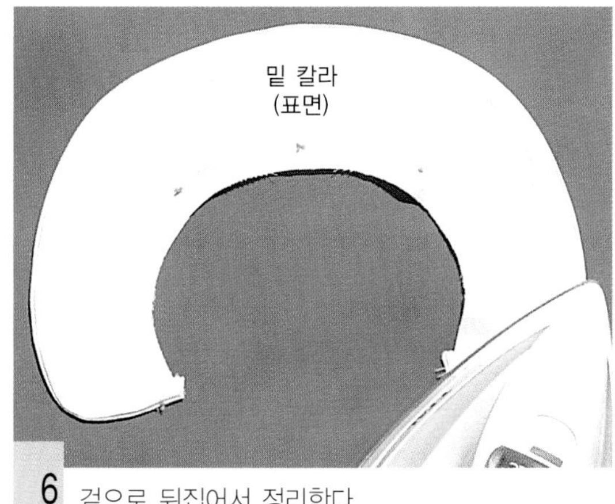

6 겉으로 뒤집어서 정리한다.

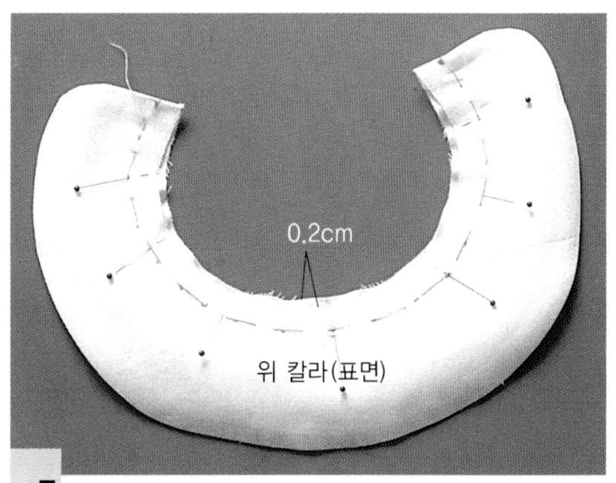

7 위 칼라를 0.2cm 안쪽으로 밀어 핀을 꽂고 시침질한다.

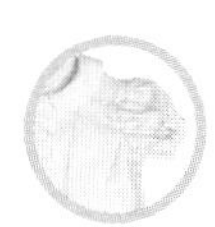

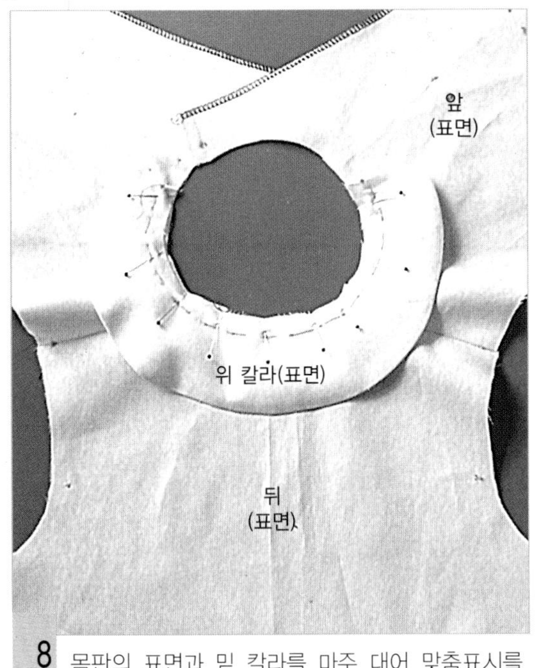

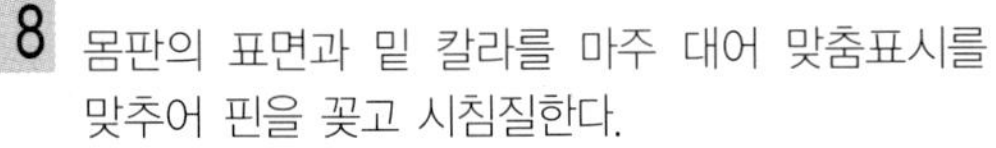
8 몸판의 표면과 밑 칼라를 마주 대어 맞춤표시를 맞추어 핀을 꽂고 시침질한다.

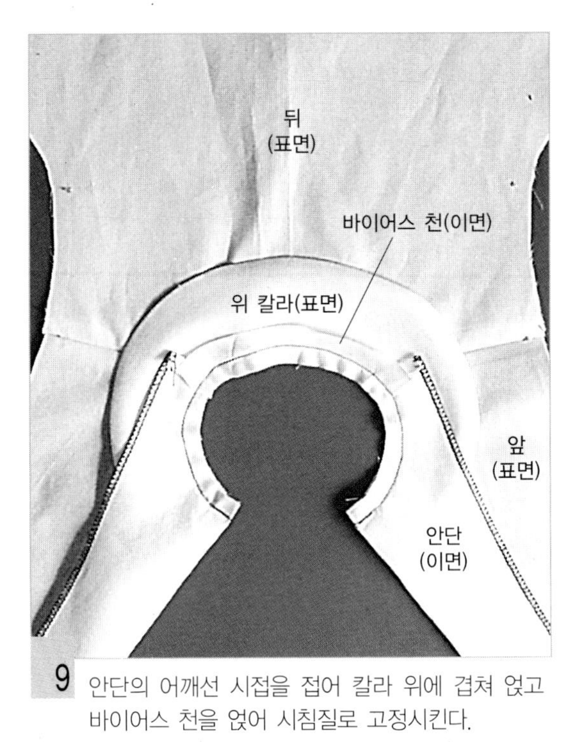

9 안단의 어깨선 시접을 접어 칼라 위에 겹쳐 얹고 바이어스 천을 얹어 시침질로 고정시킨다.

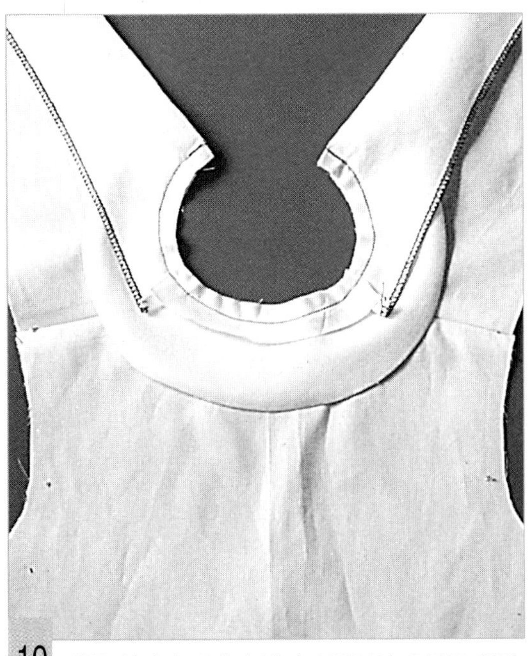

10 왼쪽 안단의 끝에서 박기 시작하여 오른쪽 안단의 끝까지 박는다.

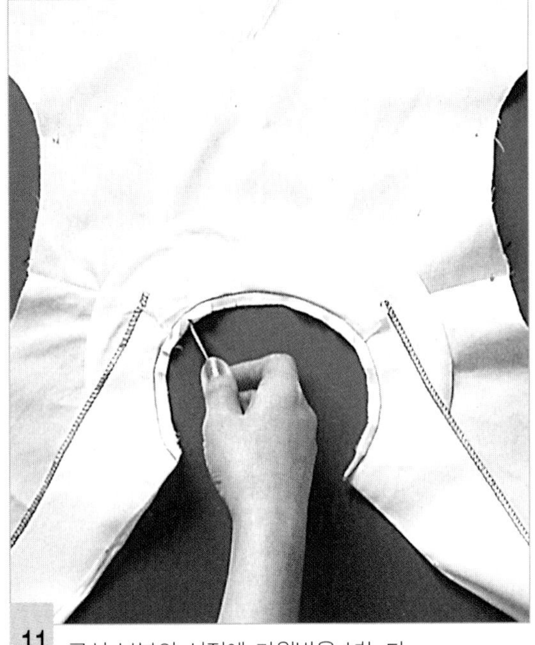

11 곡선 부분의 시접에 가윗밥을 넣는다.

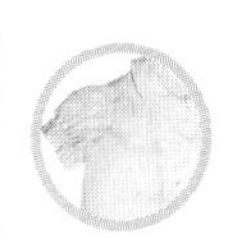

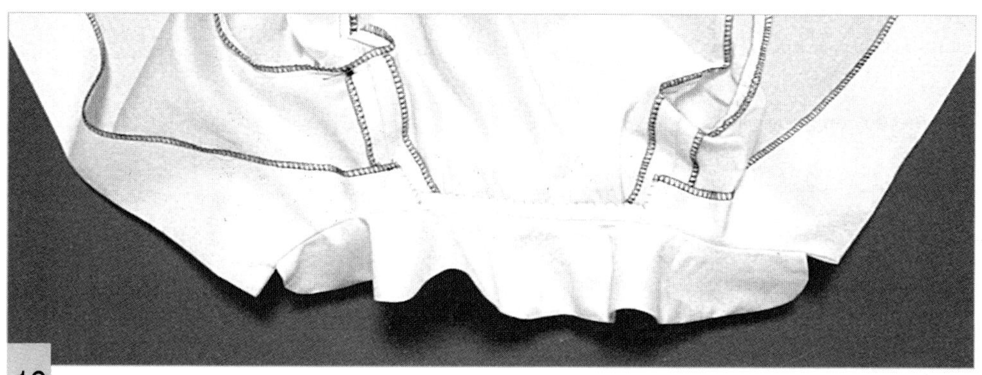

12 시접을 몸판 쪽으로 내리고 바이어스 천으로 시접을 감싸 감침질한 다음 안단의 어깨선 시접을 몸판의 어깨선 시접에 감쳐 고정시킨다.

5. 소매와 옆선을 박는다.

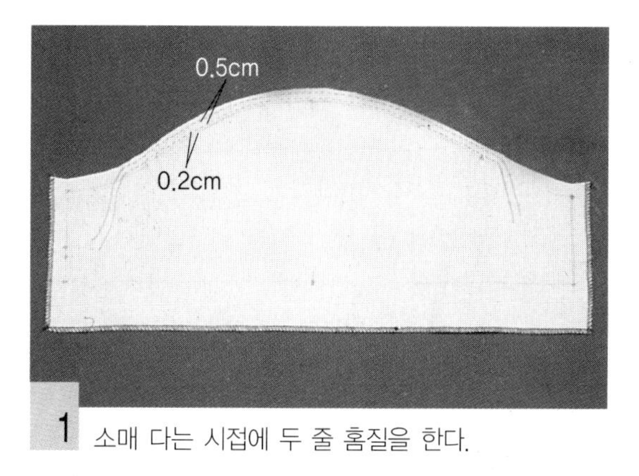

1 소매 다는 시접에 두 줄 홈질을 한다.

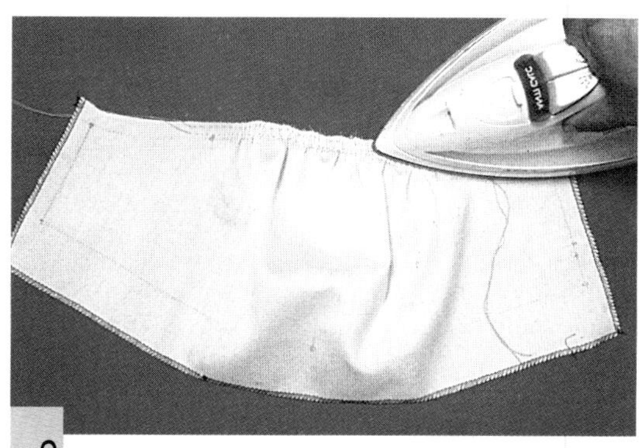

2 홈질한 실 두 올을 함께 당겨 개더를 잡고, 다리미로 눌러 개더를 고정시킨다.

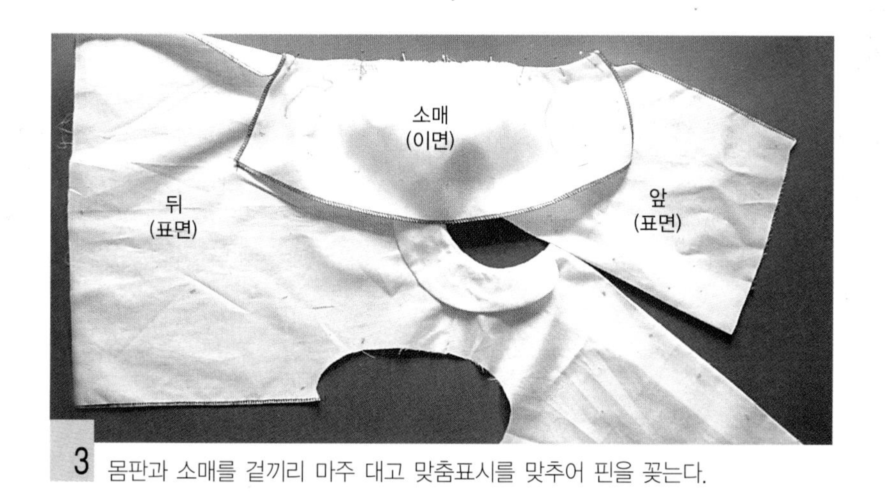

3 몸판과 소매를 겉끼리 마주 대고 맞춤표시를 맞추어 핀을 꽂는다.

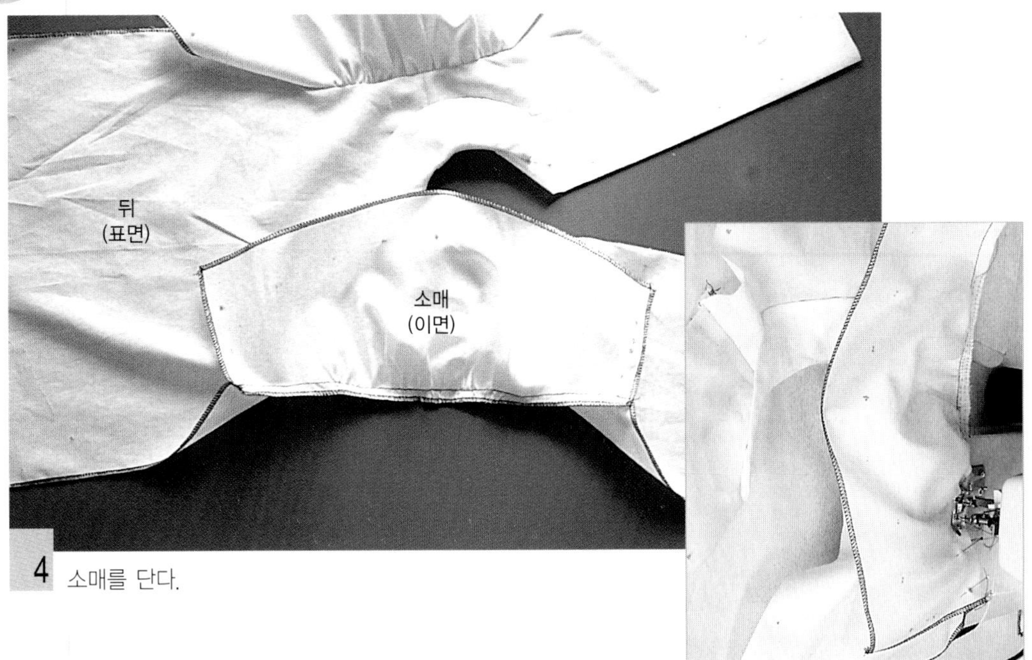

4 소매를 단다.

5 시접을 몸판 쪽으로 넘기고 겉에서 0.2cm에 스티치한다.

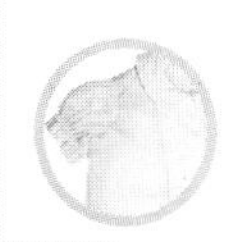

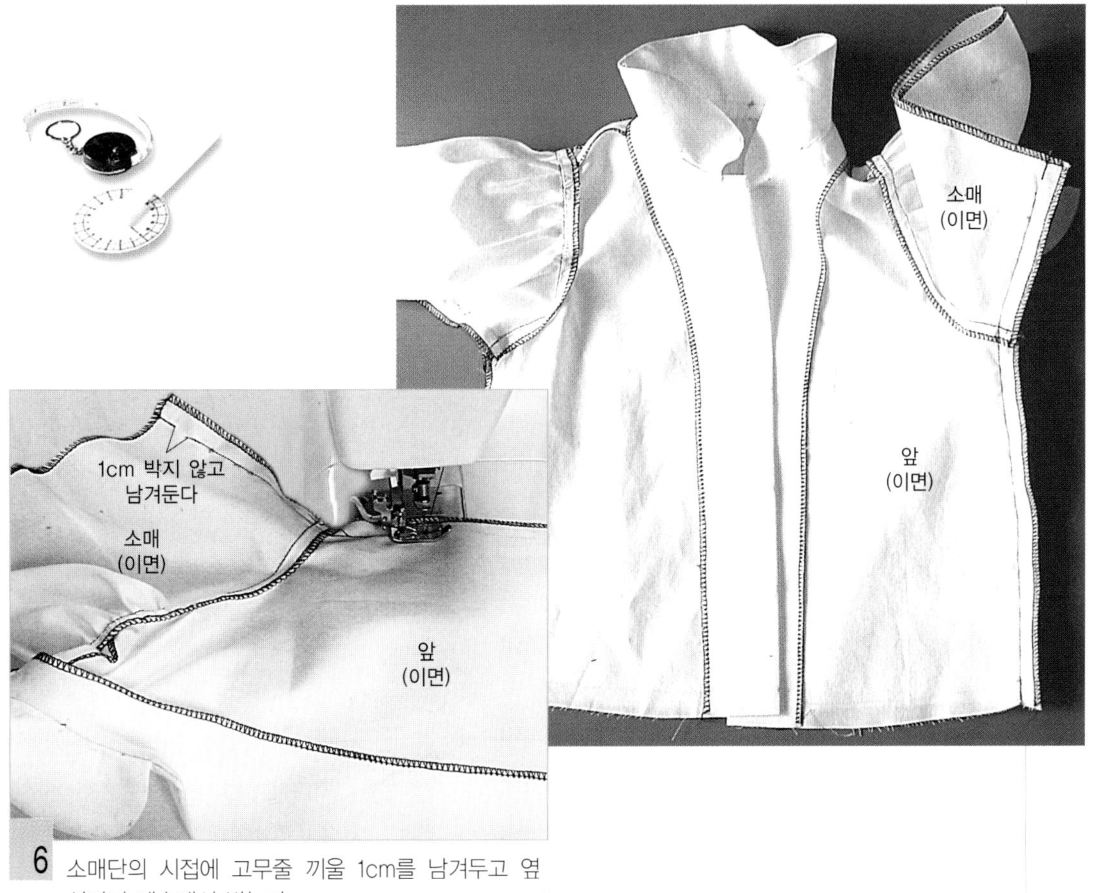

6 소매단의 시접에 고무줄 끼울 1cm를 남겨두고 옆선까지 계속해서 박는다.

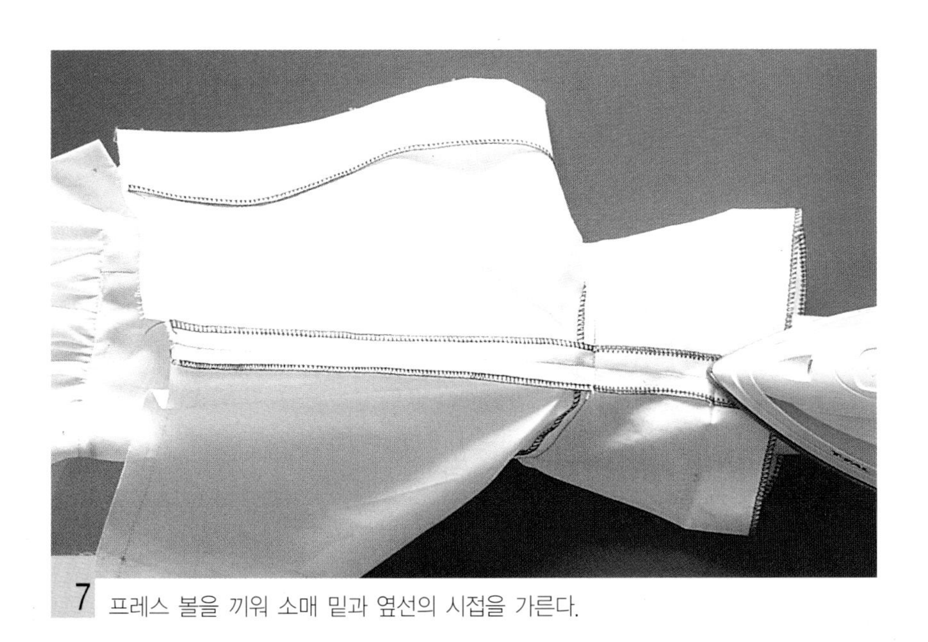

7 프레스 볼을 끼워 소매 밑과 옆선의 시접을 가른다.

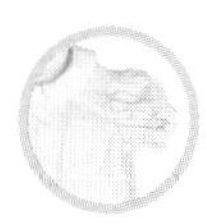

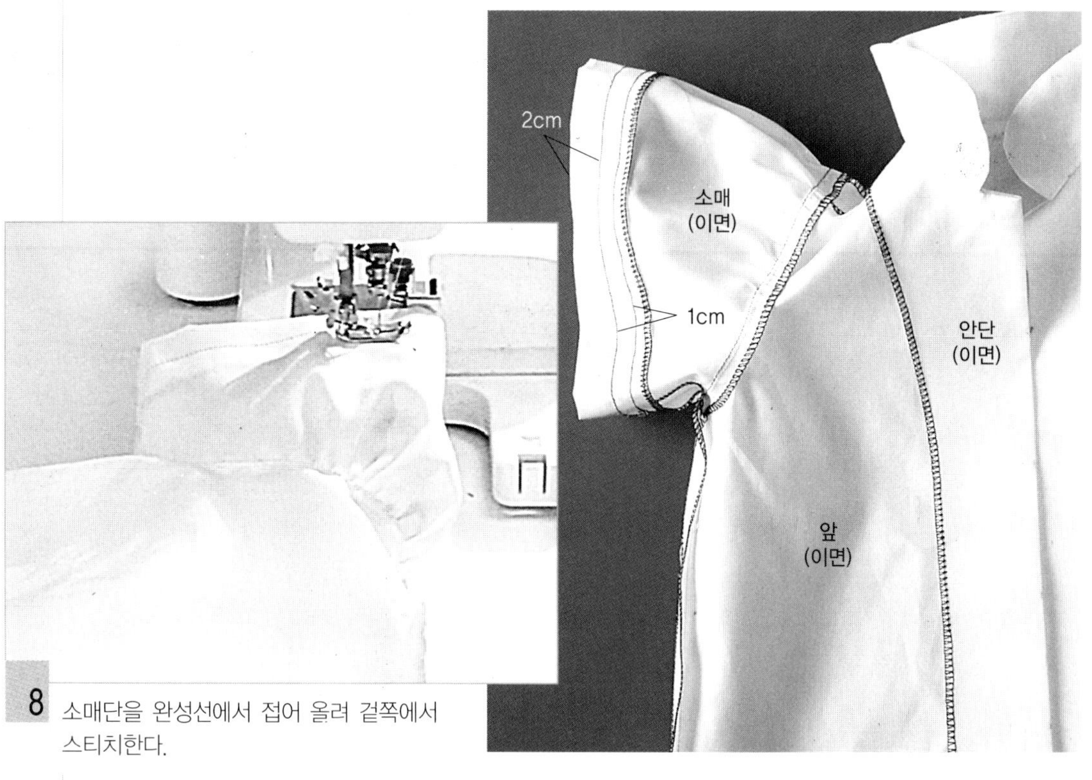

8 소매단을 완성선에서 접어 올려 겉쪽에서 스티치한다.

9 고무줄을 위 팔둘레+3cm로 잘라 끼우고 2cm를 겹쳐 단단하게 꿰맨다.

10 소매 입구를 당겨 앞에서 꿰맨 고무줄이 안으로 들어가게 하면 골고루 개더가 잡힌다.

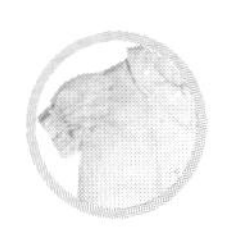

6. 밑단을 처리한다.

1 안단 끝을 완성선에서 접는다.

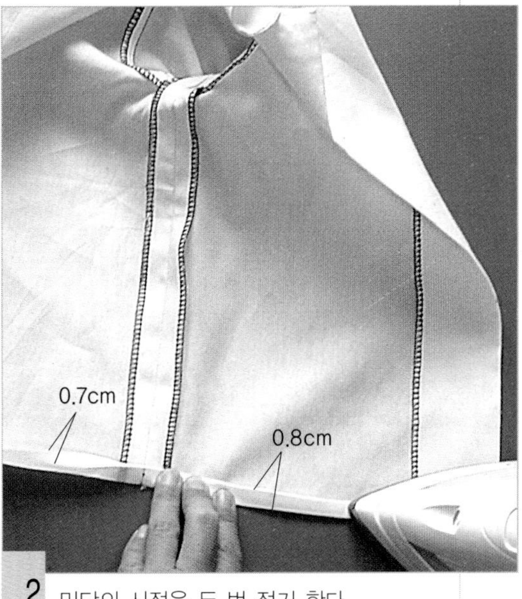

2 밑단의 시접을 두 번 접기 한다.

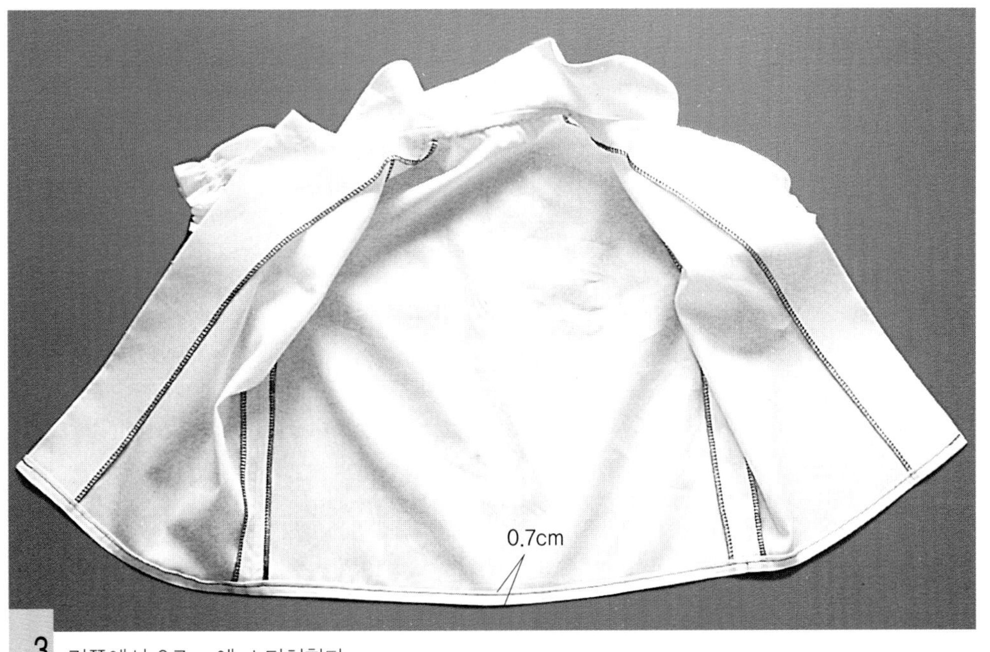

3 겉쪽에서 0.7cm에 스티치한다.

7. 단춧구멍을 만들고 단추를 달아 완성한다.

1 완성.

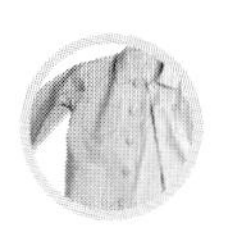

05 재 킷 | *Jacket*

앞 목둘레의 시접은 몸판 쪽으로, 뒤 목둘레의 시접은 칼라 속으로 넘기는 셔츠 칼라 다는 법을 배운다.

- 겉감 150cm 폭 ···▸ 100cm
- 접착심지 90cm 폭 ···▸ 55cm(안단, 위 칼라, 주머니 입구분)
- 단추 직경 2cm ···▸ 5개

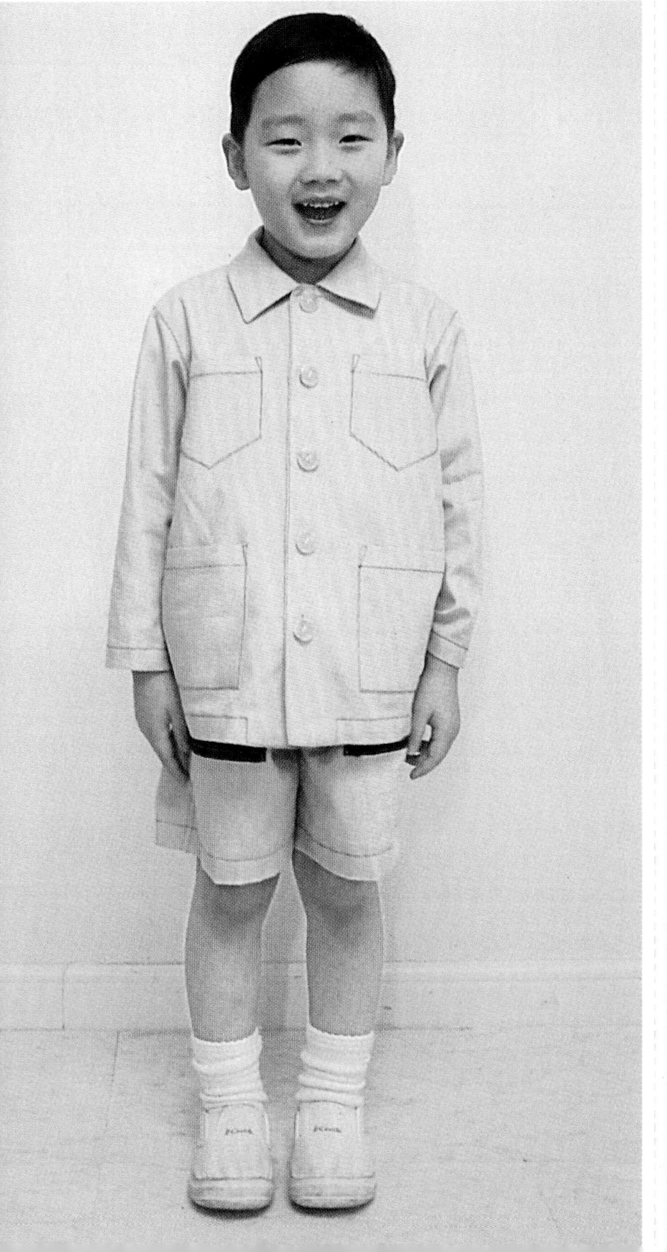

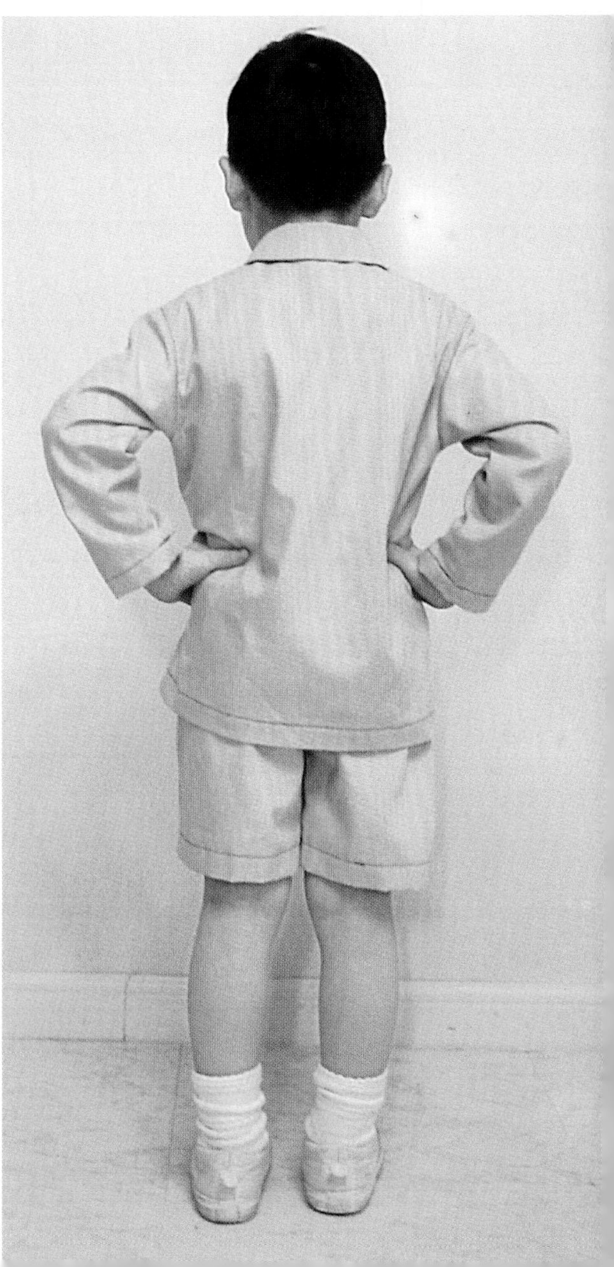

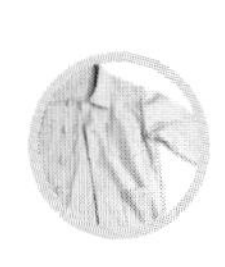

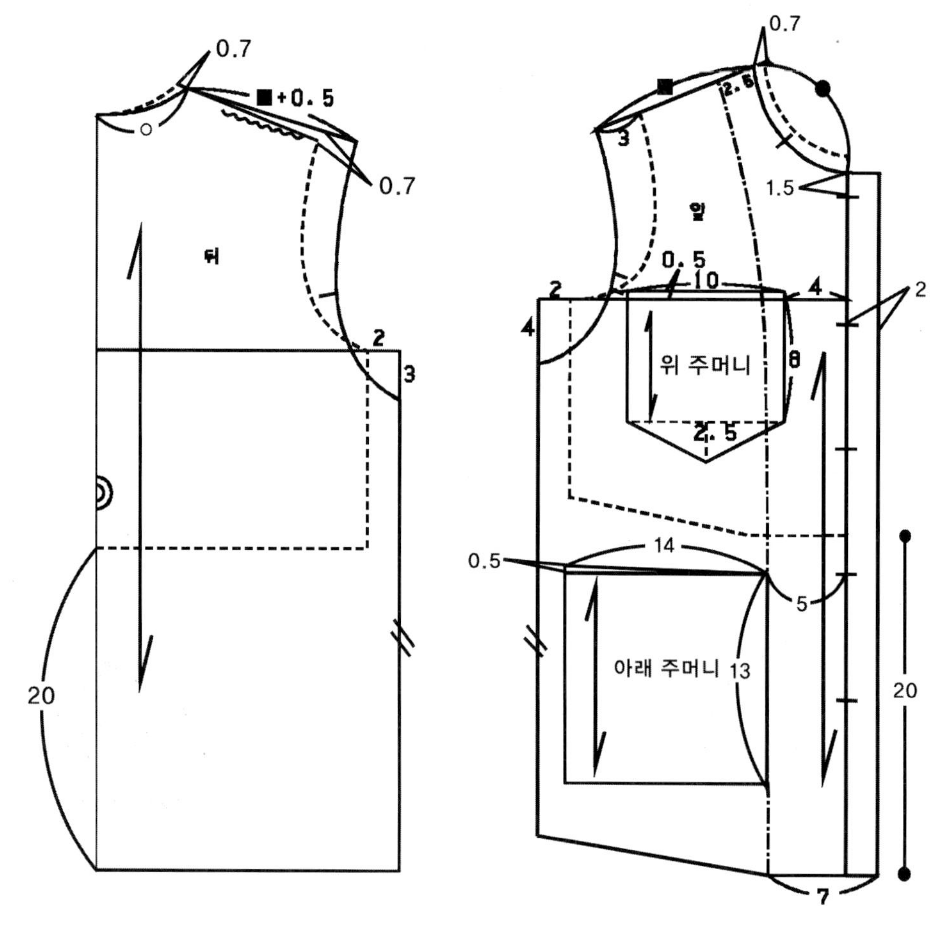

0.7
■+0.5
0.7
뒤
2
3
20
0.7
■
2.5
3
1.5
앞
0.5
10
2
4
4
2
위 주머니
8
2.5
14
0.5
5
아래 주머니 13
20
7

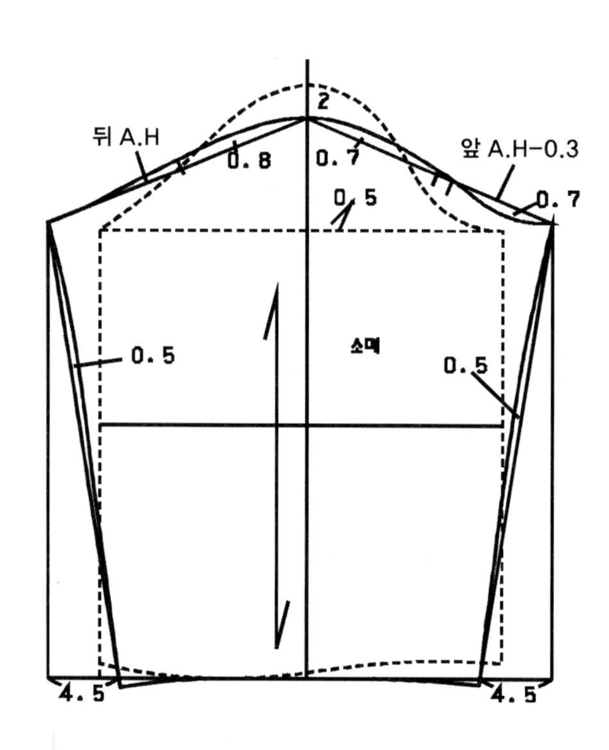

2
뒤 A.H
0.8
0.7
앞 A.H−0.3
0.5
0.7
0.5
소매
0.5
4.5
4.5

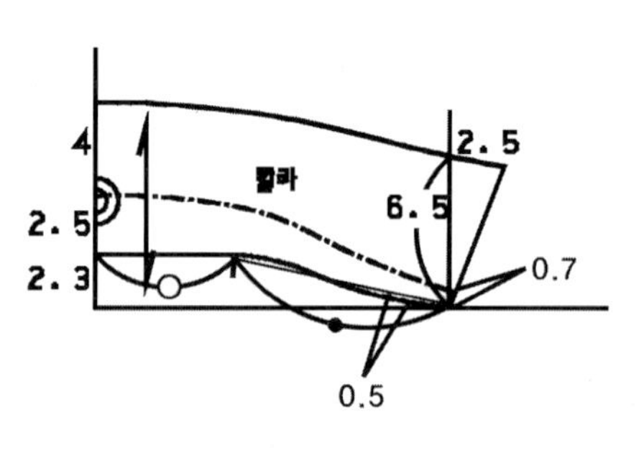

4
칼라
2.5
6.5
2.5
2.3
0.7
0.5

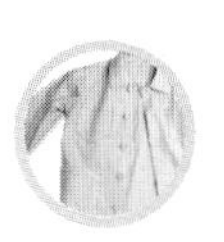

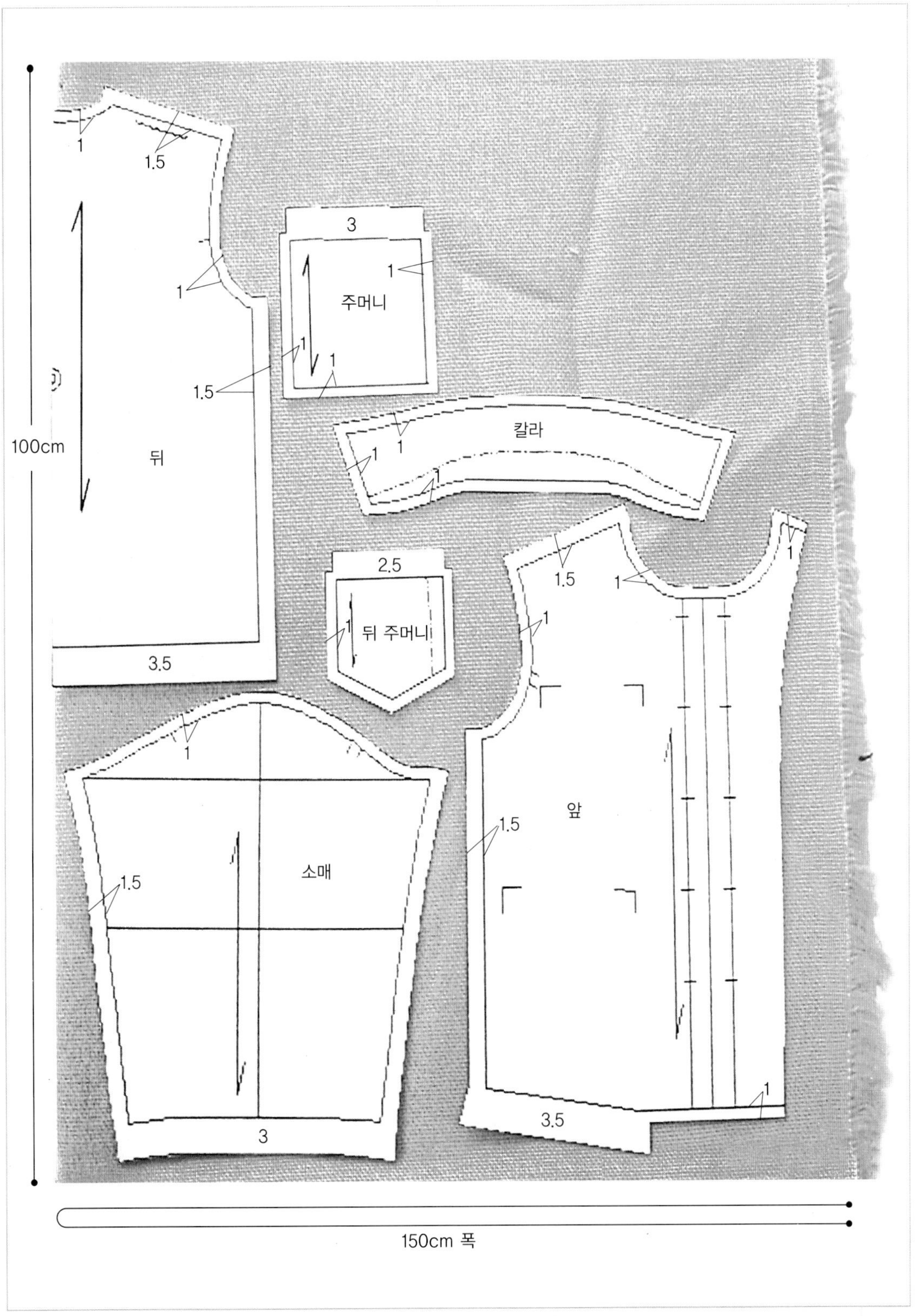

1
1.5
3
1
주머니
1
1
1.5
칼라
1
1
1
100cm
뒤
1.5
1
1
2.5
1
뒤 주머니
1
3.5
1
앞
1.5
소매
1.5
1
3.5
3
150cm 폭

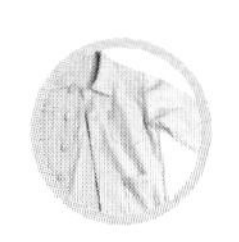

1. 접착심지를 붙인다.

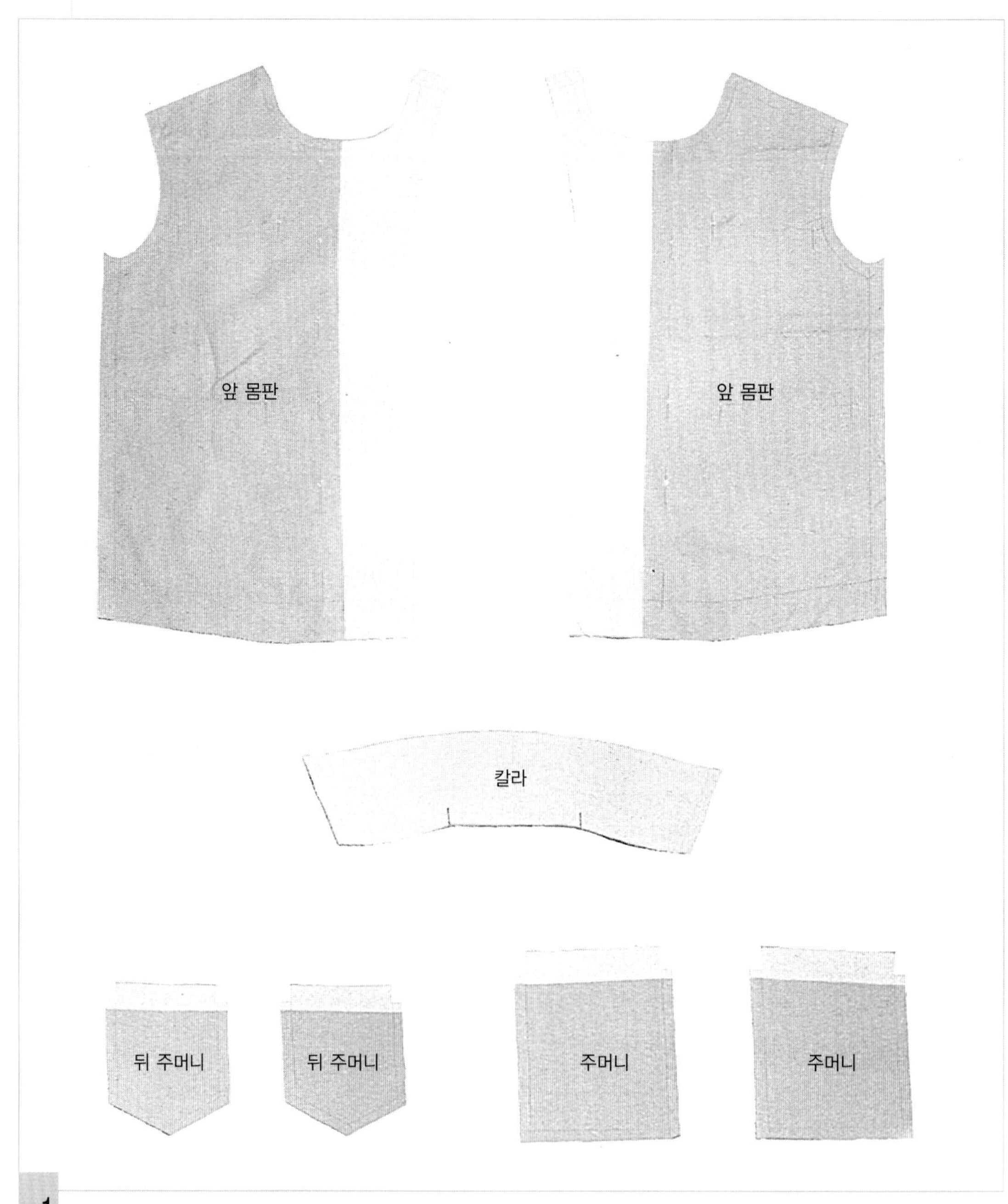

1 앞 몸판의 안단과 위 칼라, 주머니 입구에 접착심지를 붙인다.

2. 오버록 재봉을 한다.

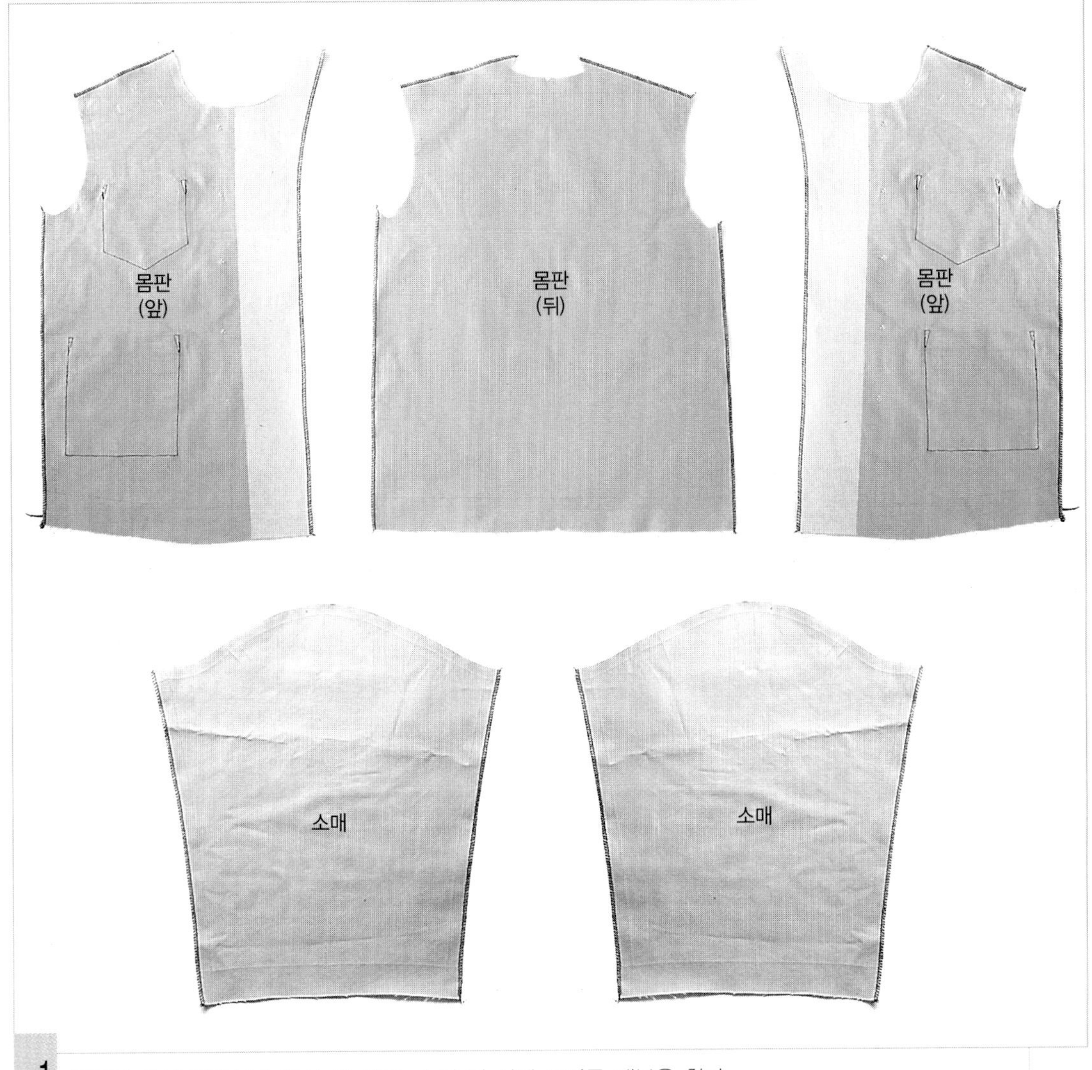

1 몸판의 앞뒤 어깨선과 옆선, 앞 안단, 소매 밑 선에 오버록 재봉을 한다.

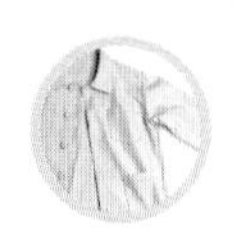

3. 주머니를 만들어 단다.

1 주머니 입구의 시접 1cm를 접는다.

2 주머니 입구의 시접을 완성선에서 접는다.

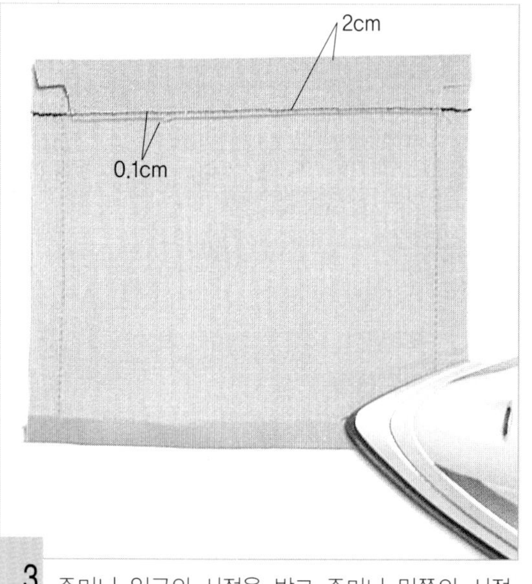

3 주머니 입구의 시접을 박고 주머니 밑쪽의 시접을 접는다.

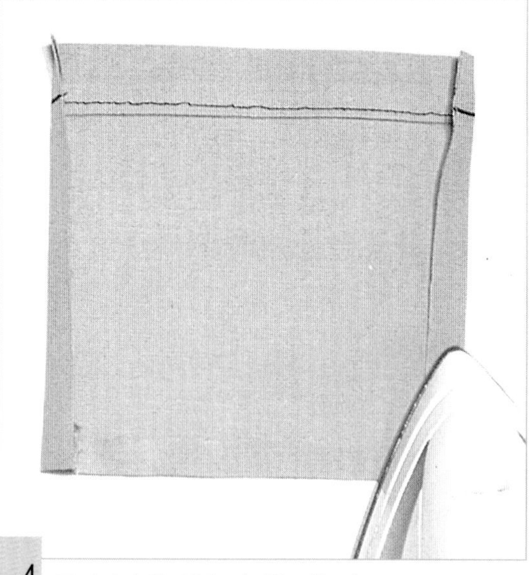

4 주머니의 양 옆쪽 시접을 접는다.

5 위 주머니를 ①, ② 순으로 접고 양 옆쪽의 시접을 접는다.

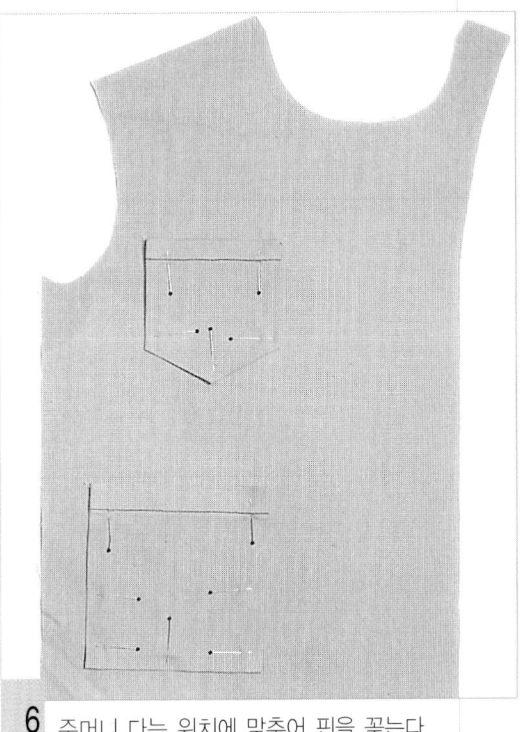

6 주머니 다는 위치에 맞추어 핀을 꽂는다.

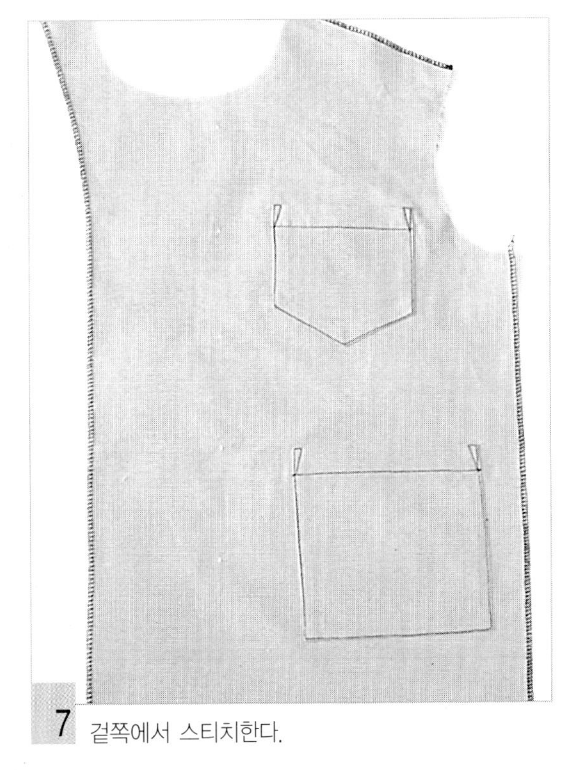

7 겉쪽에서 스티치한다.

8 겉쪽에서 스티치하고 실 끝을 이면 쪽으로 빼내어 묶은 다음 1cm 정도 바늘땀에 감친다.

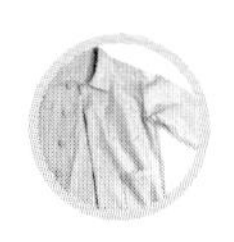

4. 어깨선을 박는다.

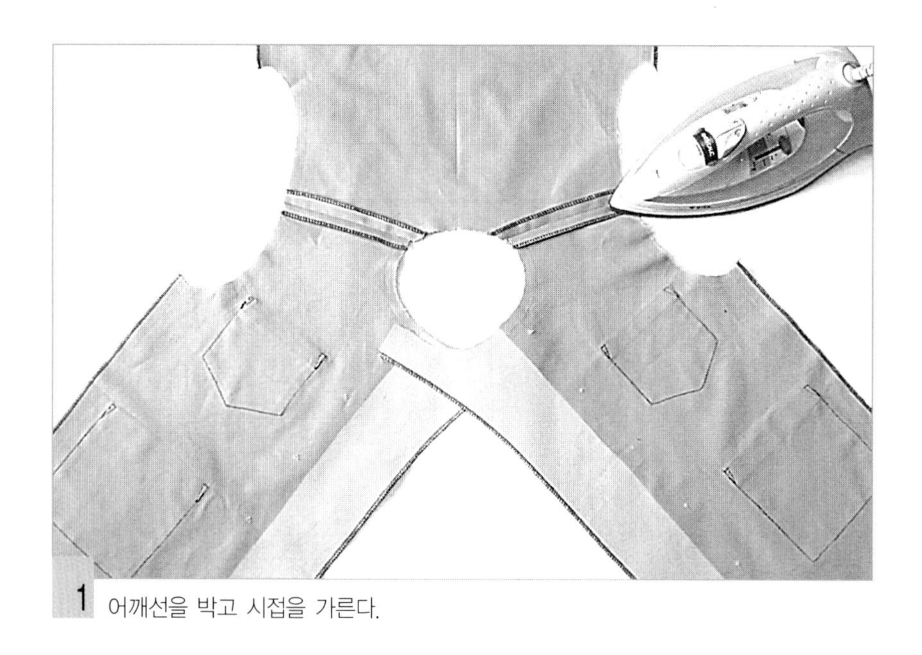

1 어깨선을 박고 시접을 가른다.

5. 칼라를 만들어 단다.

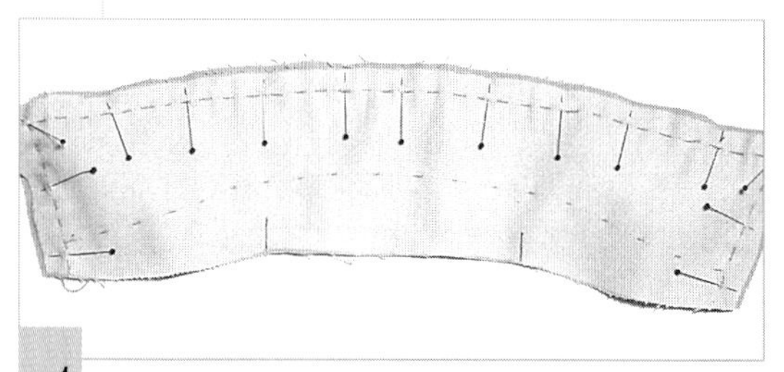

1 위 칼라와 밑 칼라를 겉끼리 마주 대어 위 칼라를 0.4cm 차이나게 맞추고 촘촘한 시침질로 고정시킨다.

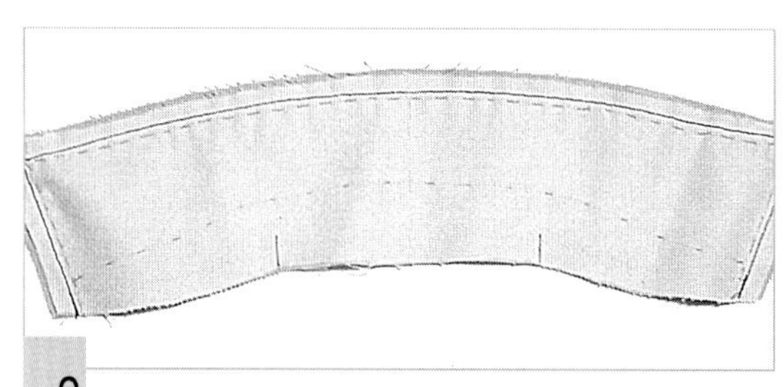

2 밑 칼라의 완성선을 박는다.

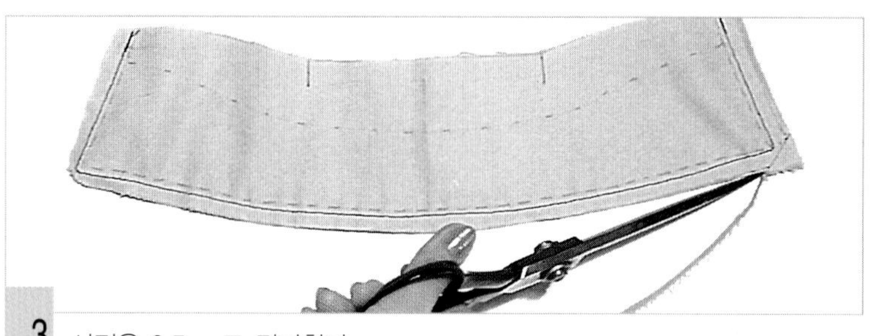

3 시접을 0.5cm로 정리한다.

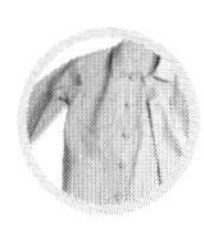

4 칼라의 모서리를 잘라낸다.

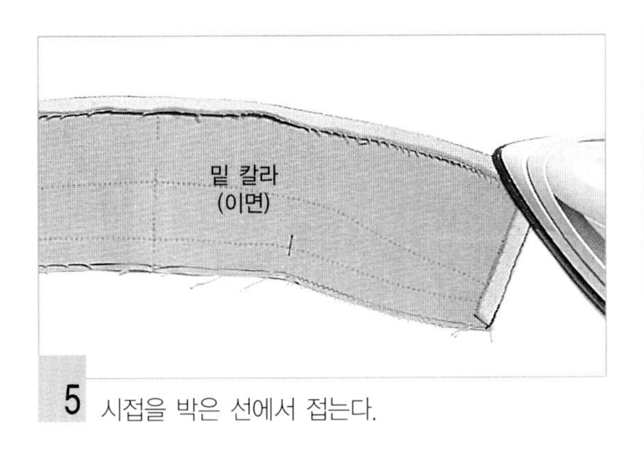

5 시접을 박은 선에서 접는다.

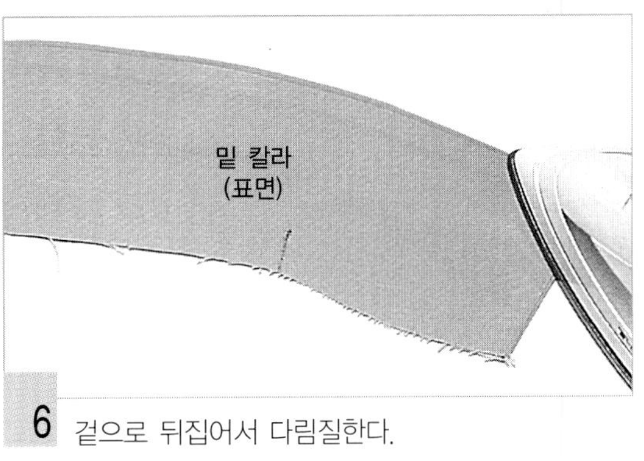

6 겉으로 뒤집어서 다림질한다.

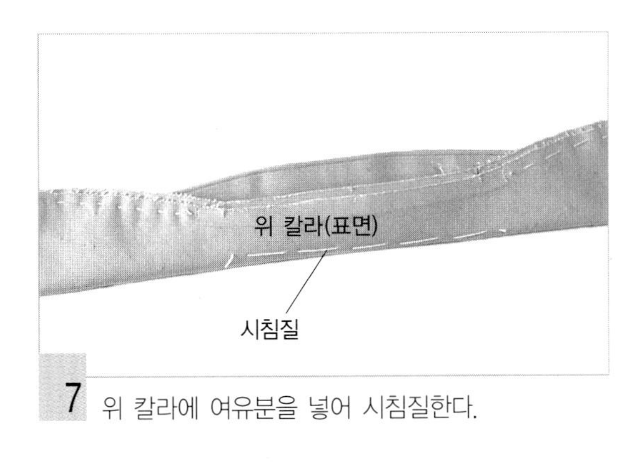

7 위 칼라에 여유분을 넣어 시침질한다.

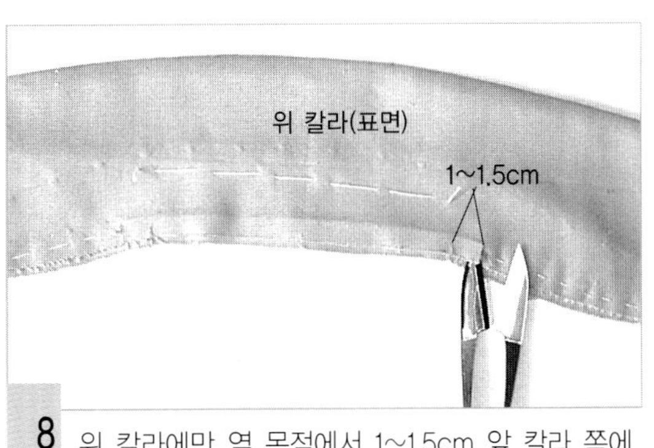

8 위 칼라에만 옆 목점에서 1~1.5cm 앞 칼라 쪽에 가윗밥을 넣는다.

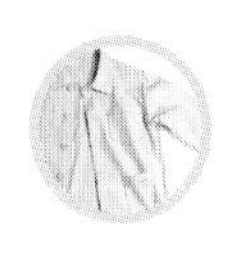

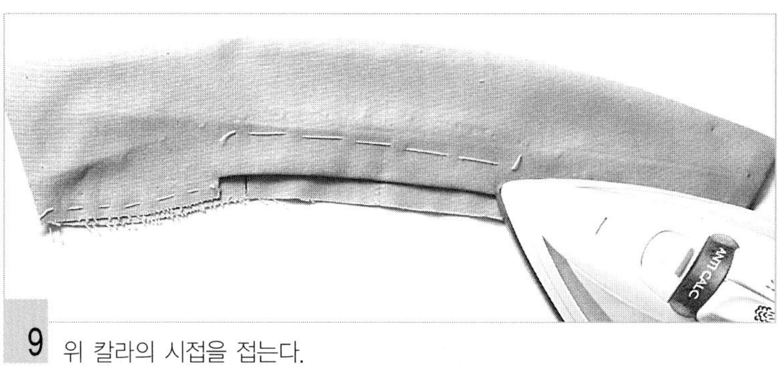

9 위 칼라의 시접을 접는다.

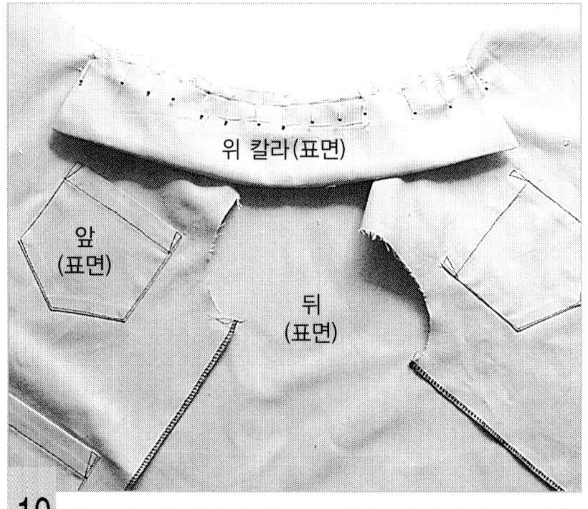

10 몸판에 위 칼라가 위로 오게 얹어 칼라달림 끝(앞 중심), 옆 목점의 표시를 맞추고 위 칼라를 피해서 시침질한다.

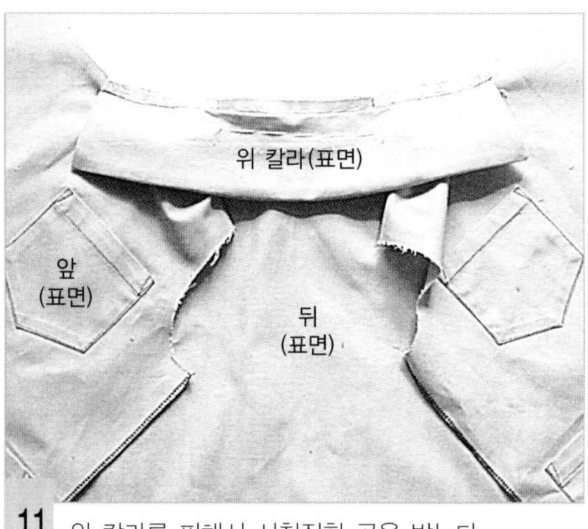

11 위 칼라를 피해서 시침질한 곳을 박는다.

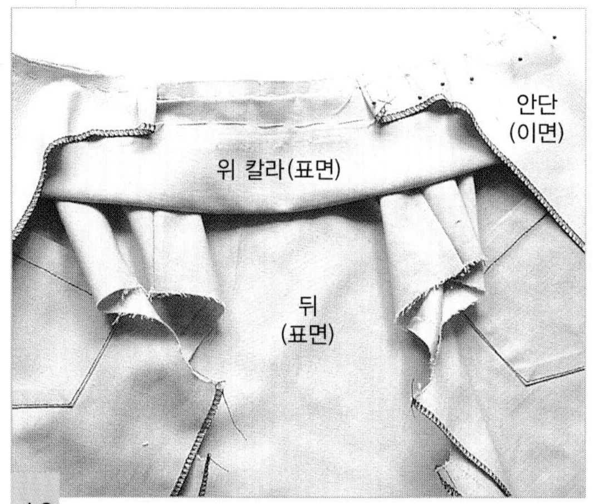

12 안단의 어깨 시접을 접고 앞단에서 겉끼리 마주 대어 접은 다음 맞춤표시를 맞추어 시침질한다.

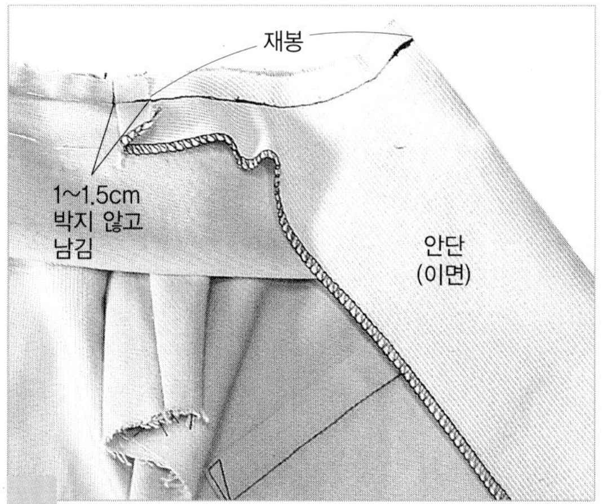

13 위 칼라의 가윗밥 넣은 위치까지 처음 박은 곳을 겹쳐서 박는다.

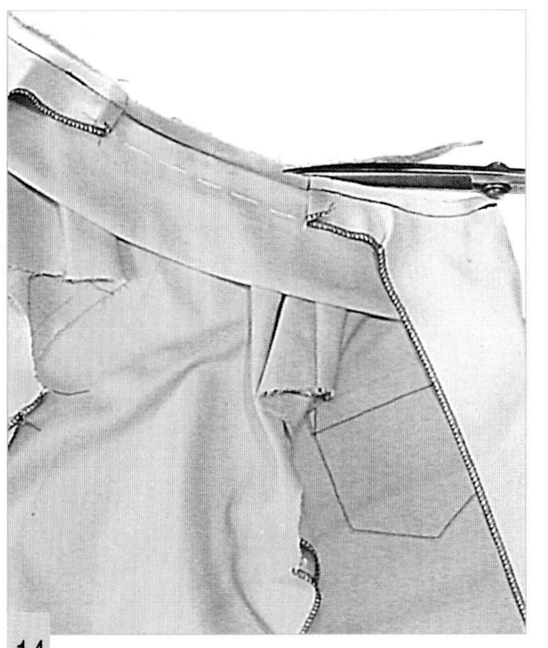

14 시접을 0.5~0.6cm로 잘라낸다.

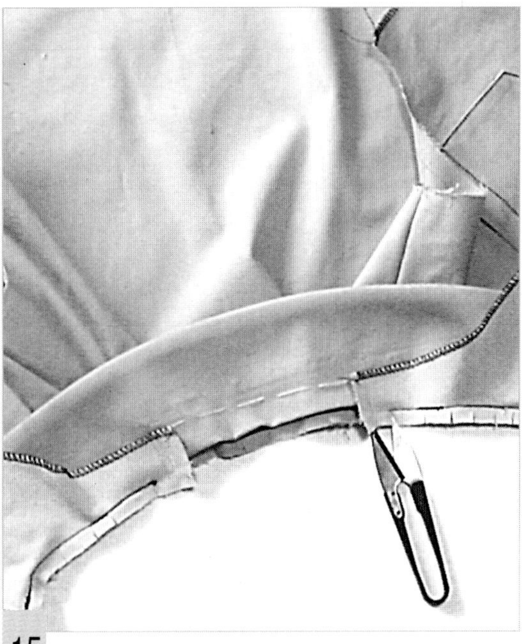

15 위 칼라에 가윗밥을 넣은 곳에 다른 시접에도 가윗밥을 넣는다.

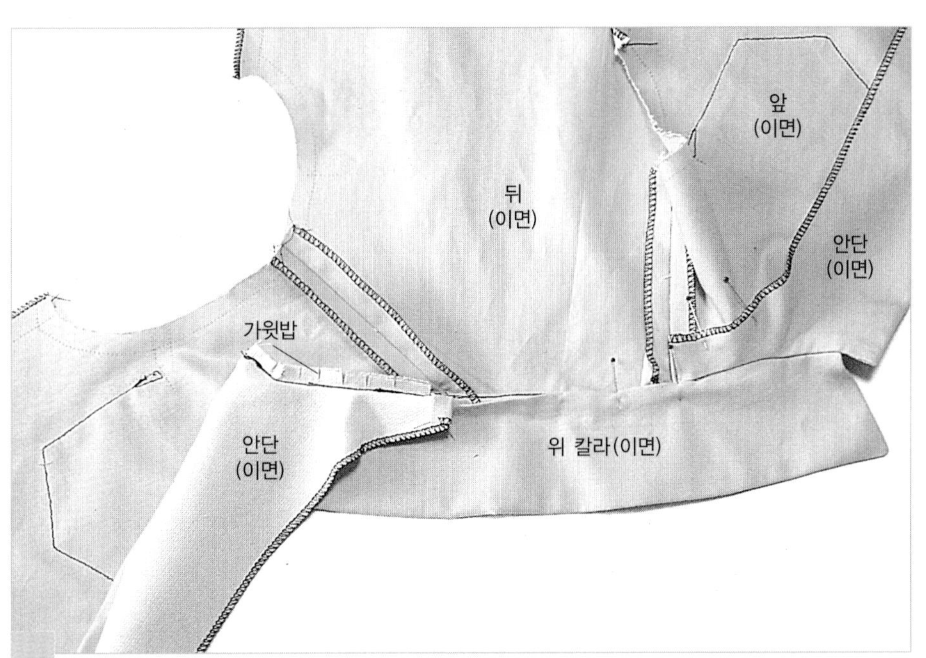

16 칼라의 곡선 부분에 가윗밥을 넣고 시접을 위 칼라의 가윗밥 넣은 곳에서 앞쪽의 시접을 몸판 쪽으로, 뒤쪽의 시접을 칼라 쪽으로 넘겨 겉으로 뒤집는다.

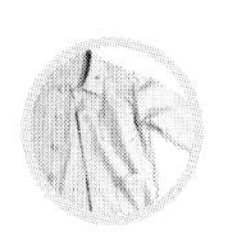

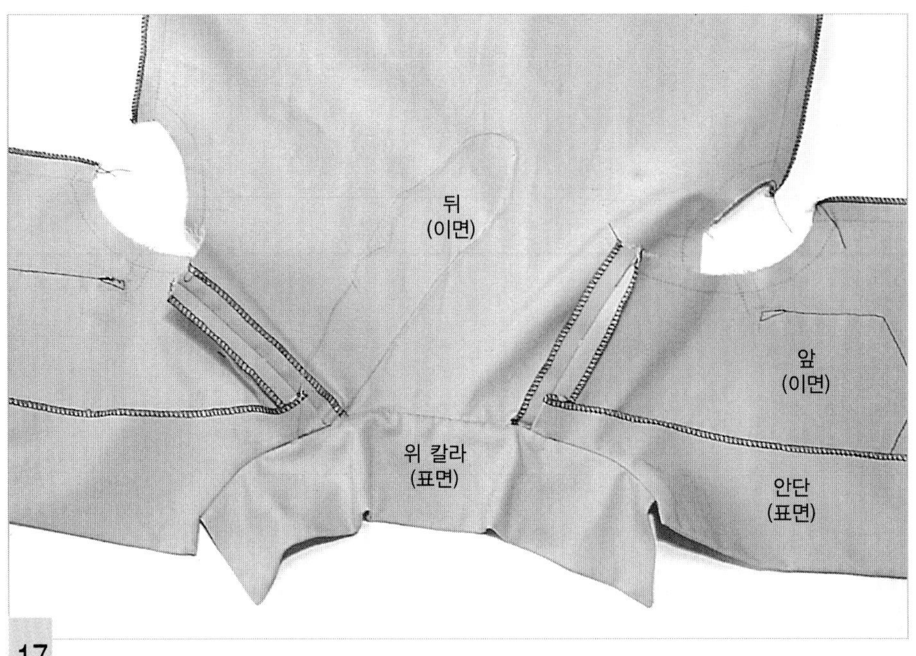

17 감침질하거나 또는 재봉틀로 박는다.

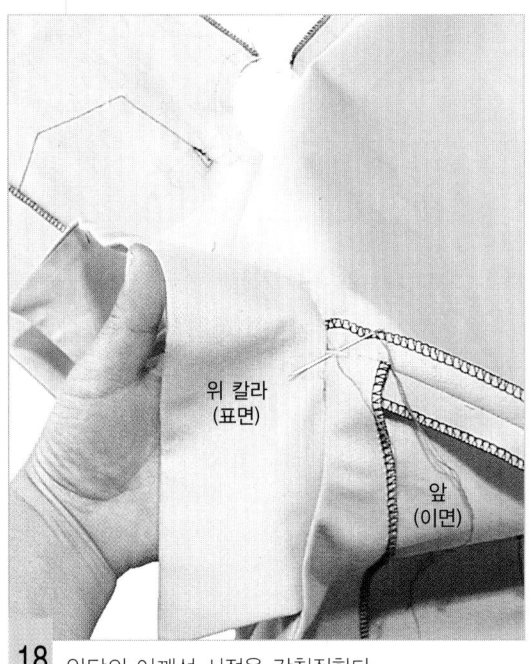

18 안단의 어깨선 시접을 감침질한다.

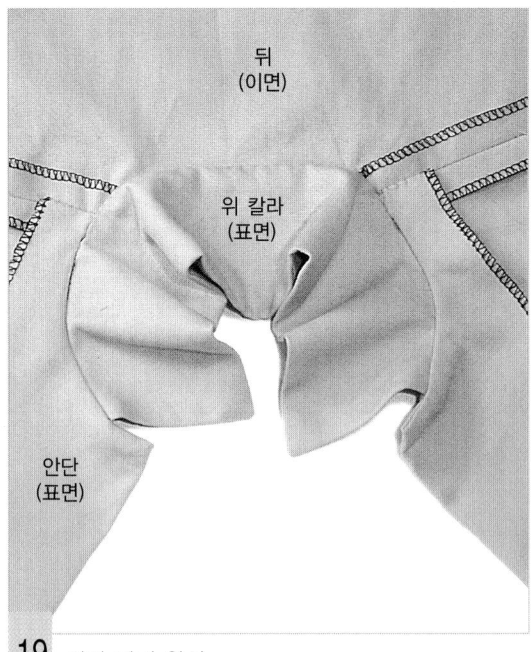

19 칼라 달기 완성.

6. 소매를 단다.

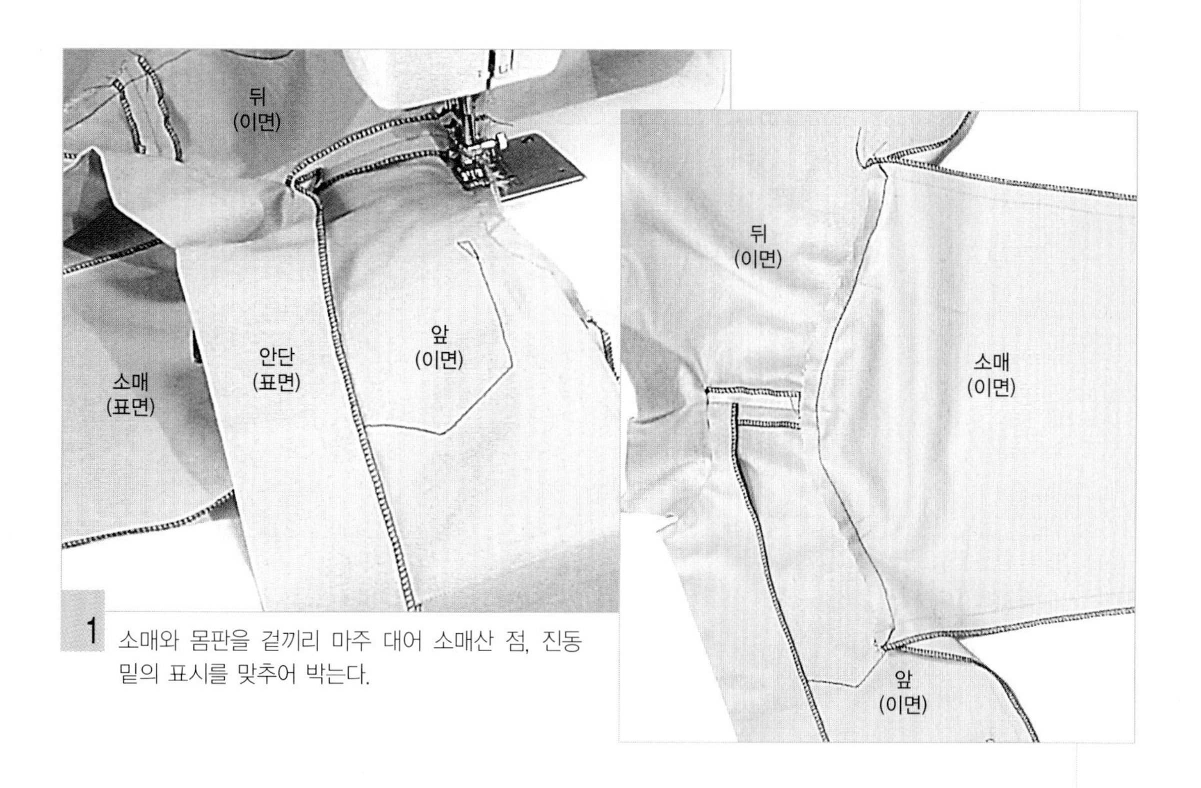

1 소매와 몸판을 겉끼리 마주 대어 소매산 점, 진동 밑의 표시를 맞추어 박는다.

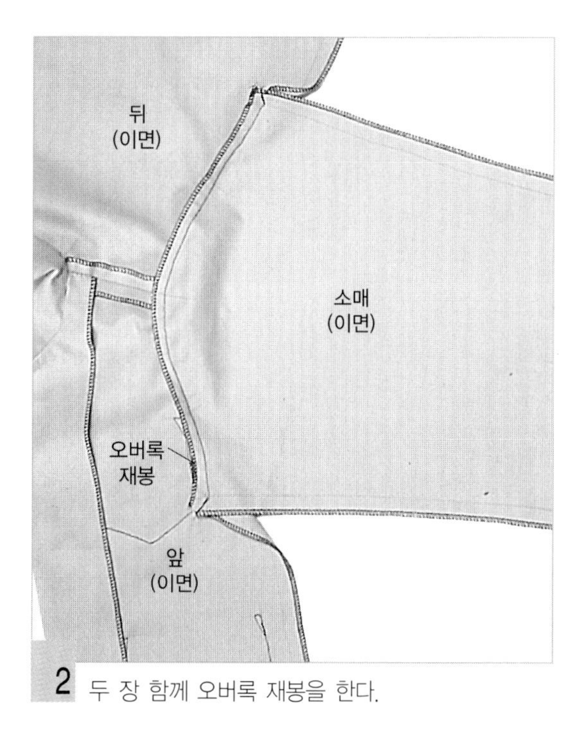

2 두 장 함께 오버록 재봉을 한다.

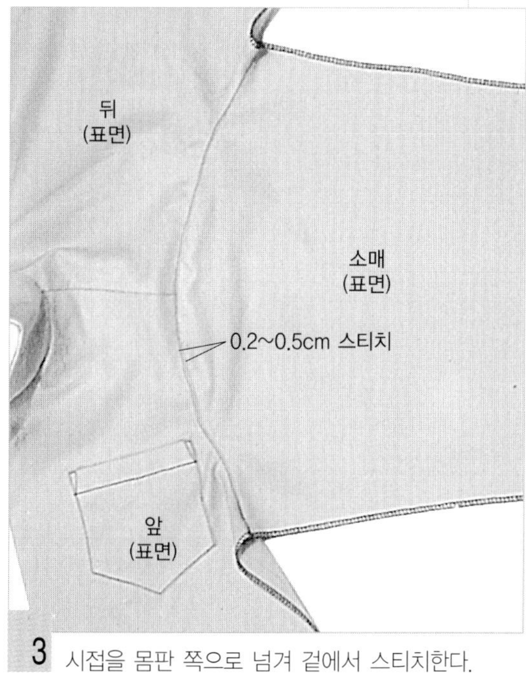

3 시접을 몸판 쪽으로 넘겨 겉에서 스티치한다.

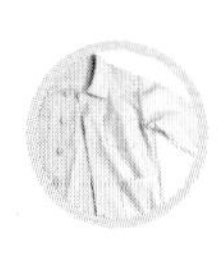

7. 소매 밑과 옆선을 박는다.

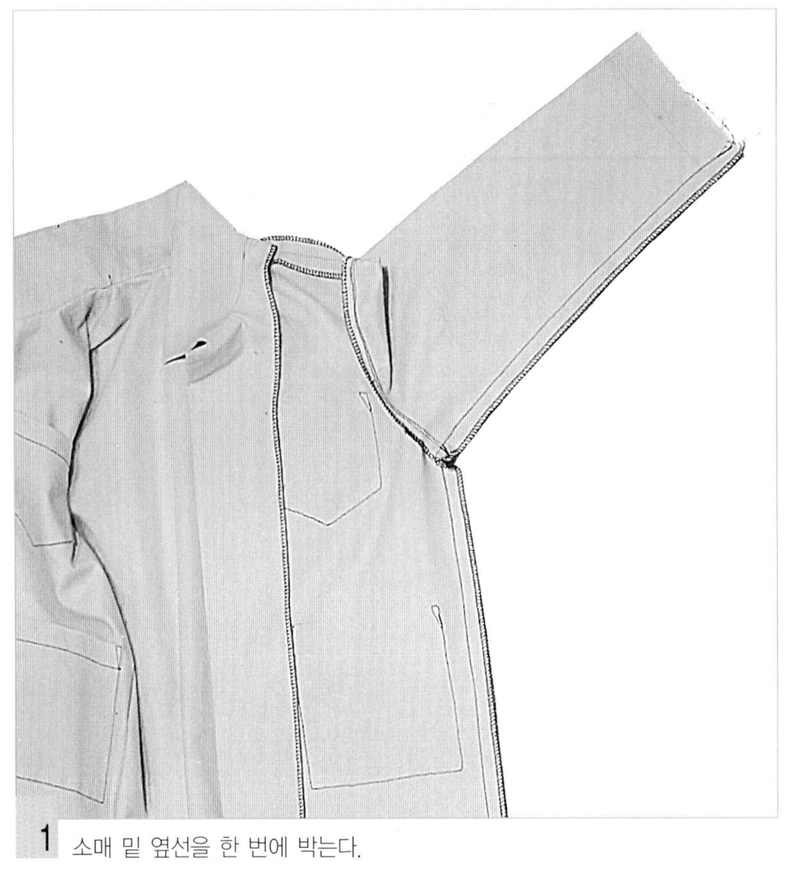

1 소매 밑 옆선을 한 번에 박는다.

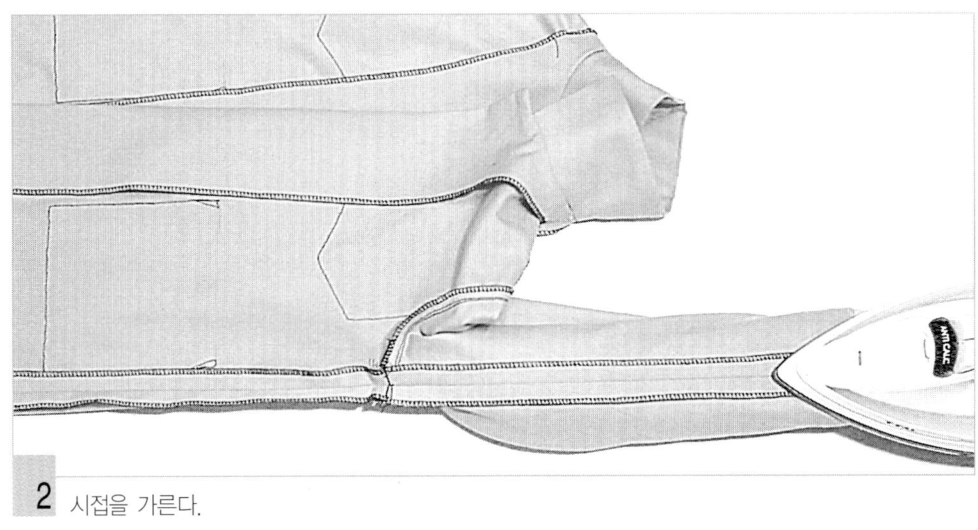

2 시접을 가른다.

8. 소매 입구를 처리한다.

1 소매단을 두 번 접기 한다.

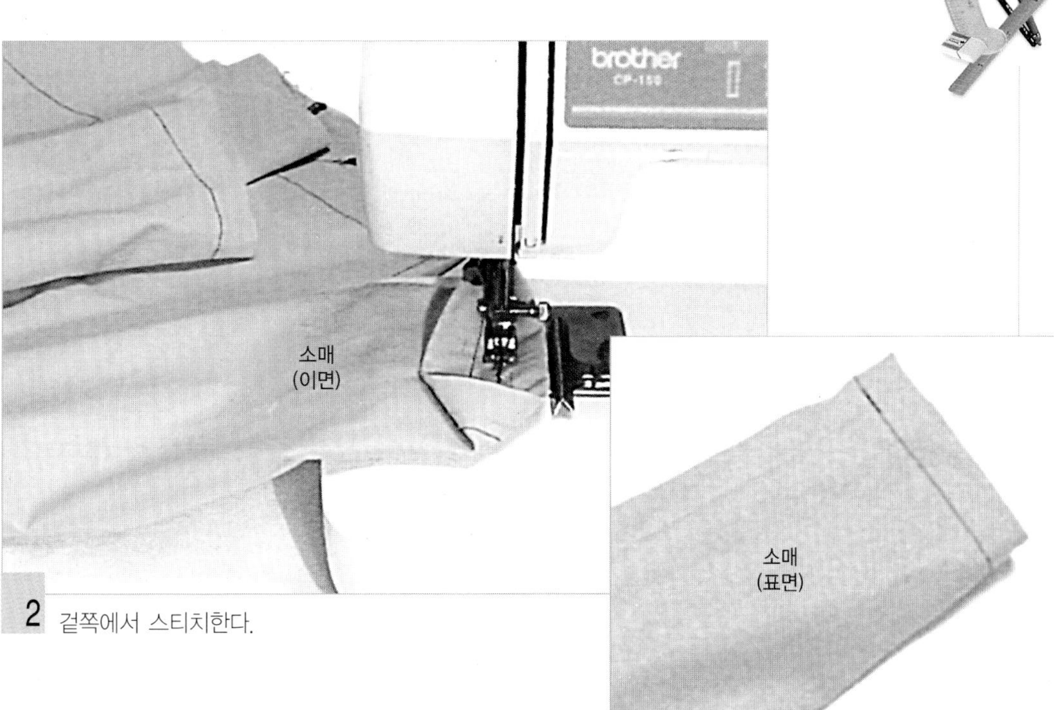

2 겉쪽에서 스티치한다.

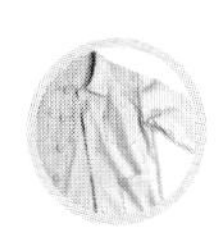

9. 단을 처리한다.

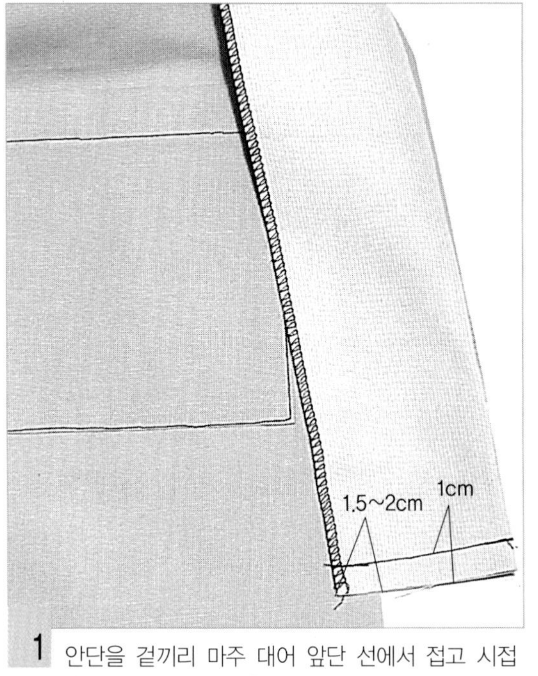

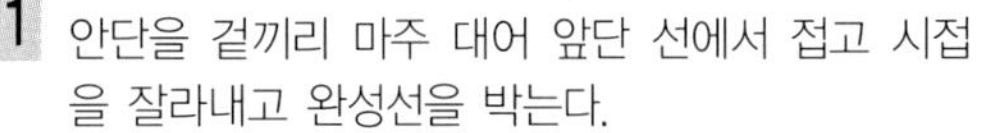

1 안단을 겉끼리 마주 대어 앞단 선에서 접고 시접을 잘라내고 완성선을 박는다.

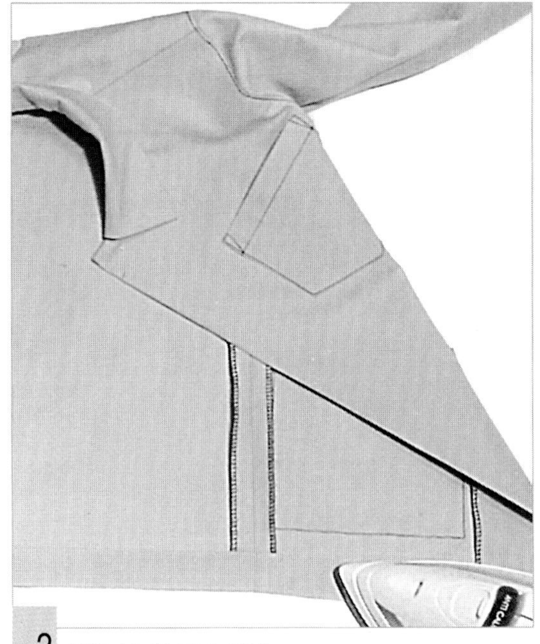

2 단을 두 번 접기 한다.

3 겉쪽에서 스티치한다.

10. 단춧구멍을 만들고 단추를 달아 완성한다.

1 완성.

원피스 1 | *One-piece*

포인트 노 칼라, 노 슬리브의 처리법을 배운다.

재 료

- 겉감 150cm 폭 ⋯▸ 60cm
- 접착심지 90cm 폭 ⋯▸ 35cm
- 단추 직경 1.2cm ⋯▸ 4개

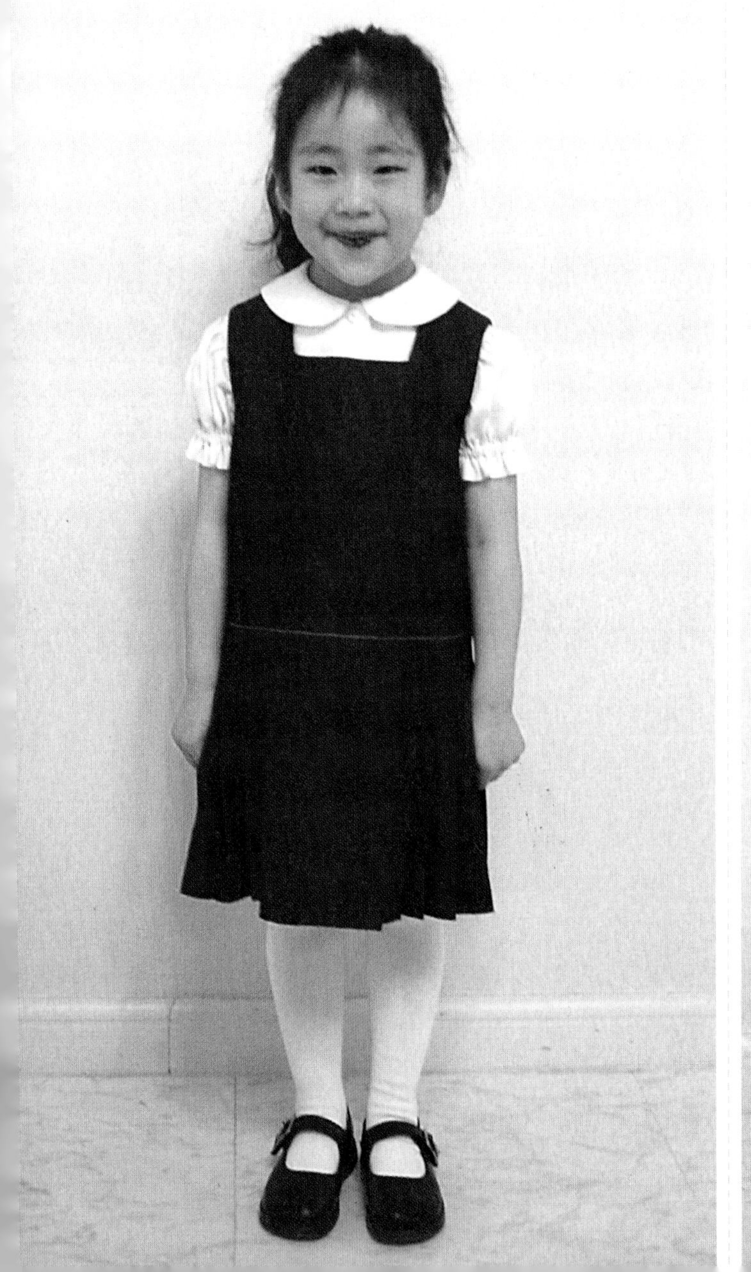

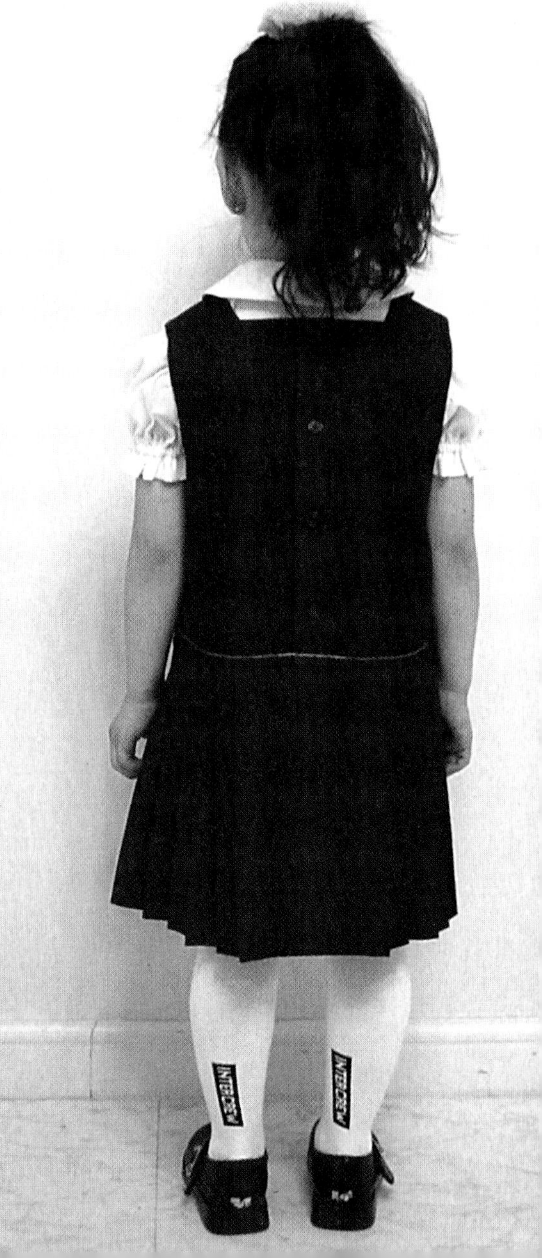

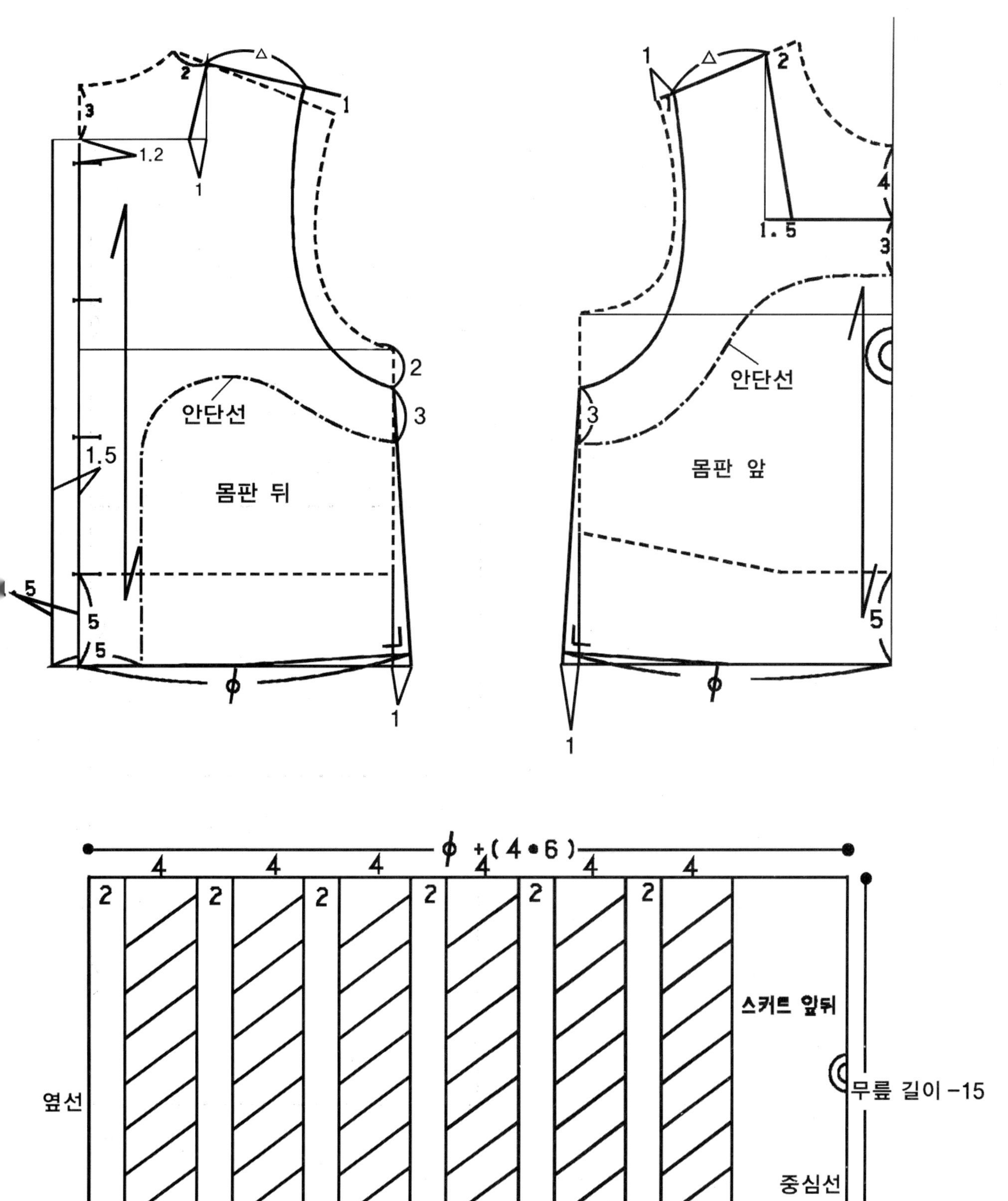
안단선
몸판 뒤
안단선
몸판 앞
ϕ +(4•6)
스커트 앞뒤
옆선
무릎 길이 −15
중심선

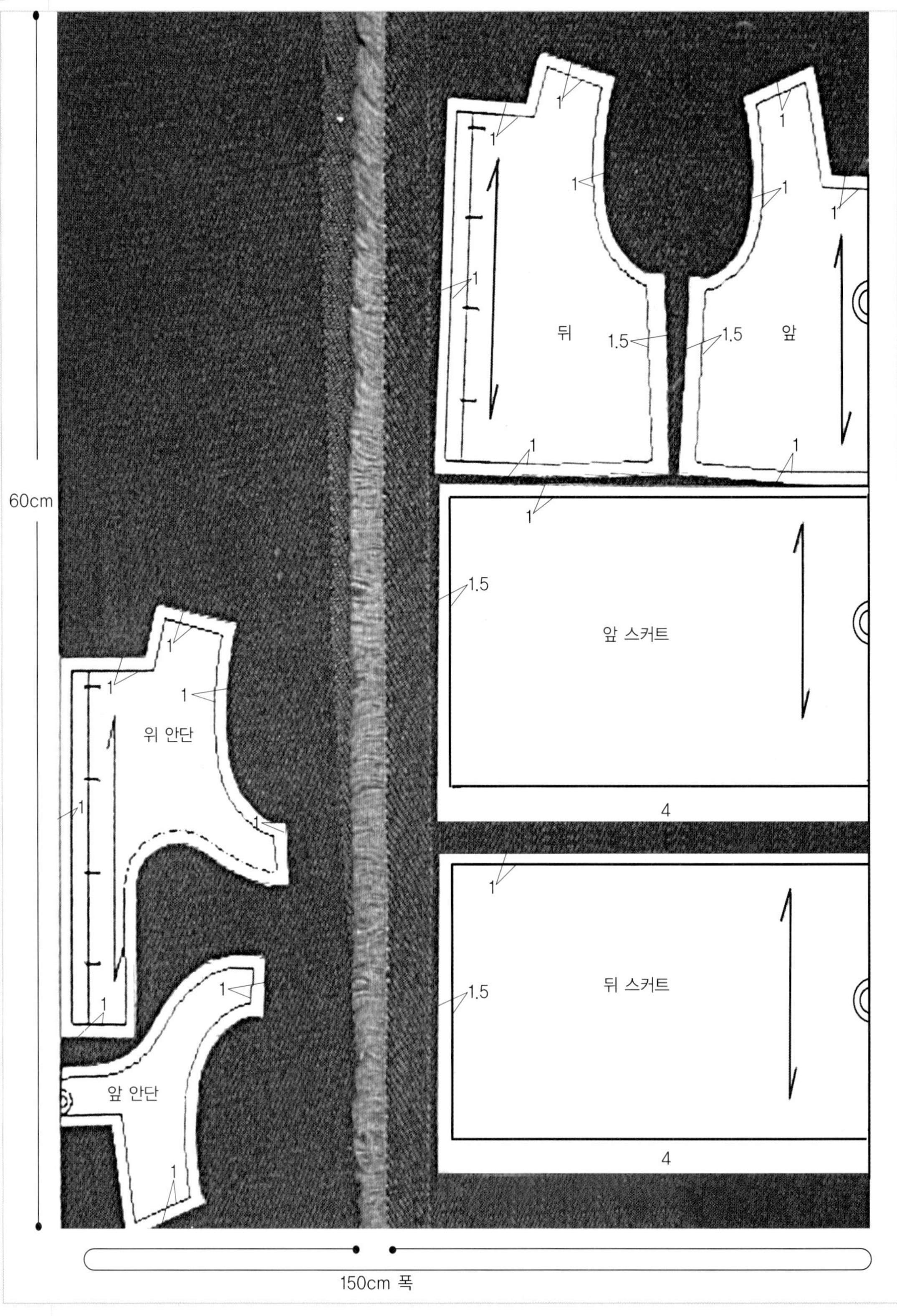
60cm
뒤
1.5
1.5
앞
앞 스커트
4
뒤 스커트
4
위 안단
앞 안단
1
150cm 폭

1. 접착심지를 붙인다.

1 앞뒤 안단의 이면에 접착심지를 붙인다.

2. 오버록 재봉을 한다.

1 앞뒤 몸판의 옆선에 오버록 재봉을 한다.

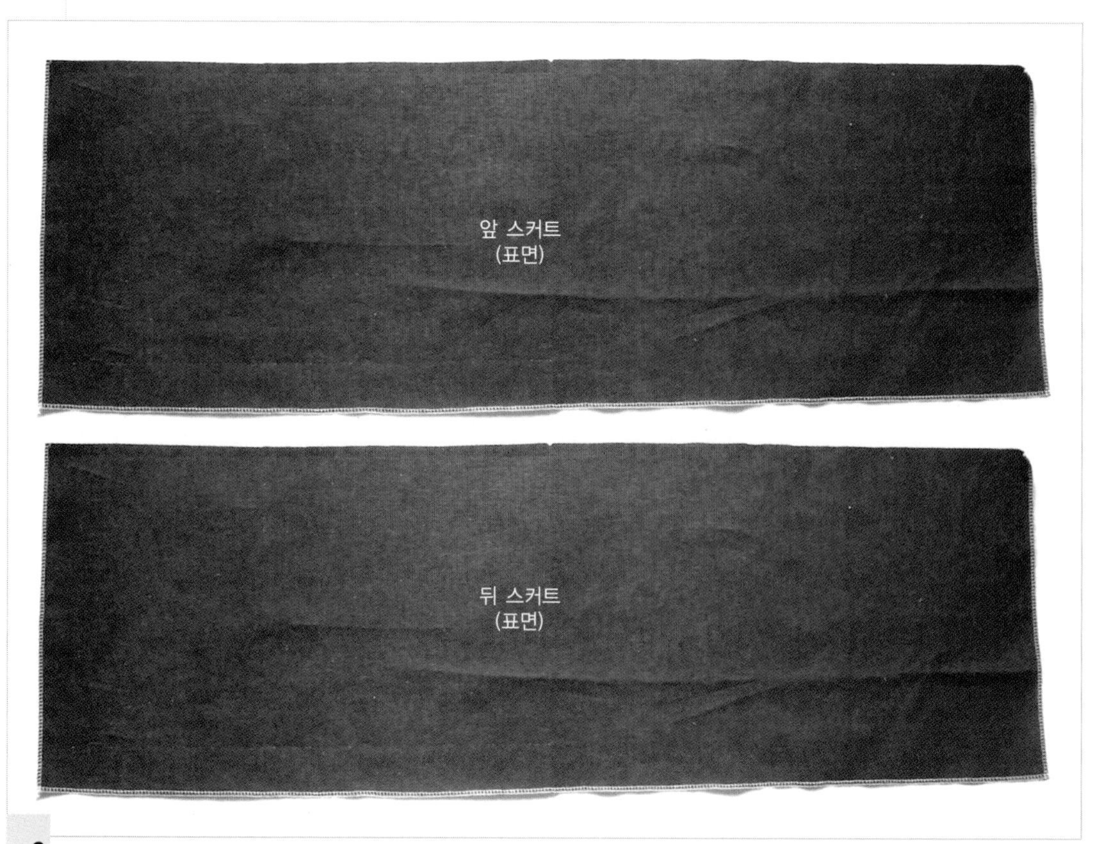

2 스커트의 옆선과 밑단에 오버록 재봉을 한다.

3 안단의 밑 부분에 오버록 재봉을 한다.

3. 어깨선을 박는다.

1 몸판과 안단의 어깨선을 겉끼리 마주 대어 박는다.

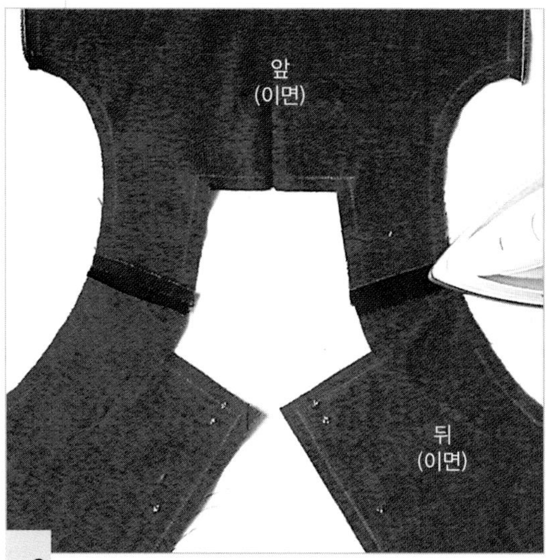

2 몸판의 어깨선 시접을 가른다.

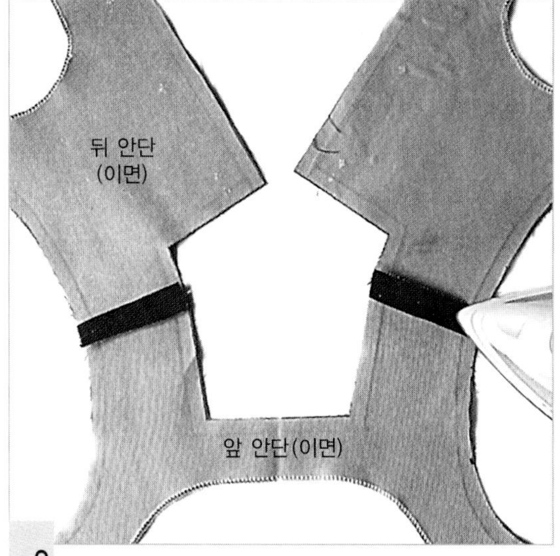

3 안단의 어깨선 시접을 가른다.

4. 목둘레와 소매둘레를 박는다.

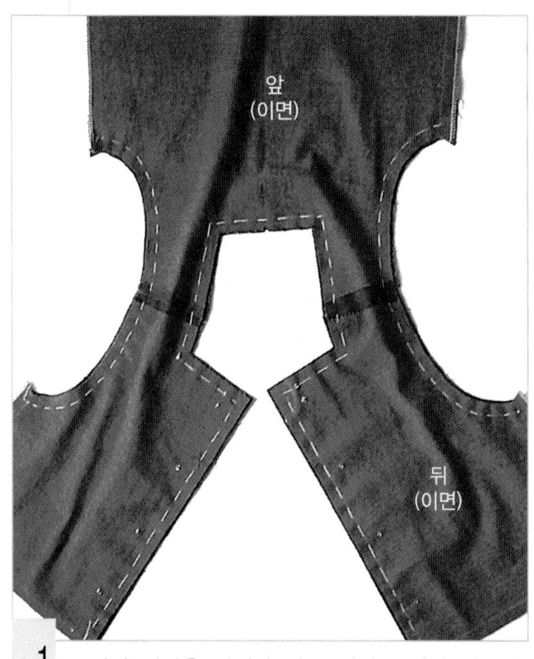

1 몸판과 안단을 겉끼리 마주 대어 몸판과 안단의 표시로부터 0.2cm 차이나게 맞추어 시침질한다.

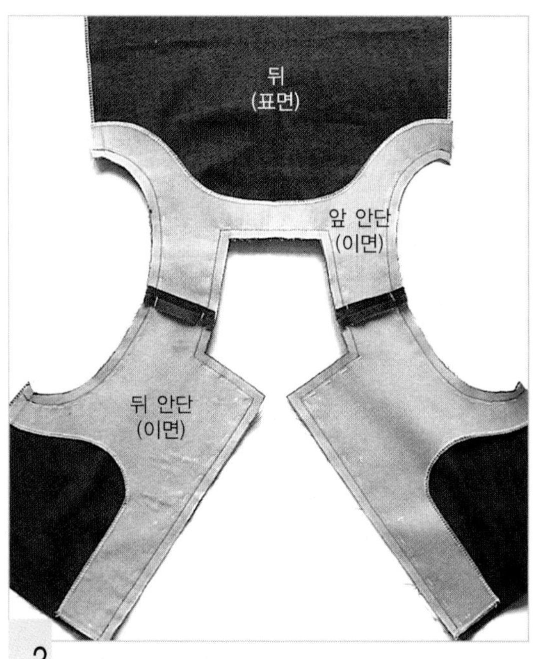

2 안단의 완성선을 박는다.

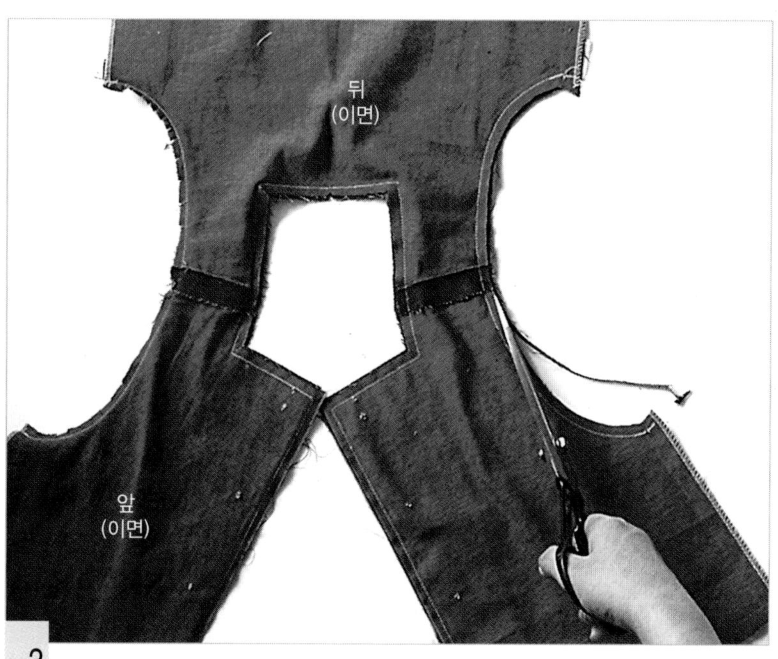

3 목둘레, 소매둘레의 시접을 0.5cm로 잘라낸다.

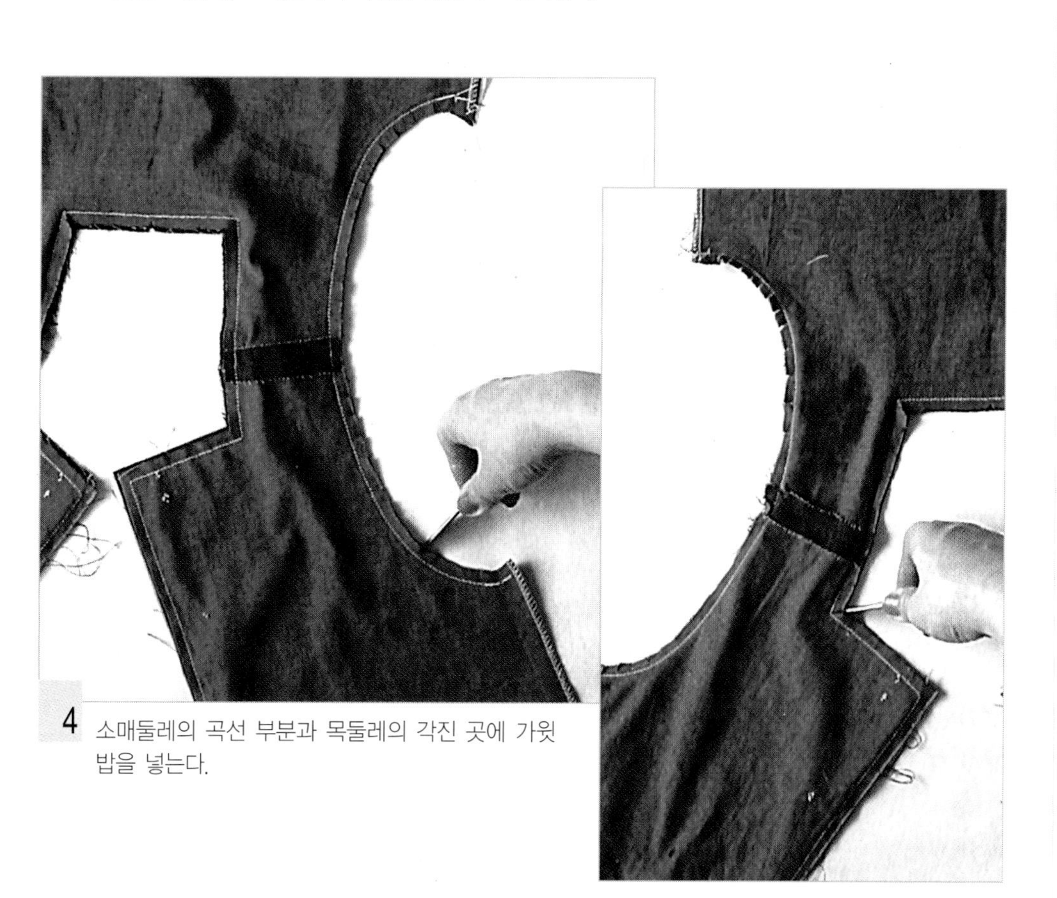

4 소매둘레의 곡선 부분과 목둘레의 각진 곳에 가윗밥을 넣는다.

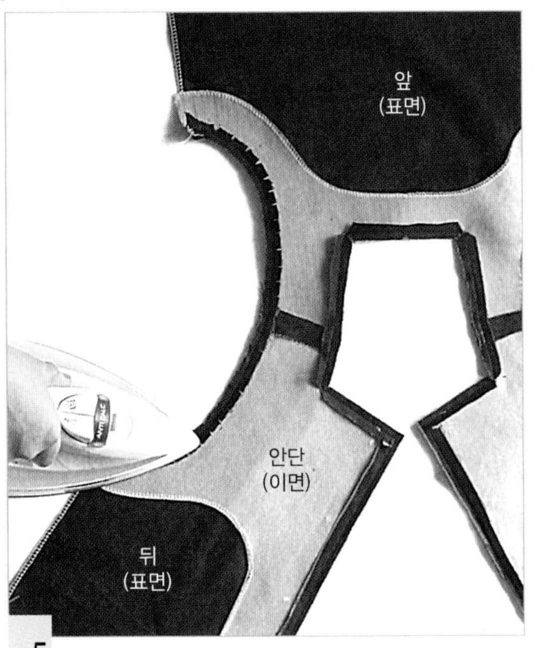

5 목둘레, 뒤 중심, 소매둘레의 시접을 가른다.

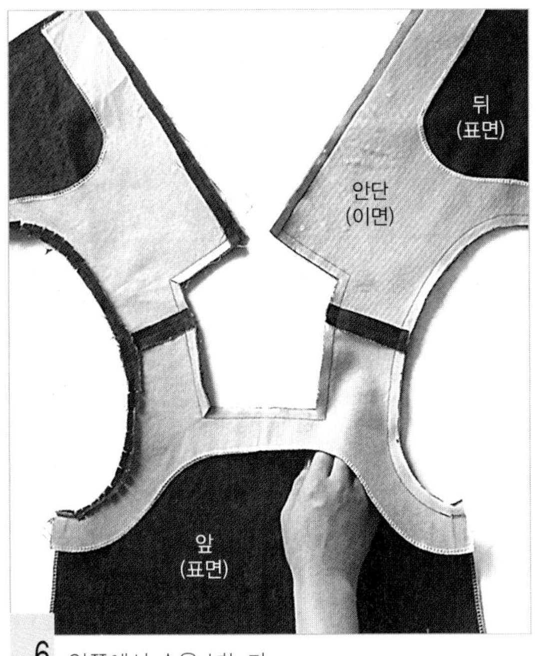

6 앞쪽에서 손을 넣는다.

7 뒤 몸판을 끄집어낸다.

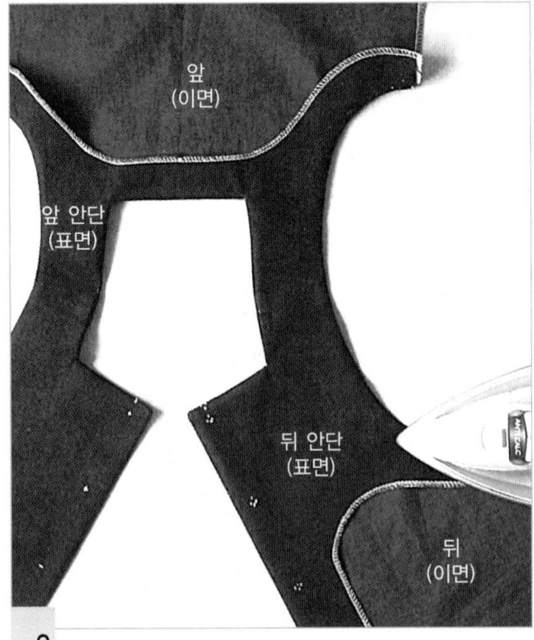

8 안단을 0.1~0.2cm 차이나게 다리미로 정리한다.

5. 옆선을 박는다.

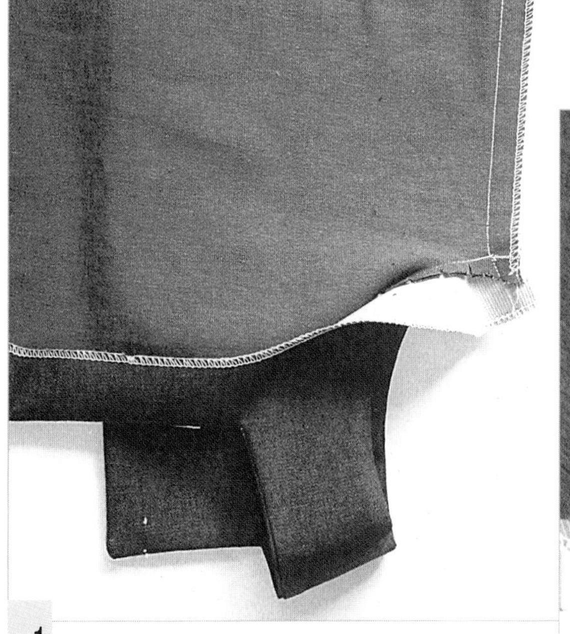

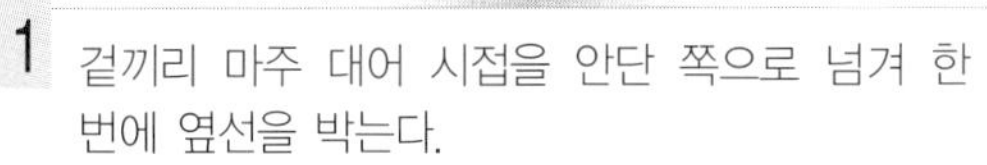

1 겉끼리 마주 대어 시접을 안단 쪽으로 넘겨 한 번에 옆선을 박는다.

2 시접을 가른다.

3 안단을 옆선의 시접에 감침질로 고정시킨다.

6. 스커트를 만든다.

1 주름을 잡는다.

2 겉끼리 마주 대어 옆선을 박는다.

3 프레스 볼 위에서 시접을 가른다.

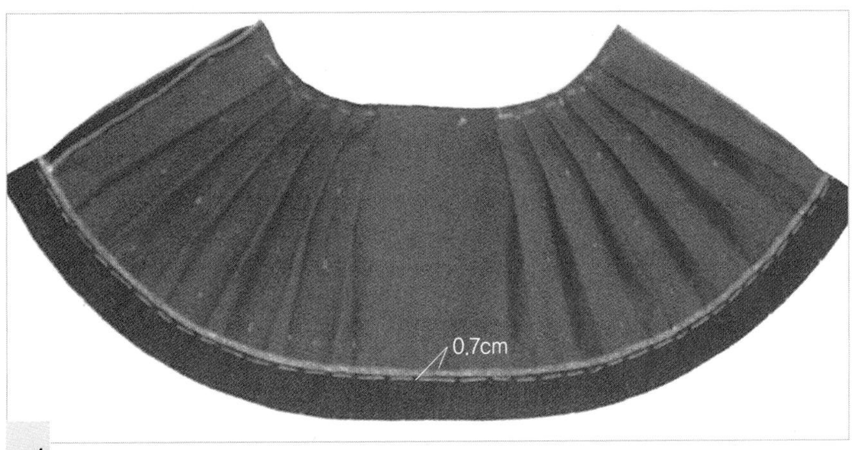

4 밑단의 시접을 완성선에서 접어 올려 시침질한다.

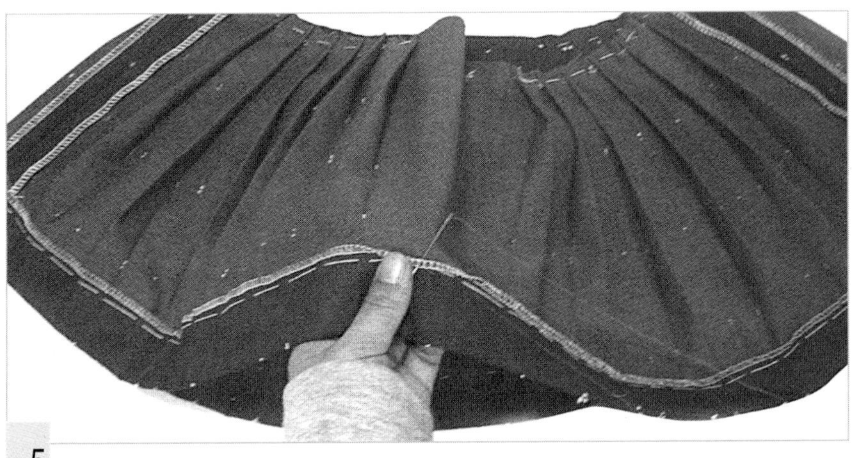

5 속감치기를 한다.

7. 허리선을 맞추어 박는다.

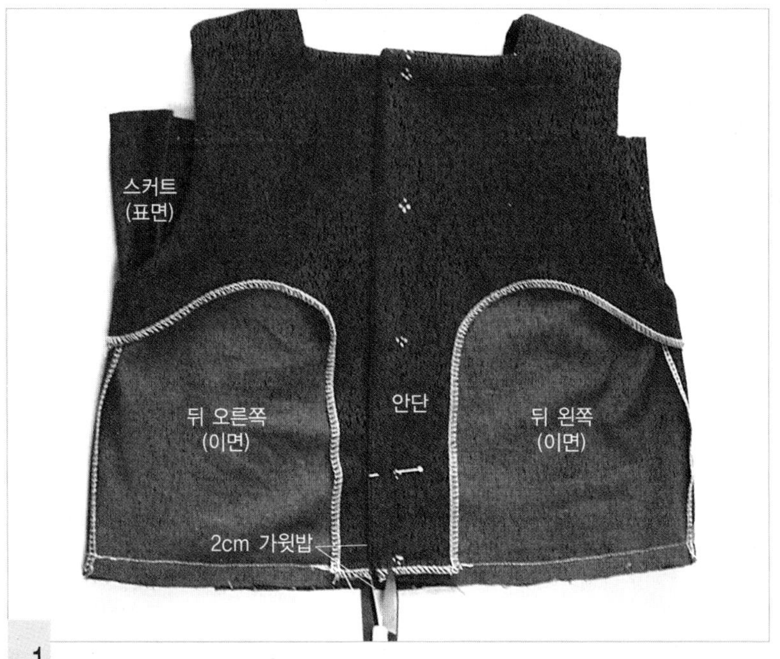

1 스커트의 표면과 몸판을 겉끼리 마주 대어 맞추고, 오른쪽 안단에만 2cm의 가윗밥을 넣는다.

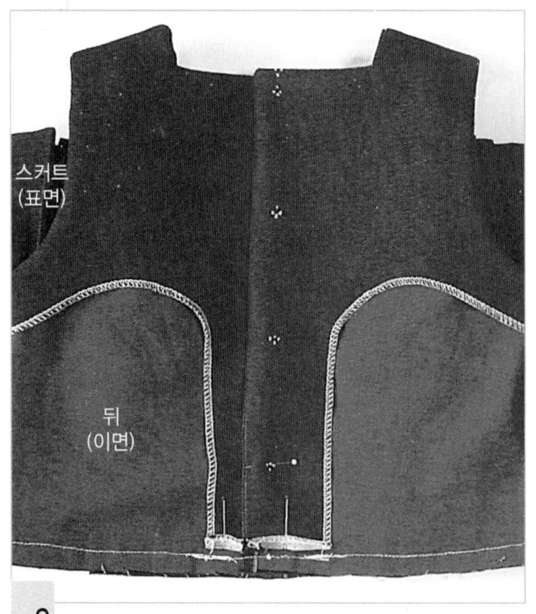

2 안단의 시접을 접어 올리고 허리선을 박는다.

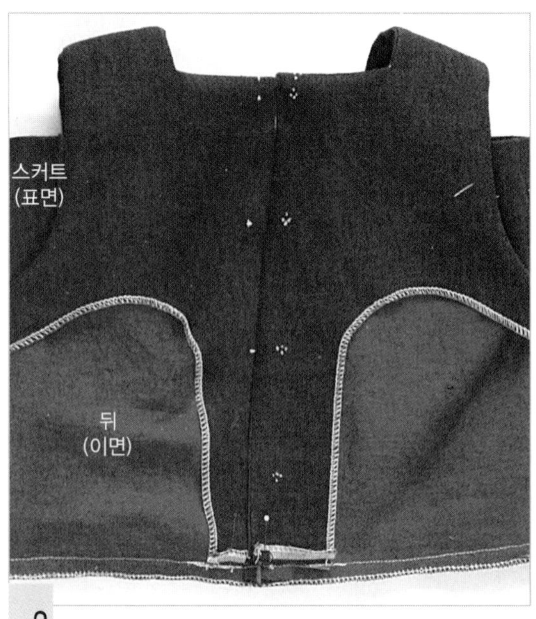

3 몸판과 스커트의 시접 두 장을 함께 오버록 재봉한다.

4 시접을 몸판 쪽으로 올리고 겉쪽에서 0.7cm에 스티치한 다음, 안단의 가윗밥 넣은 곳을 감침질한다.

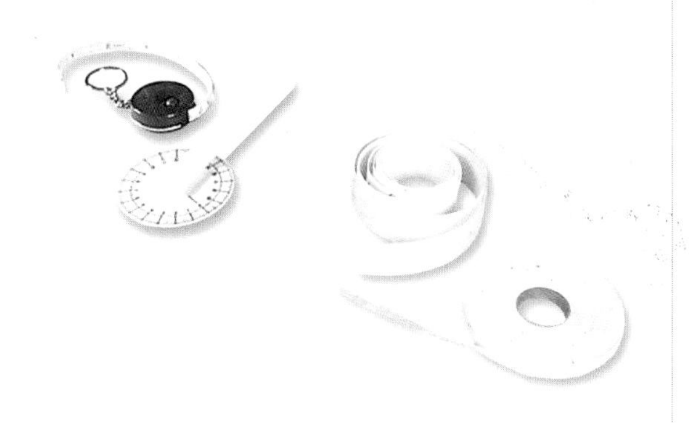

8. 단춧구멍을 만들고 단추를 달아 완성한다.

1 완성.

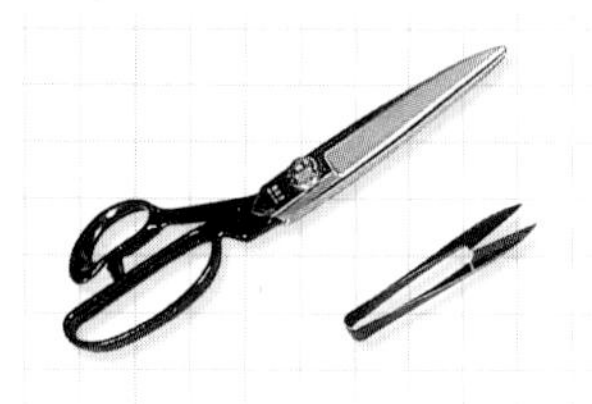

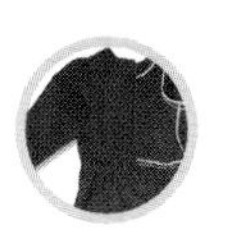

07 원피스 2 | *One-piece*

포인트

스탠드 칼라의 스페어 칼라 만드는 법, 콘실 지퍼 다는 법을 배운다. 라운드 칼라의 원피스에 스페어 칼라를 만들어 두 가지 디자인으로 연출한다.

재 료

- 겉감 150cm 폭 ⋯▸ 150cm
- 접착심지 90cm 폭 ⋯▸ 45cm(겉 스페어 칼라, 스탠드 밴드)
- 접착 테이프(지퍼 다는 곳에 사용)
- 콘실 지퍼 1개, 훅 1개, 스냅 단추 1세트(스페어 칼라에 사용)

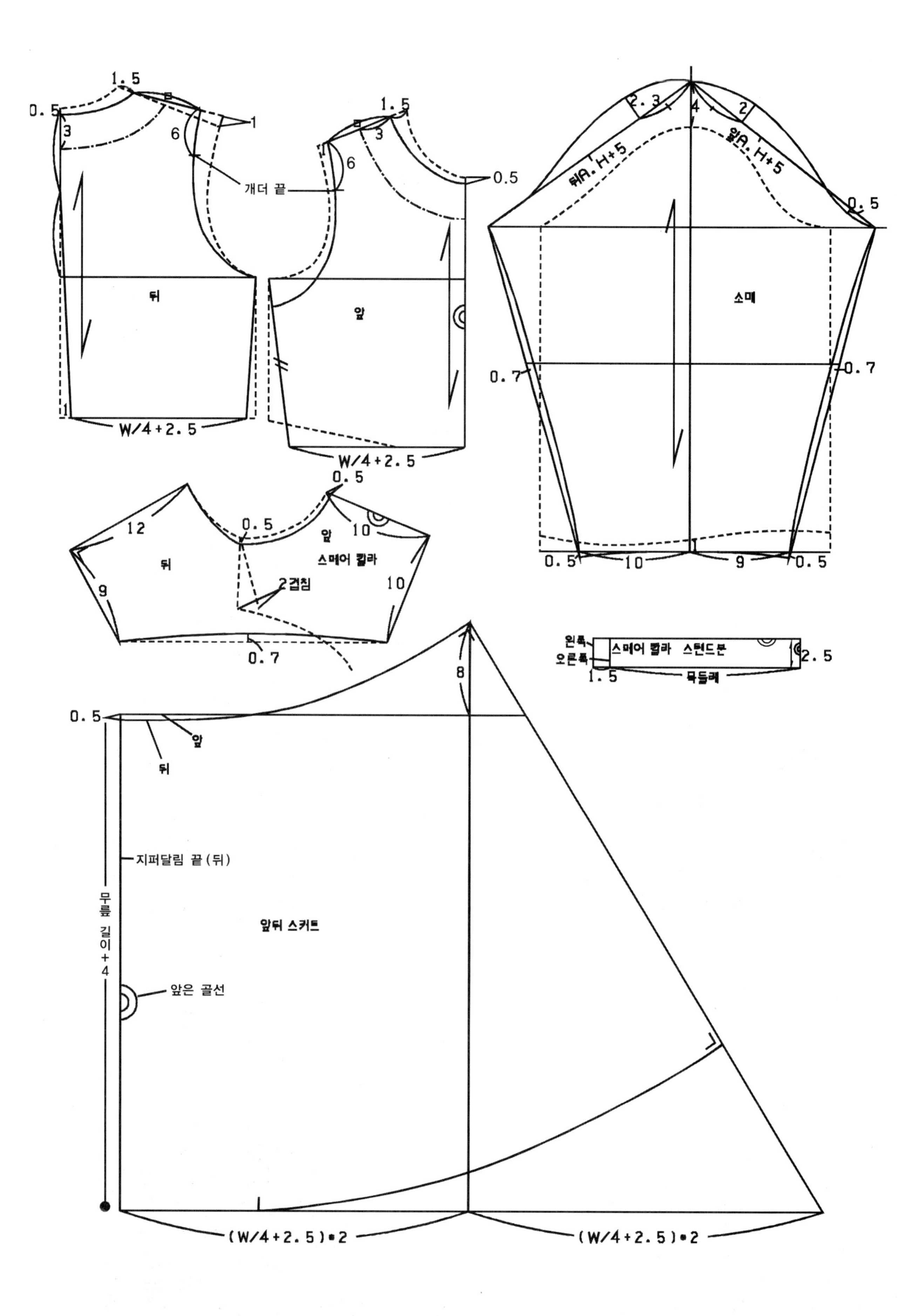

1.5
0.5
3
6
1
개더 끝
1.5
3
6
0.5
뒤
앞
W/4+2.5
W/4+2.5
뒤A.H+5
앞A.H+5
2.3
4
2
0.5
소매
0.7
0.7
0.5
10
9
0.5
0.5
12
0.5
앞
10
뒤
스메어 칼라
2겹침
9
10
0.7
왼쪽
오른쪽
스메어 칼라 스탠드분
2.5
1.5
목둘레
8
0.5
앞
뒤
지퍼달림 끝(뒤)
무릎 길이+4
앞뒤 스커트
앞은 골선
(W/4+2.5)•2
(W/4+2.5)•2

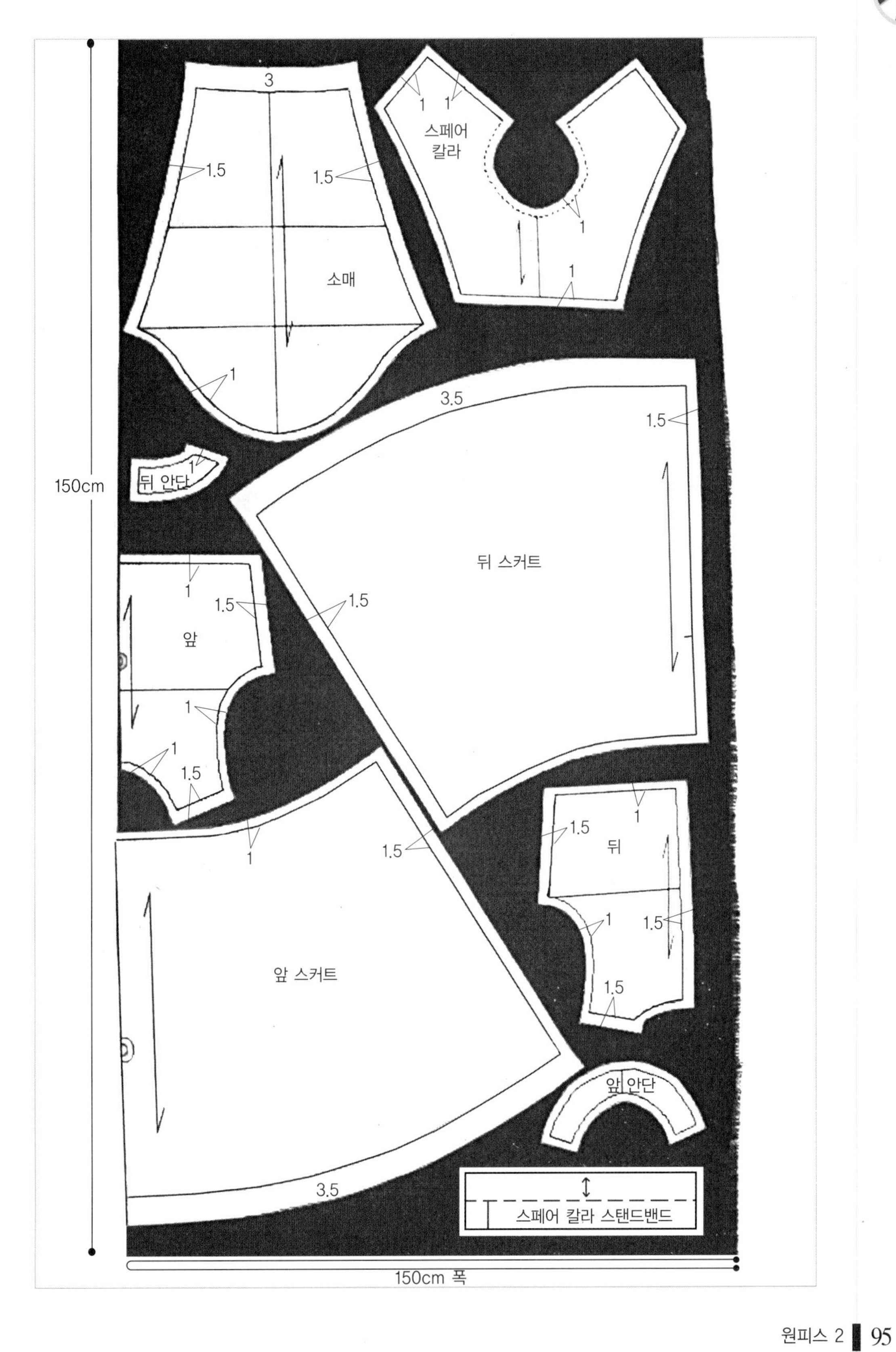
3
1
1
스페어
칼라
1.5
1.5
1
1
소매
1
3.5
1.5
1
뒤 안단
150cm
뒤 스커트
1
1.5
1.5
앞
1
1
1.5
1
1.5
1
1.5
뒤
1
1.5
앞 스커트
1.5
앞 안단
3.5
스페어 칼라 스탠드밴드
150cm 폭

1. 접착심지를 붙인다.

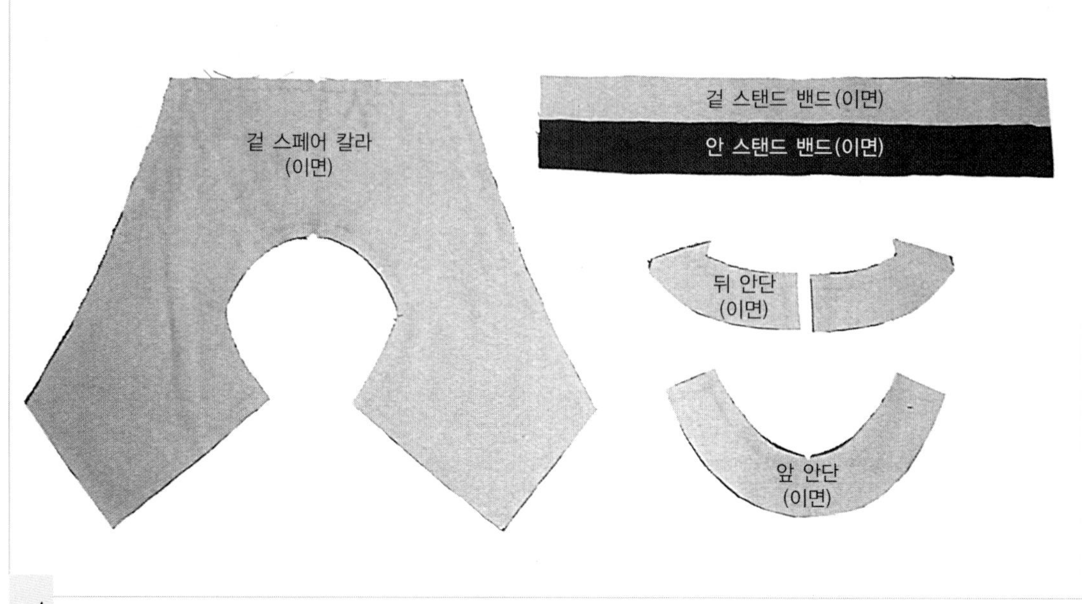

1 앞뒤 몸판의 안단, 스페어 칼라의 겉 칼라, 스탠드 밴드의 겉 칼라에 접착심지를 붙인다.

2. 오버록 재봉을 한다.

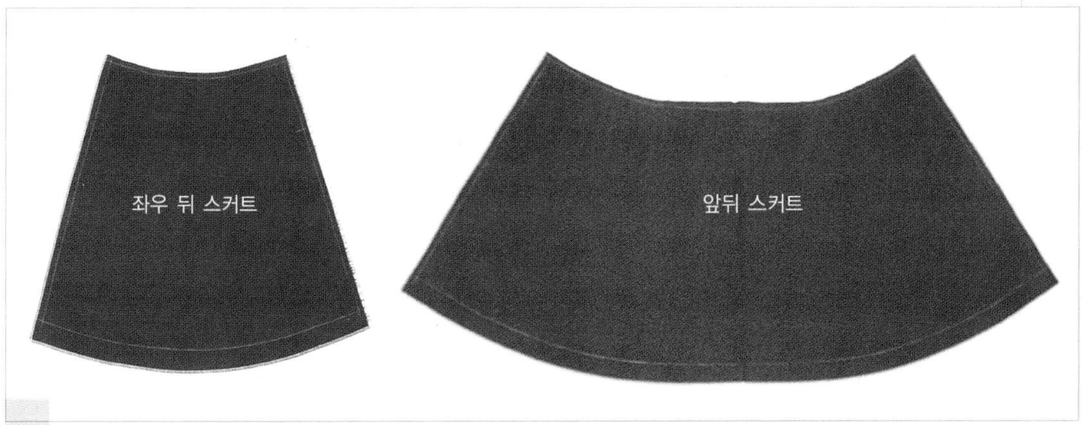

1 앞뒤 몸판의 어깨선과 옆선, 뒤 중심선, 소매 밑과 소매단, 앞뒤 스커트의 옆선과 단에 오버록 재봉을 한다.

3. 어깨선을 박는다.

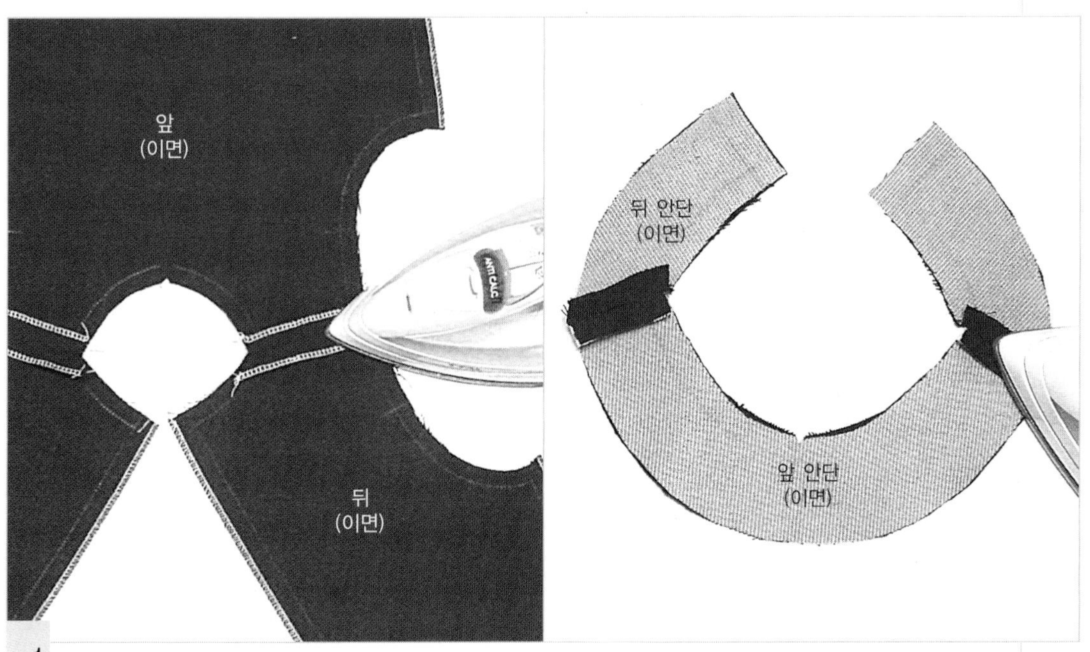

1 몸판과 안단의 어깨선을 박고 시접을 가른다.

4. 옆선을 박는다.

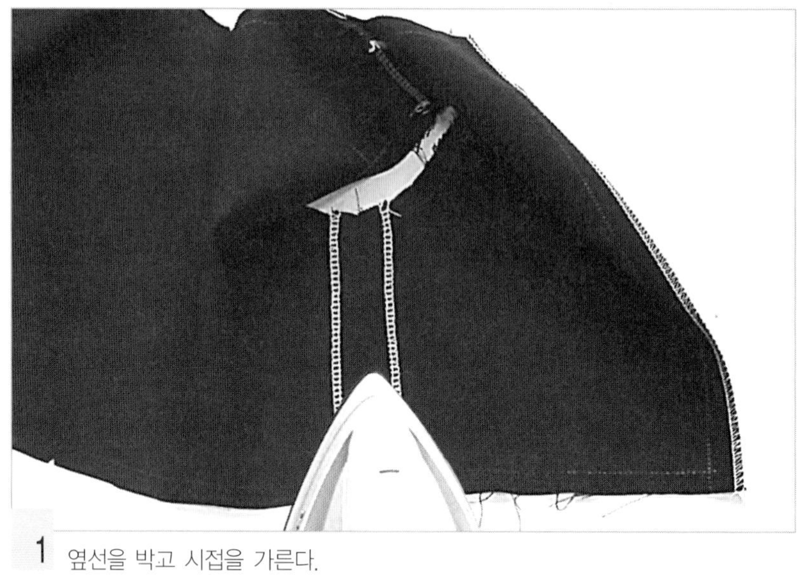

1 옆선을 박고 시접을 가른다.

5. 스커트 허리선의 개더를 잡는다.

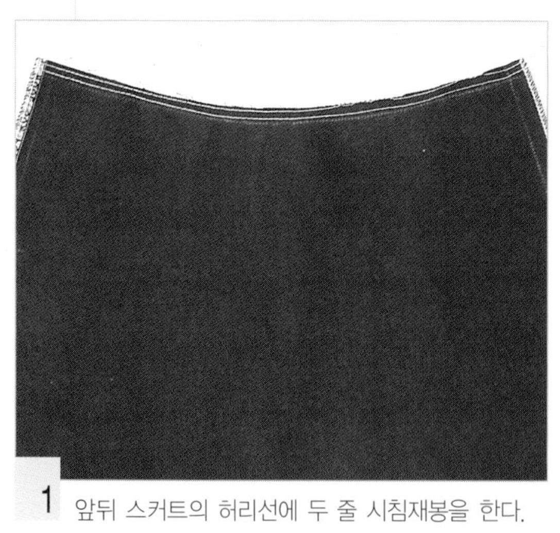

1 앞뒤 스커트의 허리선에 두 줄 시침재봉을 한다.

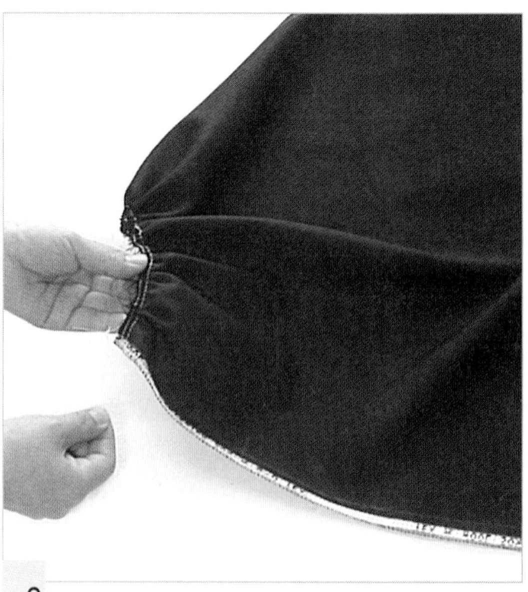

2 두 올의 밑실을 함께 당겨 개더를 잡는다.

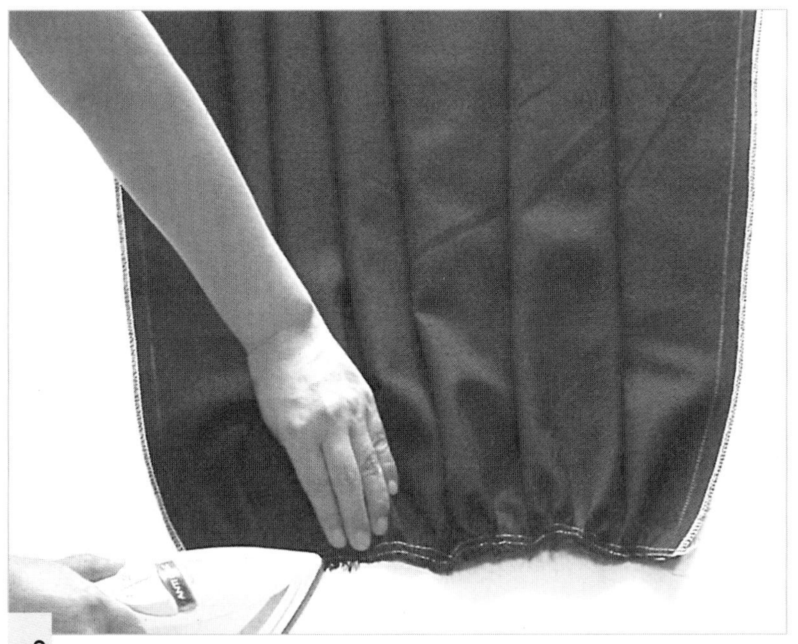

3 개더가 움직이지 않도록 시접을 다리미로 누른다.

6. 스커트의 옆선과 뒤 중심선을 박는다.

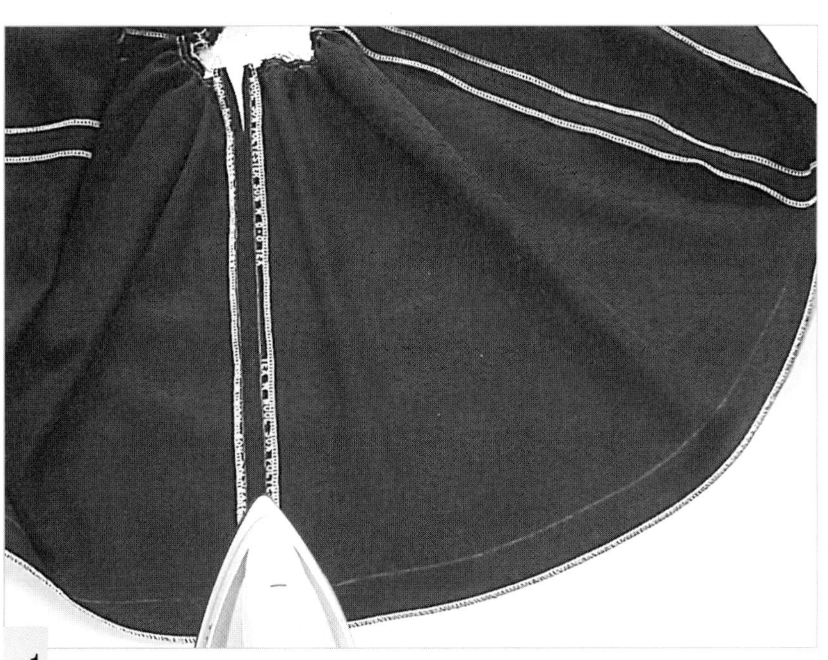

1 옆선을 박고, 뒤 중심선은 지퍼달림 끝까지 박고 시접을 가른다.

7. 허리선을 처리한다.

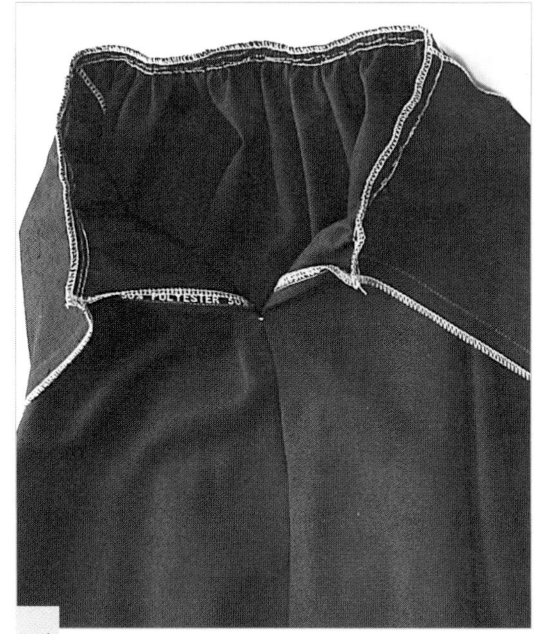

1 몸판과 맞추어 허리선을 박고, 두 장 함께 오버록 재봉을 한다.

2 시접을 몸판 쪽으로 올리고 겉쪽에서 0.5cm에 스티치한다.

8. 스커트의 단 처리를 한다.

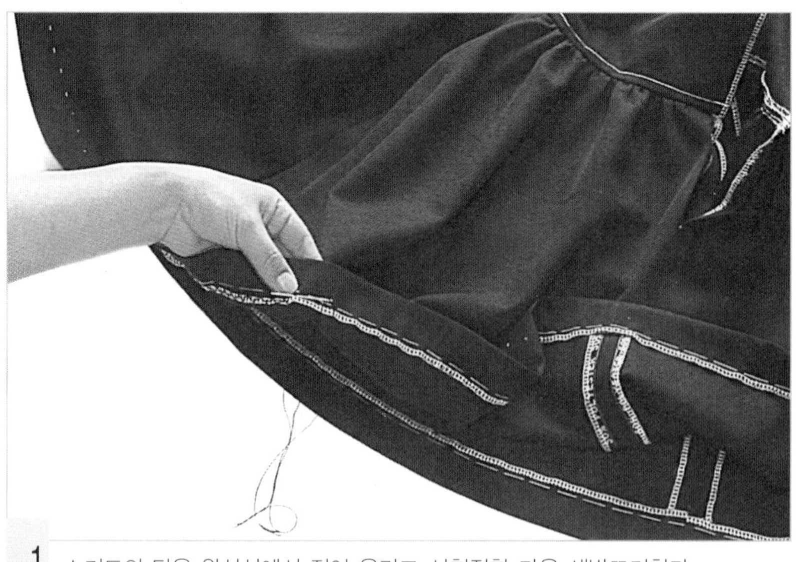

1 스커트의 단을 완성선에서 접어 올리고 시침질한 다음 새발뜨기한다.

9. 지퍼를 단다.

1 좌우 완성선 위에 접착 테이프를 붙인다.

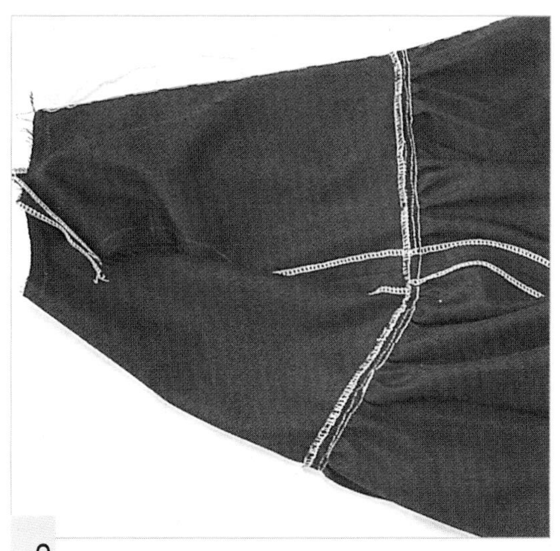

2 완성선에 시침질한다.

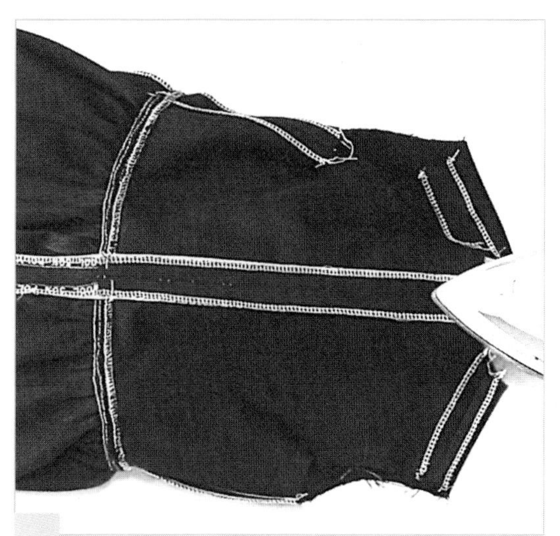

3 시접을 가른다.

4 지퍼를 얹어 시접에만 시침질한다.

5 지퍼를 닫고 다른 한쪽에도 시접에만 시침질로 고정시킨다.

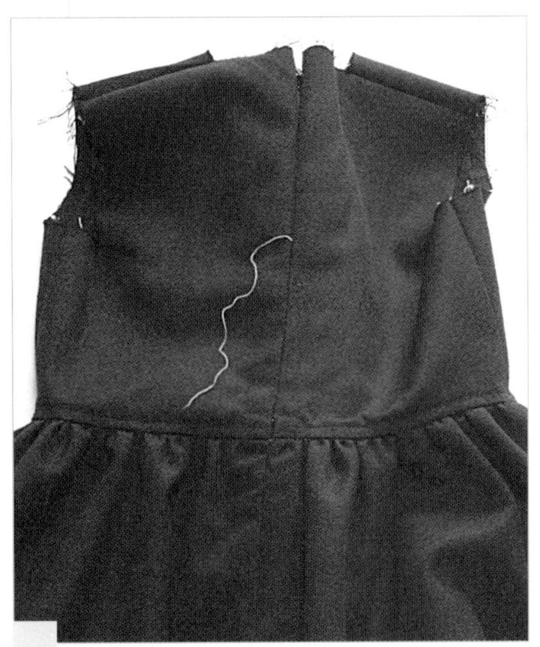

6 시침실을 풀어낸다.

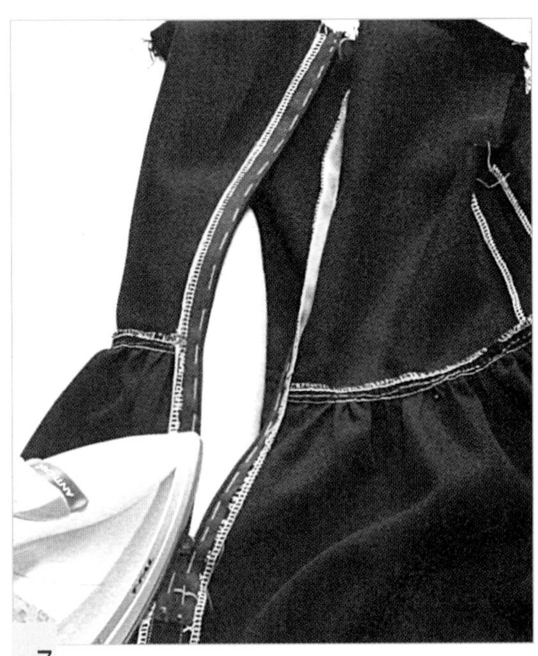

7 지퍼를 일으킨다.

8 콘실 지퍼용 노루발을 끼우고 지퍼달림 끝까지 박는다.

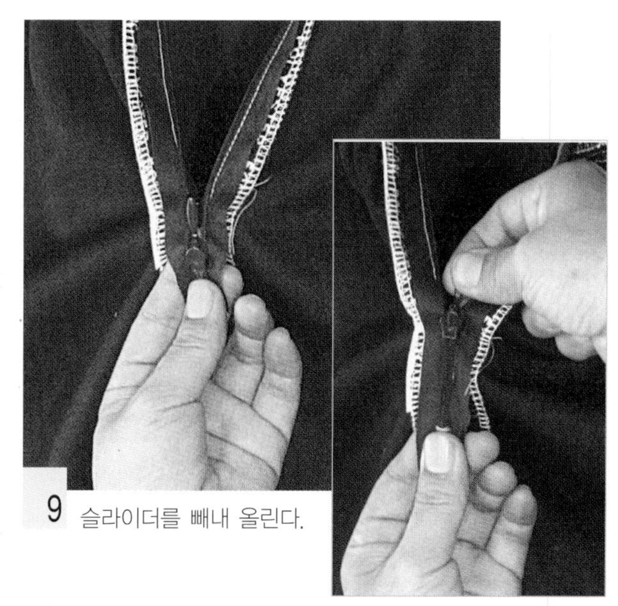

9 슬라이더를 빼내 올린다.

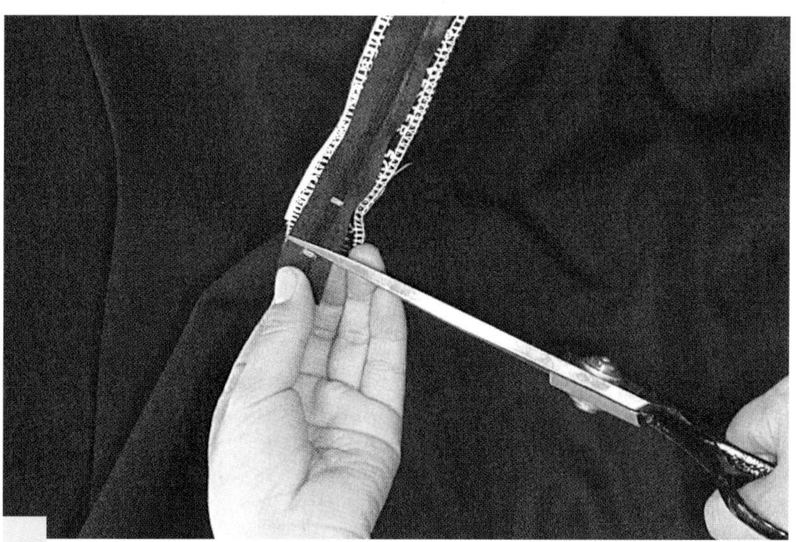

10 지퍼 고정의 위치를 트임 끝으로 이동하고 남는 지퍼를 잘라낸다.

10. 목둘레를 처리한다.

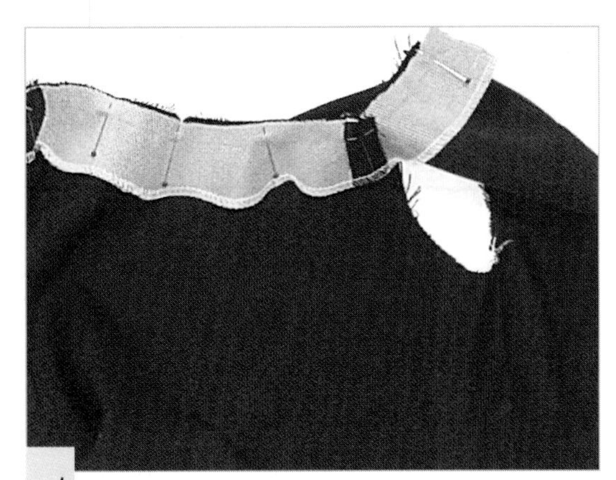

1 안단을 대어 시침질한다.

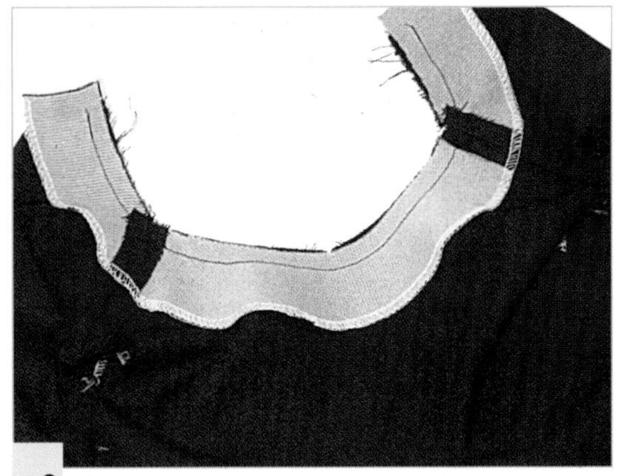

2 완성선을 박는다.

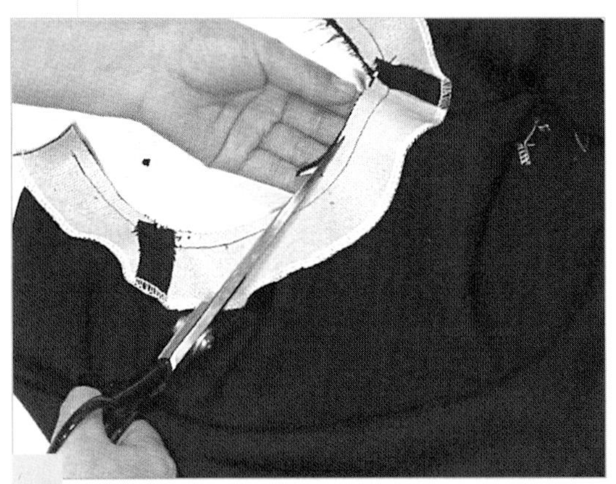

3 시접을 0.5cm로 정리한다.

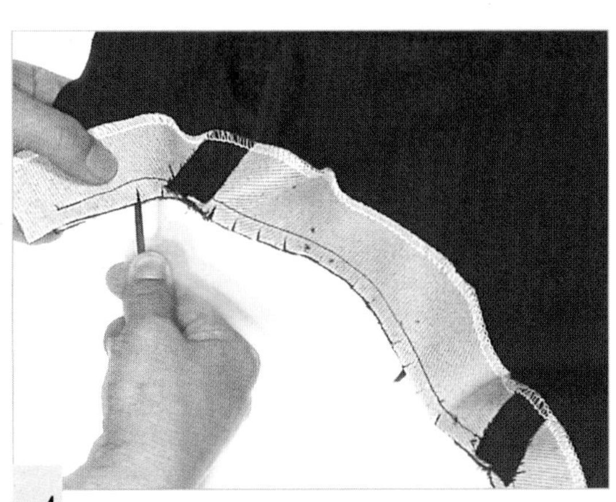

4 곡선 부분에 가윗밥을 넣는다.

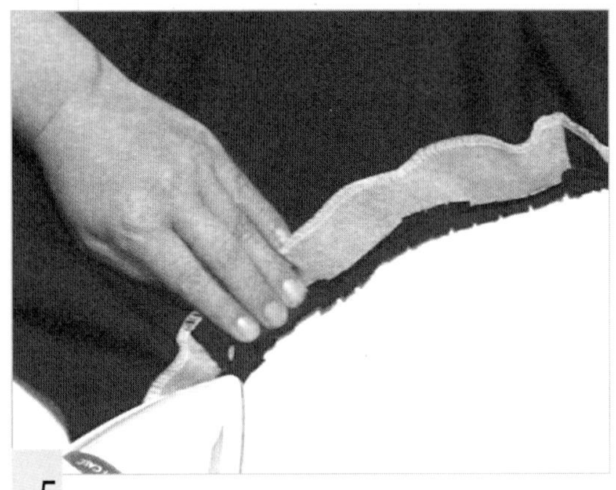

5 시접을 가른다.

6 안단을 어깨선의 시접에 감친다.

11. 소매를 만들어 단다.

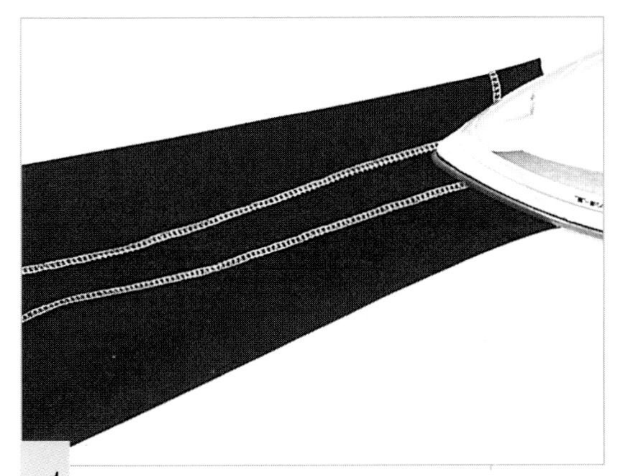

1 소매 밑을 박고 시접을 가른다.

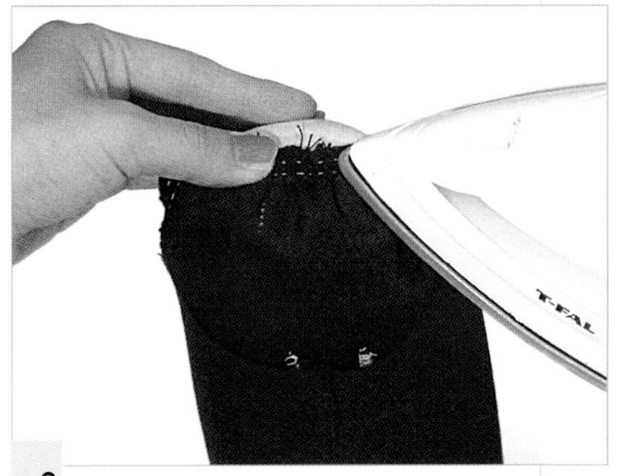

2 소매산에 홈질한 실을 당겨 개더를 잡는다.

3 소매산, 진동 밑, 개더 끝의 표시를 맞추어 핀을 꽂고 시침질한다.

4 완성선을 박고 두 장 함께 오버록 또는 지그재그 재봉을 한다.

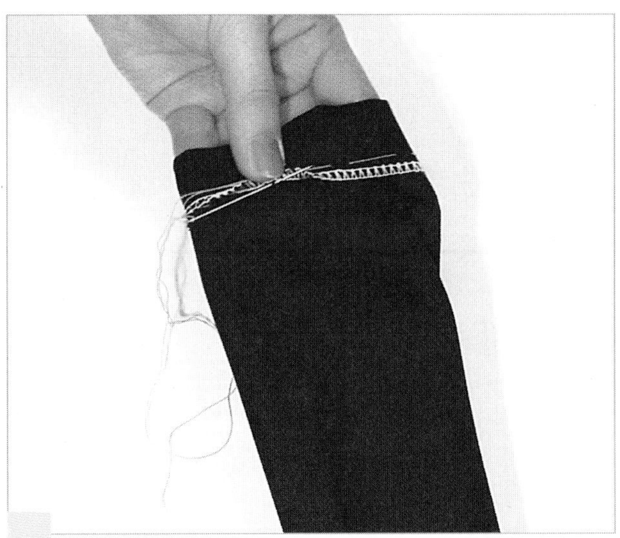

5 소매 입구의 단을 올려 속감치기한다.

12. 훅을 달고 실루프를 만든다.

1 뒤 오른쪽에 훅을 달고 왼쪽에는 실루프를 만든다.

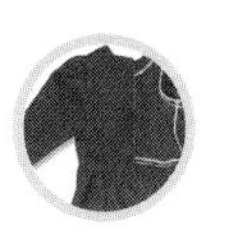

13. 스페어 칼라를 만든다.

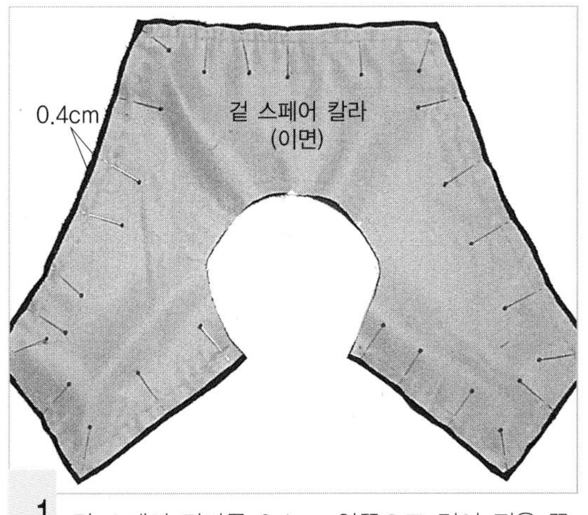

1 겉 스페어 칼라를 0.4cm 안쪽으로 밀어 핀을 꽂고 시침질한다.

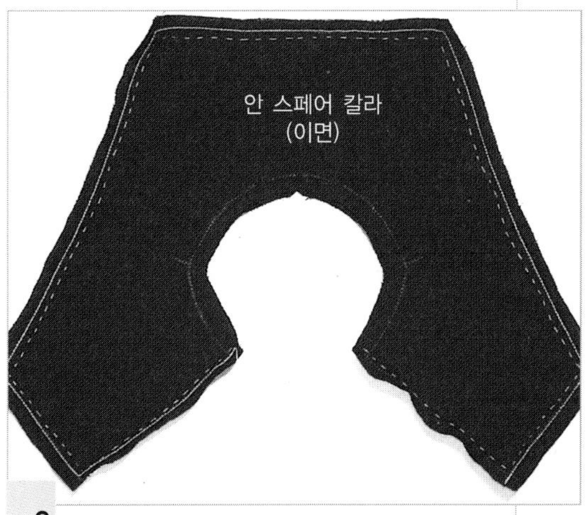

2 안 스페어 칼라의 완성선을 박는다.

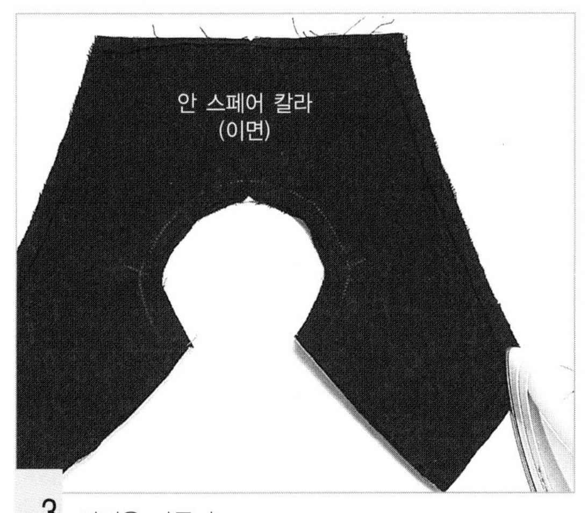

3 시접을 가른다.

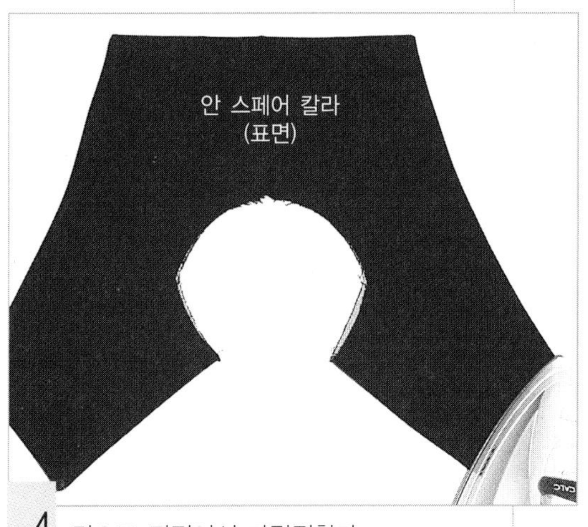

4 겉으로 뒤집어서 다림질한다.

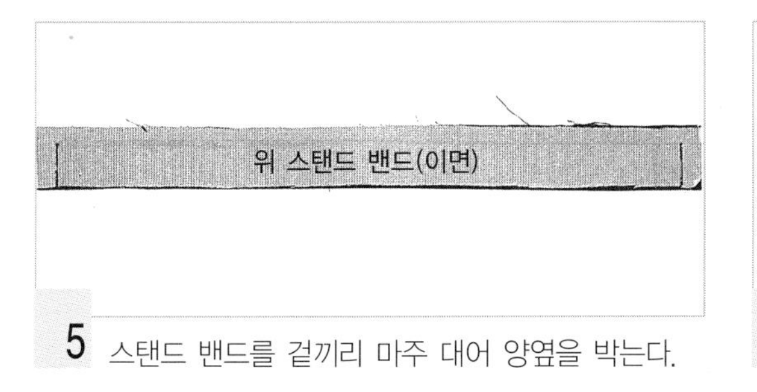

5 스탠드 밴드를 겉끼리 마주 대어 양옆을 박는다.

6 겉으로 뒤집어서 안 스탠드 밴드의 시접을 접는다.

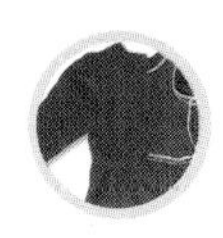

7 칼라와 스탠드 밴드를 겉끼리 마주 대어 박는다.

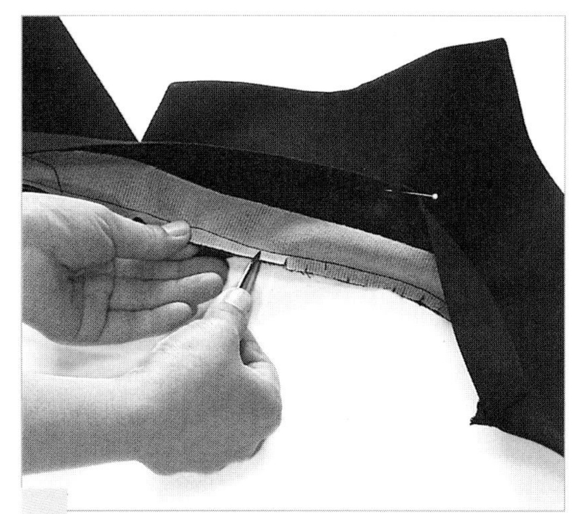

8 가윗밥을 넣는다.

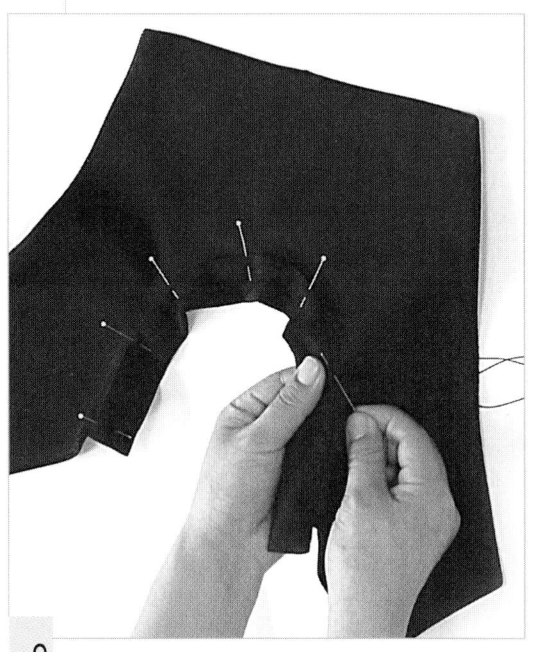

9 시접을 스탠드 밴드 쪽으로 넘겨 감침질한다.

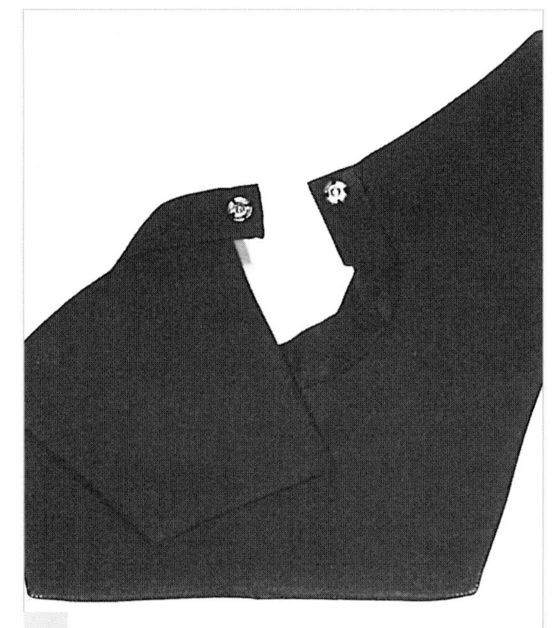

10 스탠드 밴드에 스냅 단추를 달아 완성한다.

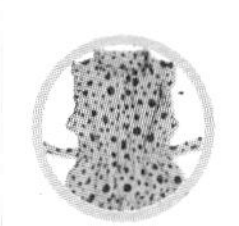

08 원피스 3 | *One-piece*

몸판의 목둘레, 진동둘레, 3단으로 절개한 스커트 부분에 바이어스 천으로 재단하여 프릴을 만들고 다는 법을 배운다.

- 겉감 110cm 폭 ···▸ 230cm
- 접착심지 90cm 폭 ···▸ 30cm(앞단, 안단분)
- 단추 1cm ···▸ 4개
- 고무 테이프

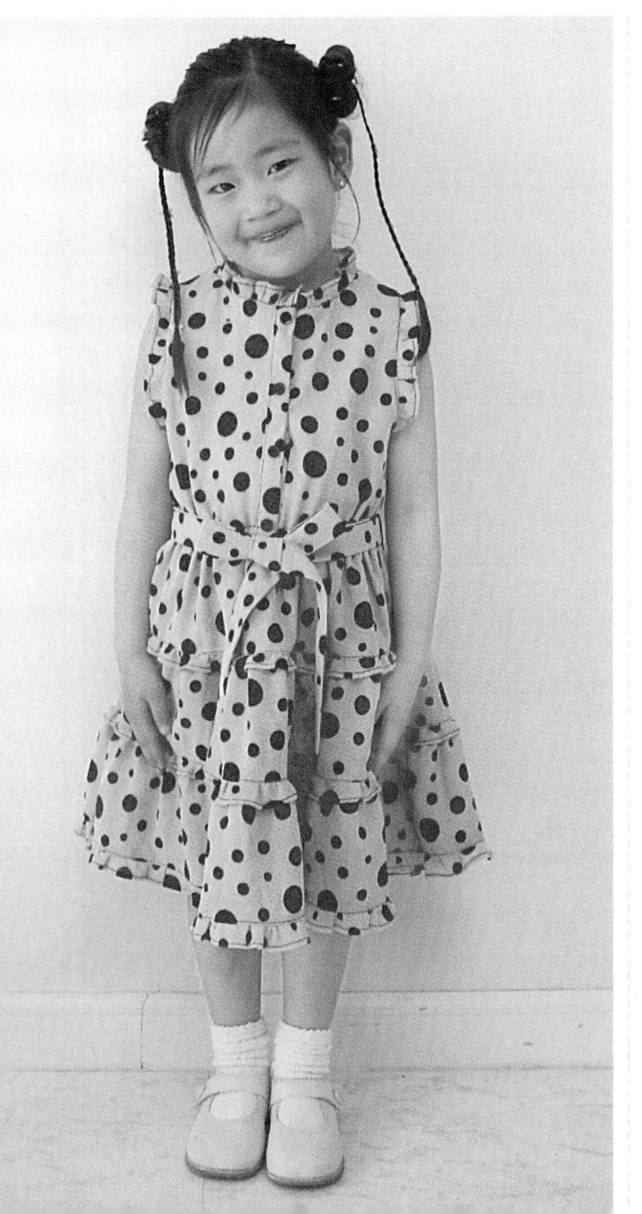

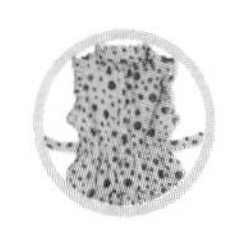

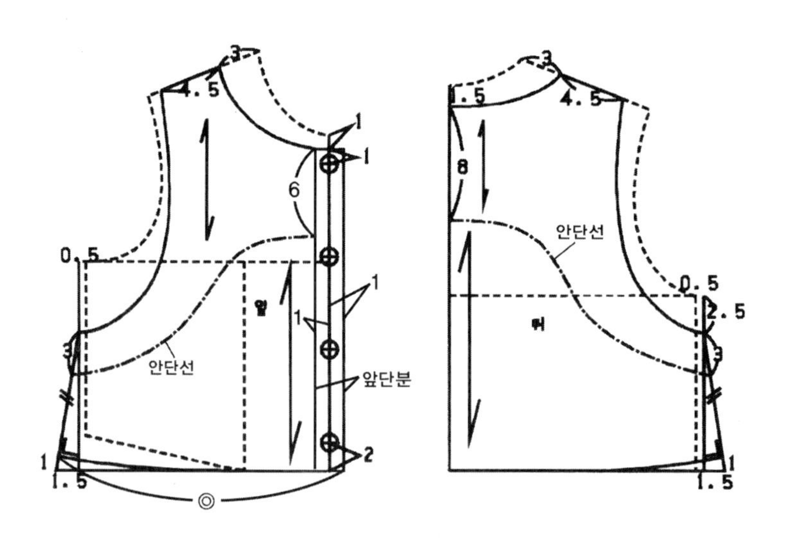

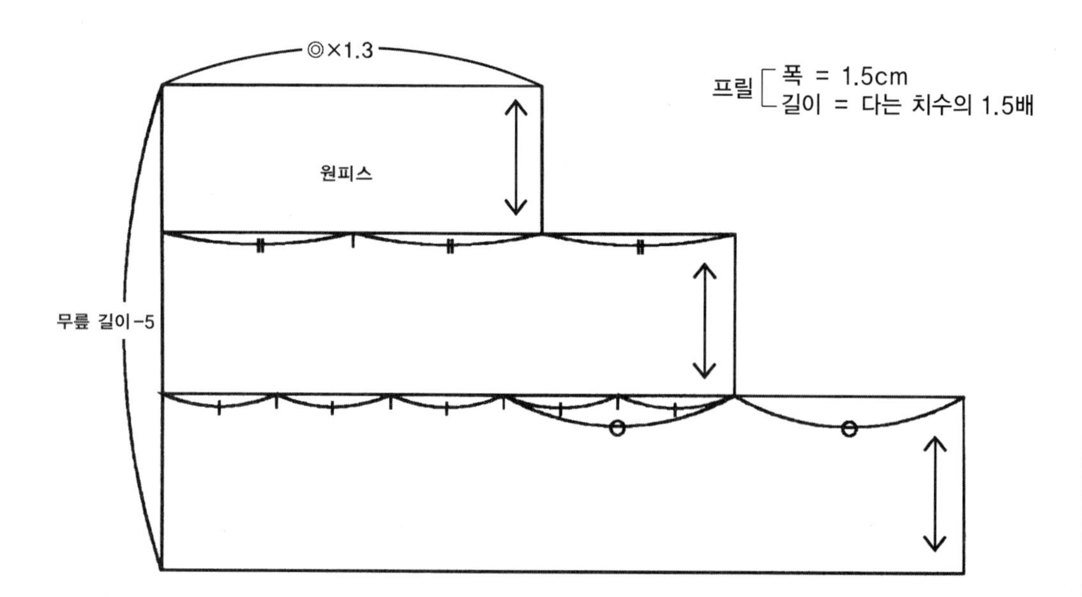

3
125
허리끈

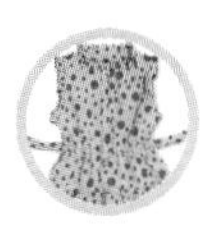

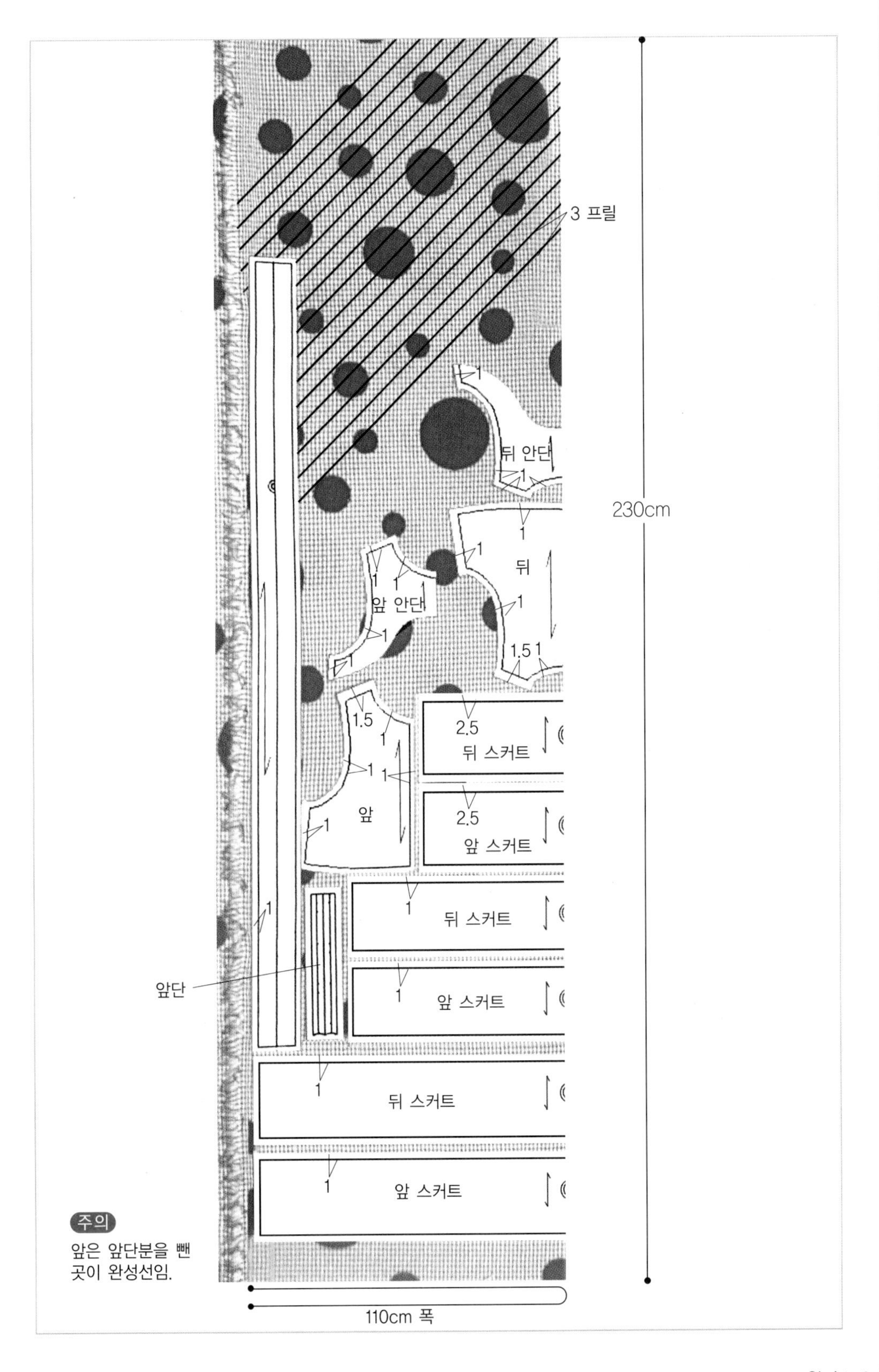
3 프릴
뒤 안단
뒤
앞 안단
앞
뒤 스커트
앞 스커트
뒤 스커트
앞 스커트
뒤 스커트
앞 스커트
앞단
230cm
110cm 폭
주의
앞은 앞단분을 뺀
곳이 완성선임.

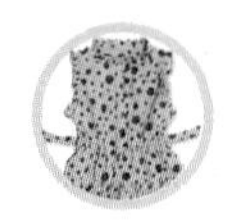

1. 접착심지를 붙인다.

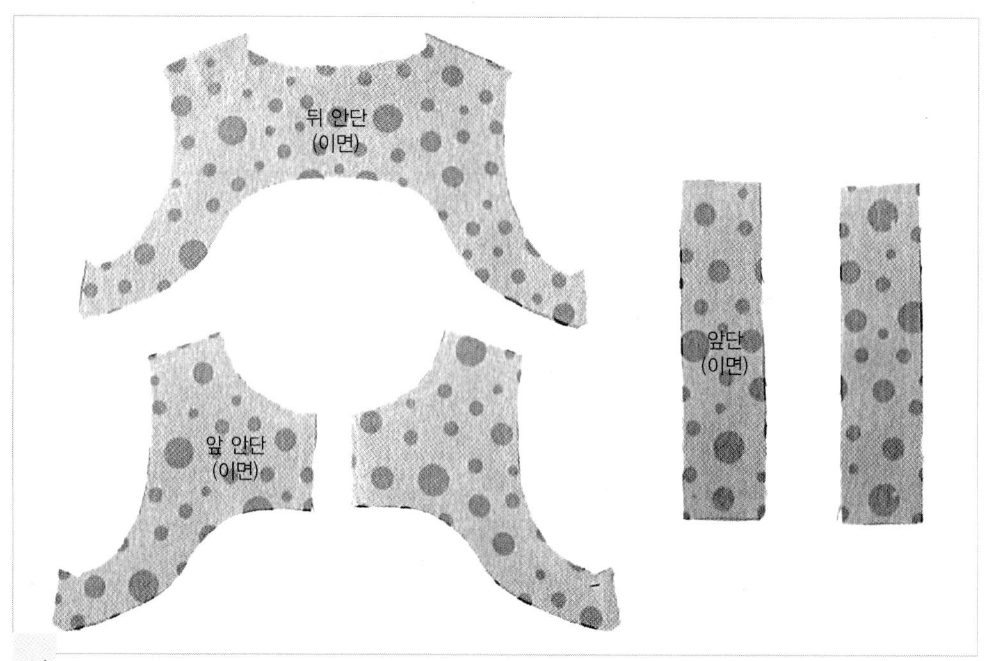

1 앞뒤 안단과 앞단의 이면에 접착심지를 붙인다.

2. 오버록 재봉을 한다.

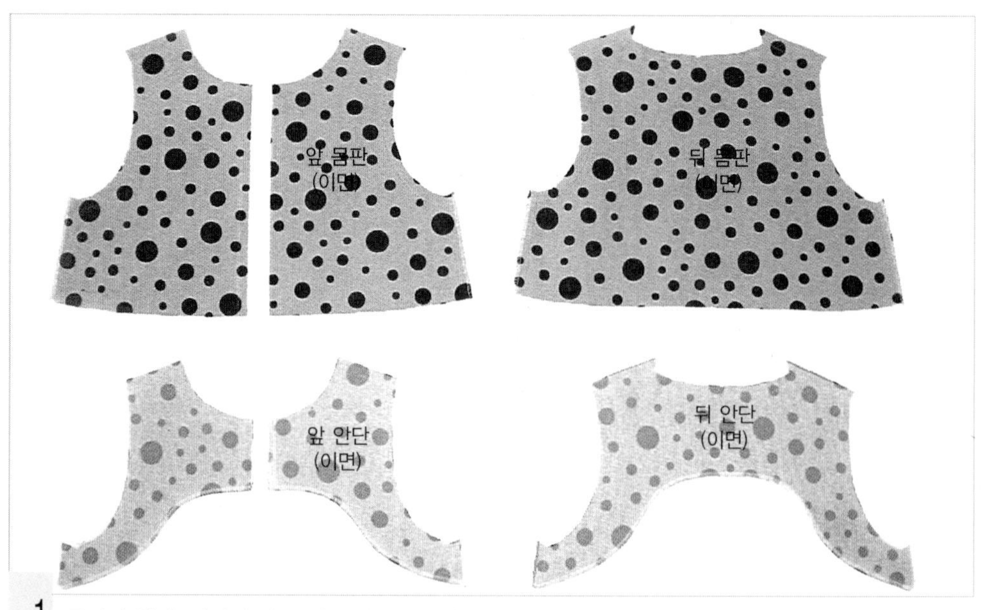

1 몸판의 옆선, 안단의 단 쪽에 오버록 재봉을 한다.

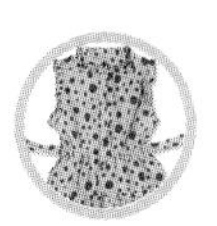

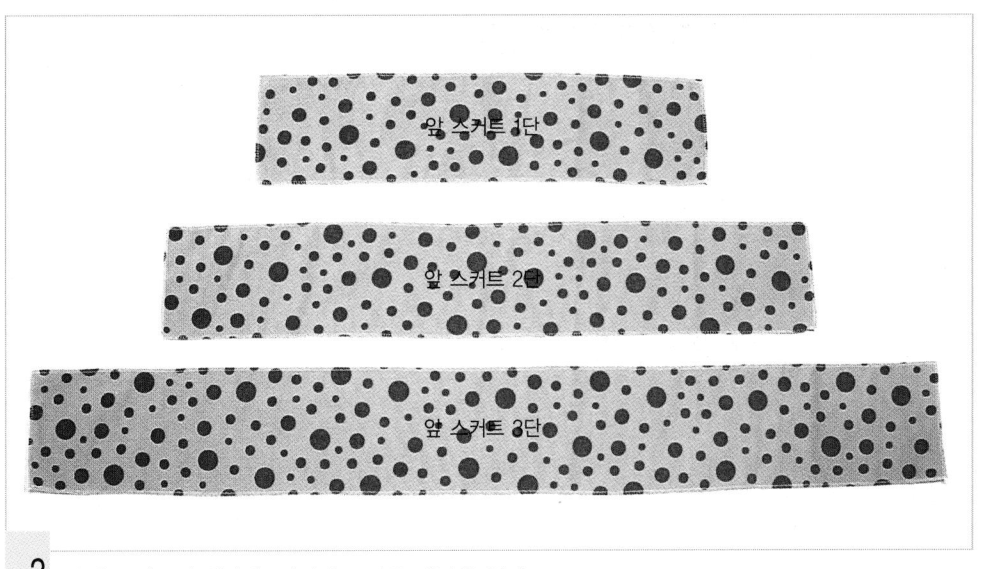

2 앞뒤 스커트의 위아래, 옆선에 오버록 재봉을 한다.

3. 프릴을 만든다.

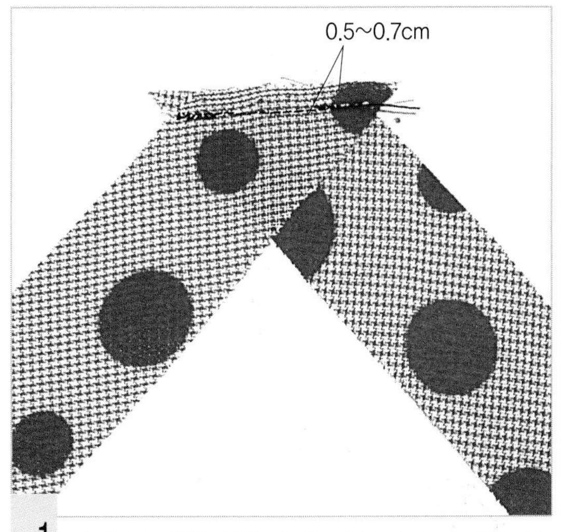

1 바이어스 천을 이을 때에는 0.5~0.7cm 되는 곳을 박는다.

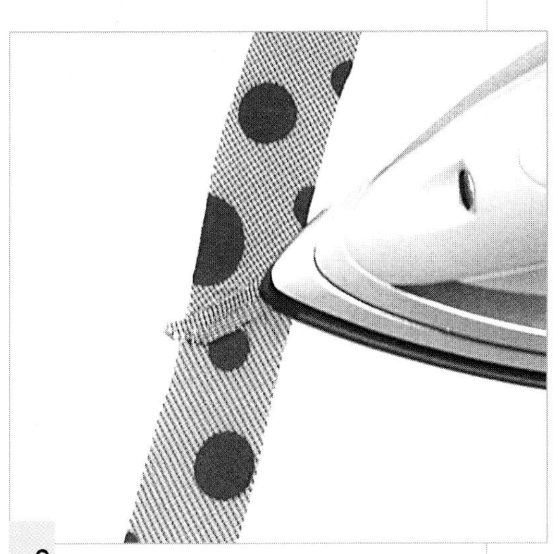

2 시접을 가른다.

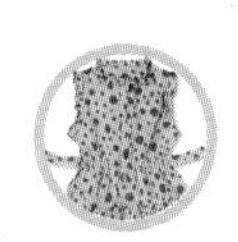

3 삼각으로 나온 천을 잘라낸다.

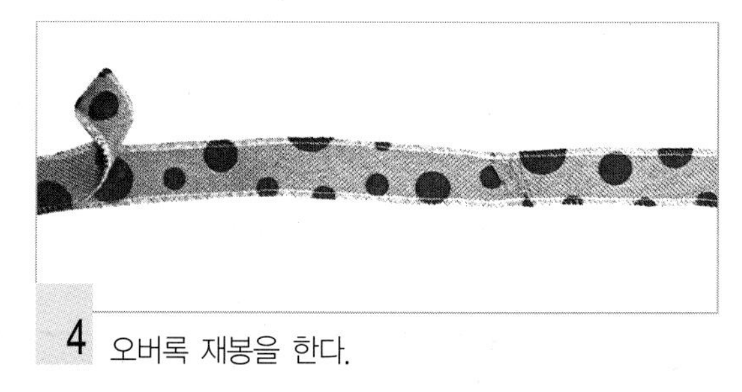

4 오버록 재봉을 한다.

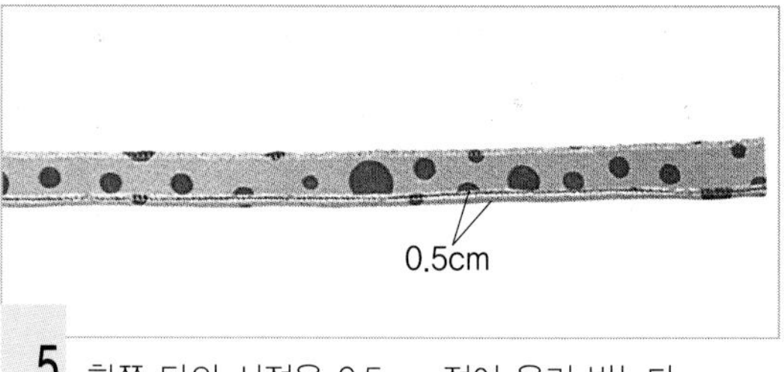

5 한쪽 단의 시접을 0.5cm 접어 올려 박는다.

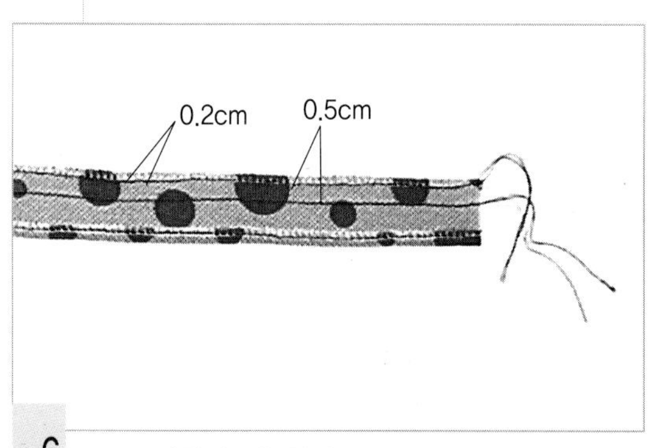

6 두 줄 시침재봉을 한다.

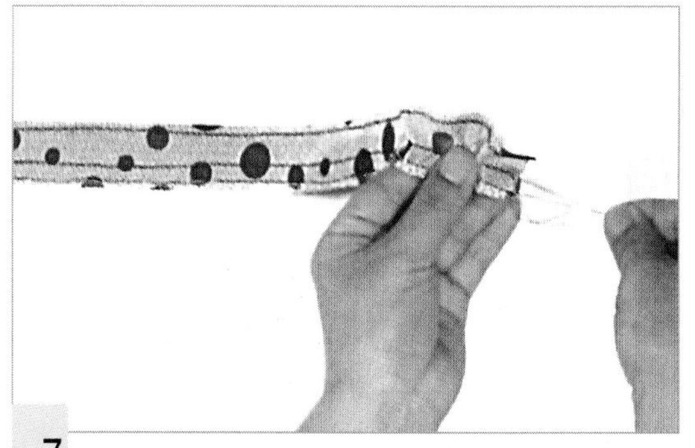

7 밑실을 두 올 함께 당겨 개더를 잡는다.

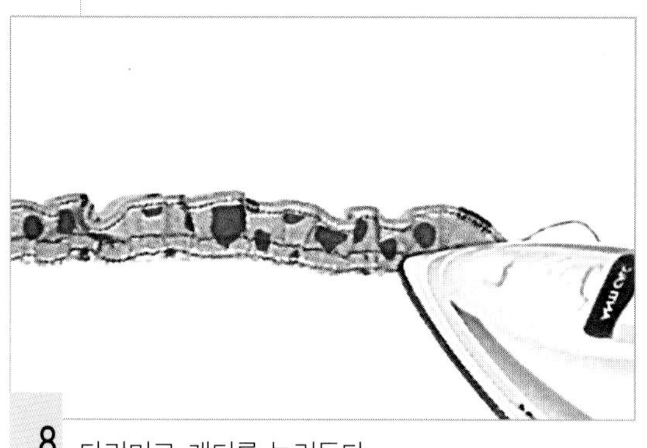

8 다리미로 개더를 눌러둔다.

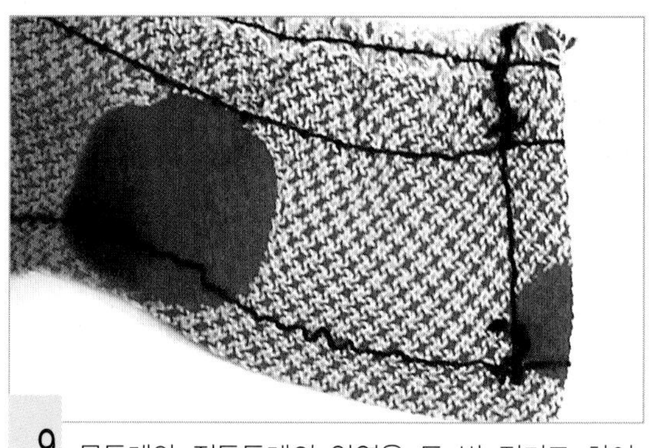

9 목둘레와 진동둘레의 양옆을 두 번 접기로 하여 박는다.

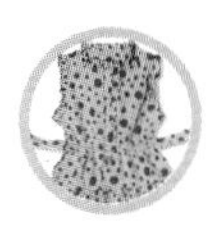

4. 어깨선을 박는다.

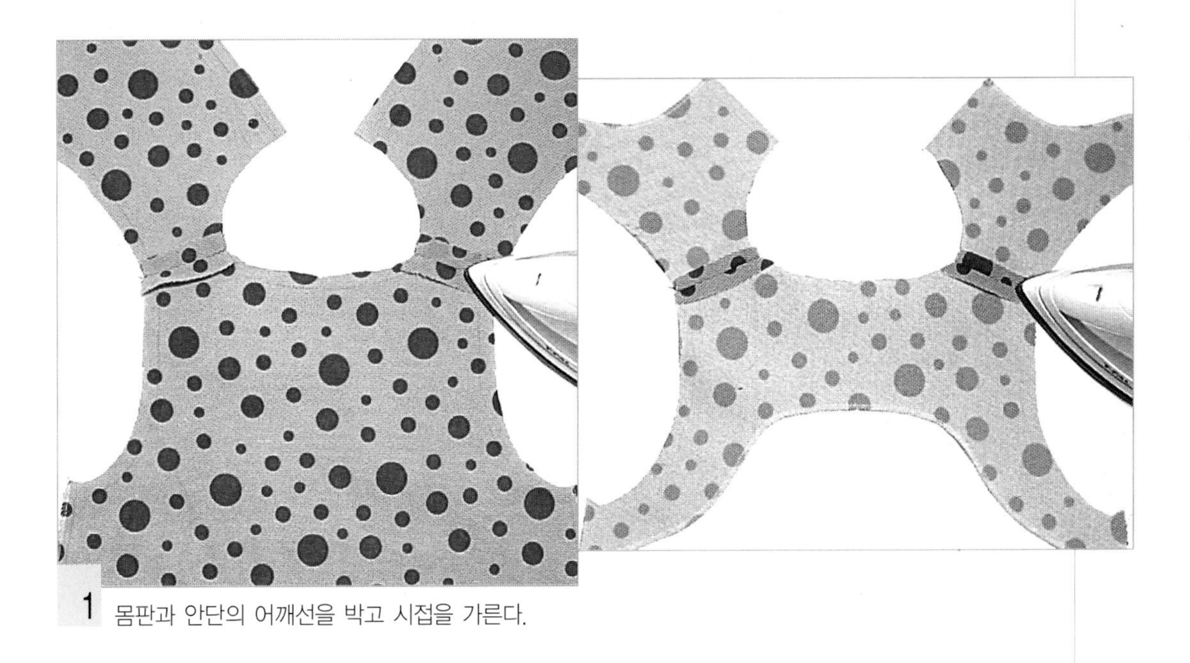

1 몸판과 안단의 어깨선을 박고 시접을 가른다.

5. 프릴을 끼워 목둘레와 진동둘레를 박는다.

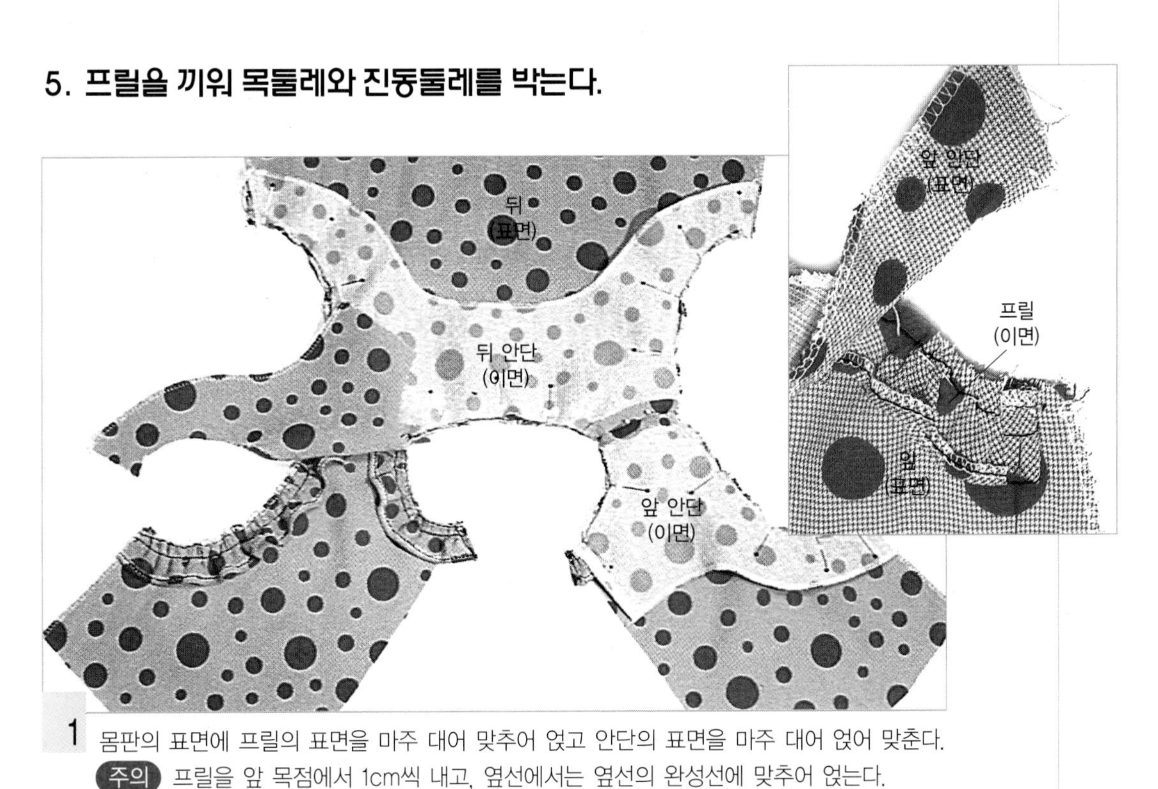

1 몸판의 표면에 프릴의 표면을 마주 대어 맞추어 얹고 안단의 표면을 마주 대어 얹어 맞춘다.

주의 프릴을 앞 목점에서 1cm씩 내고, 옆선에서는 옆선의 완성선에 맞추어 얹는다.

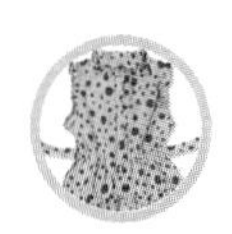

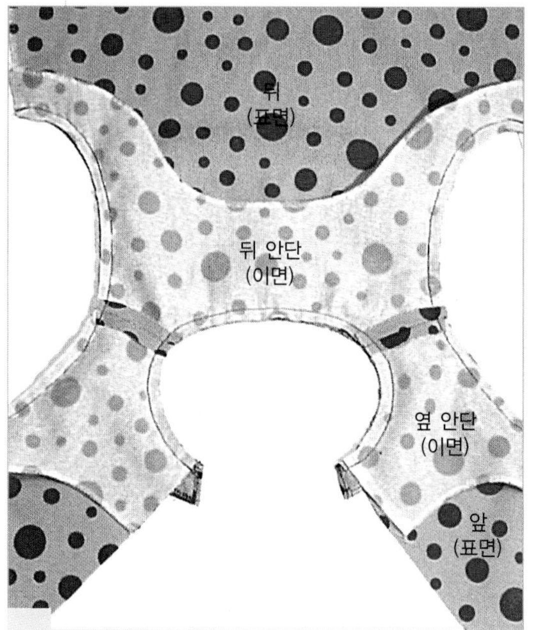

2 완성선을 박는다.

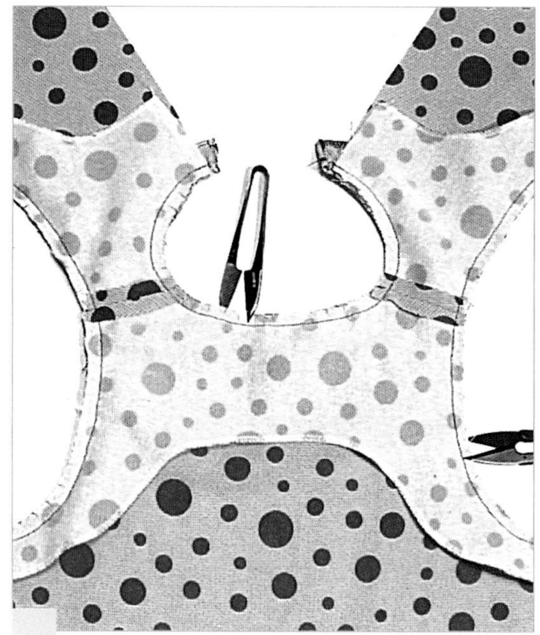
3 목둘레, 진동둘레의 곡선 부분에 가윗밥을 넣는다.

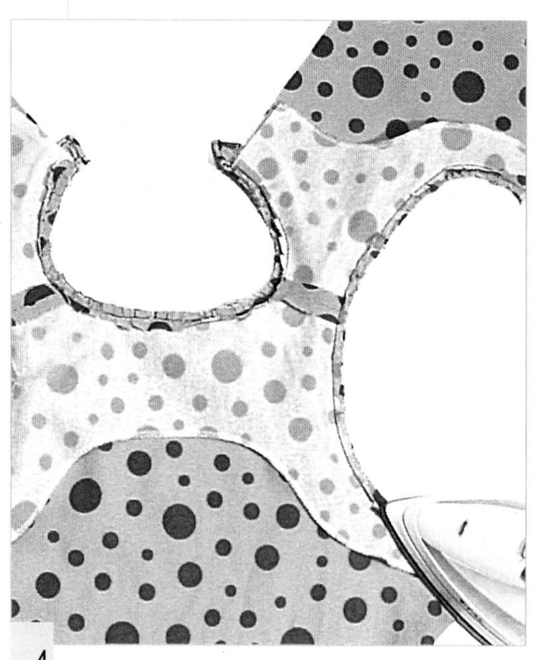
4 시접을 가른다.

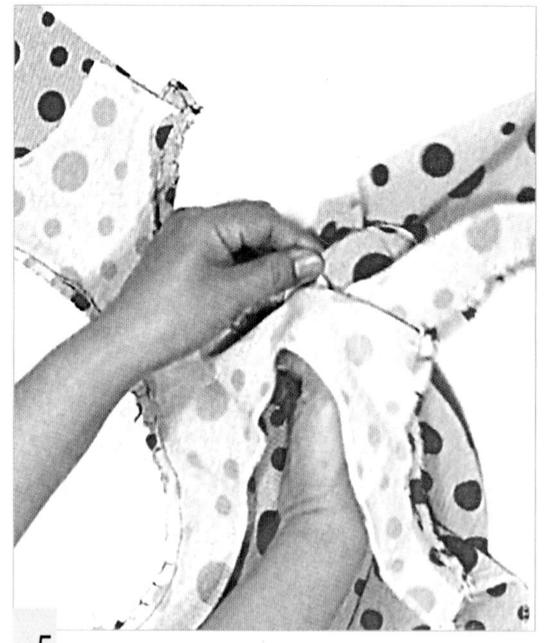
5 뒤 몸판 쪽으로 손을 넣어 앞 몸판을 끄집어낸다.

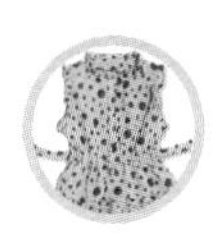

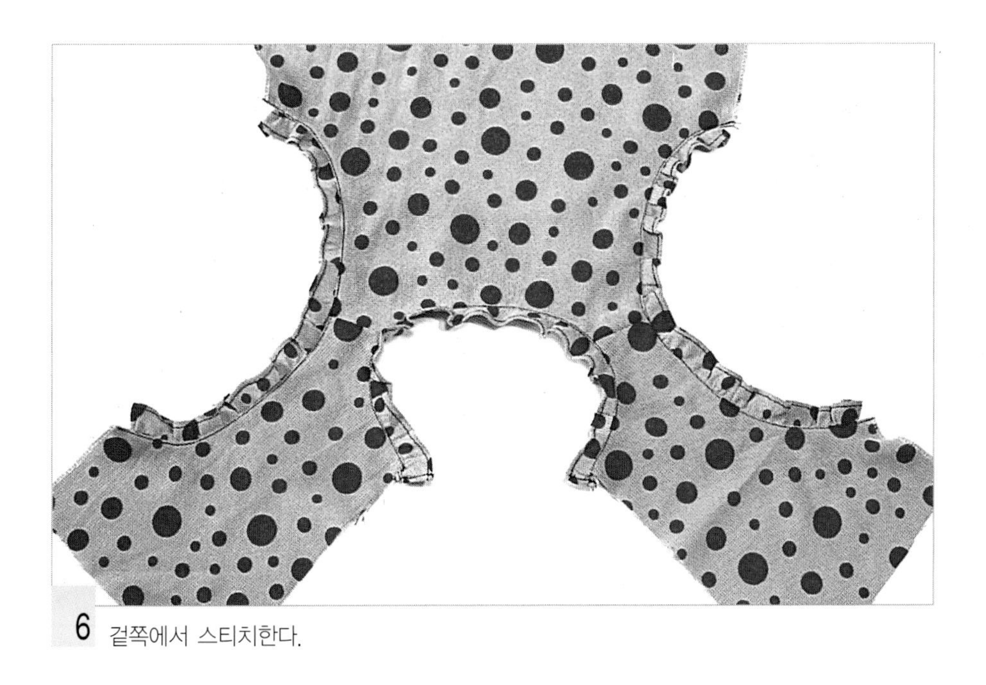

6 겉쪽에서 스티치한다.

6. 앞단을 댄다.

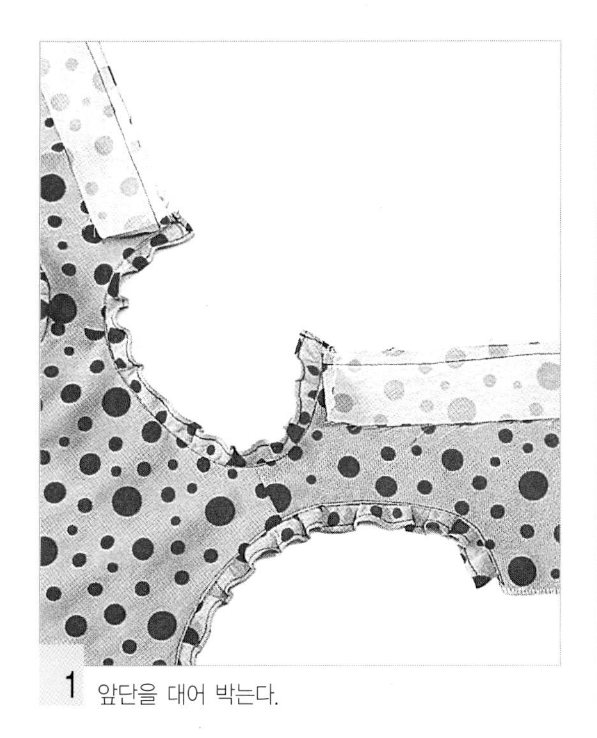

1 앞단을 대어 박는다.

2 시접을 앞단 쪽으로 넘긴다.

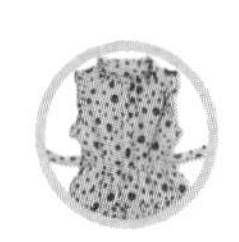

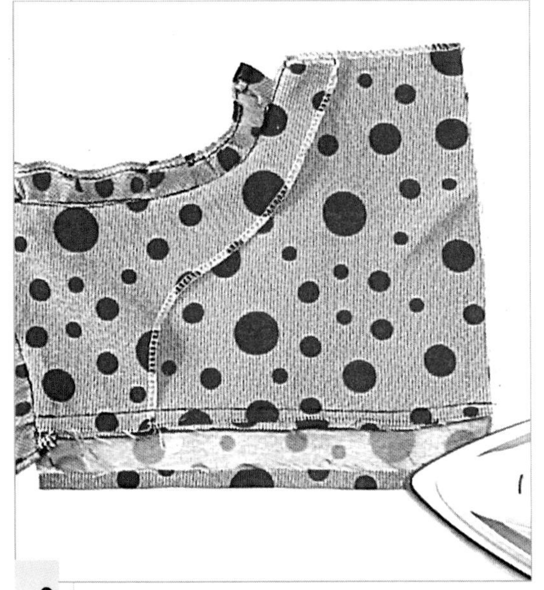

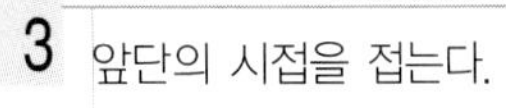

3 앞단의 시접을 접는다.

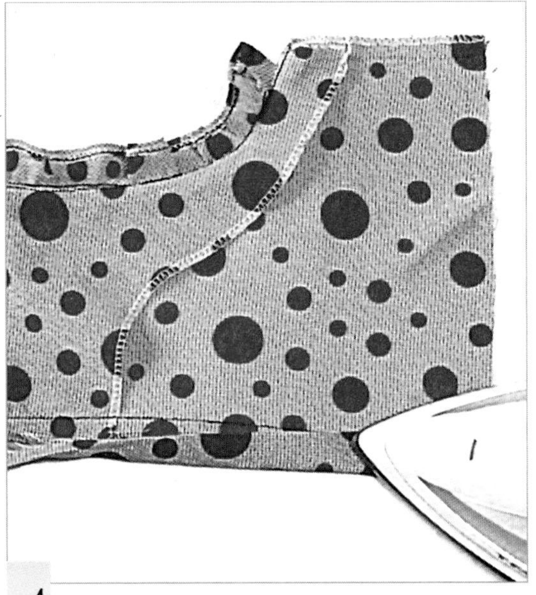

4 앞단을 완성선에서 접는다.

5 겉쪽에서 스티치한다.

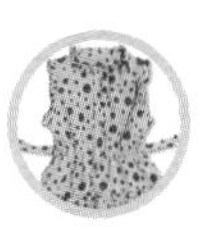

7. 옆선을 처리한다.

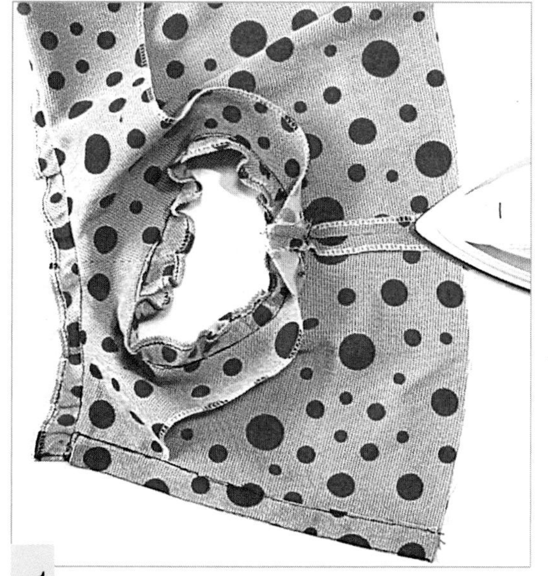

1 몸판과 안단의 옆선을 프릴을 피해 한 번에 이어서 박는다.

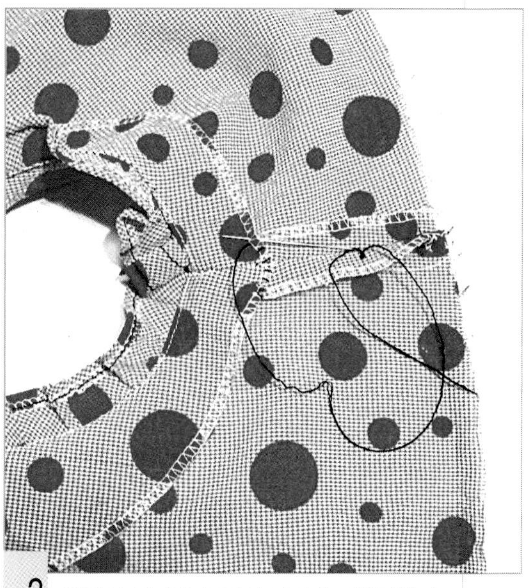

2 안단의 시접을 몸판의 시접에 감침질한다.

3 프릴의 옆선을 공그르기한다.

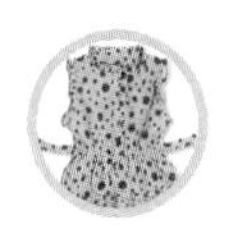

8. 스커트를 만든다.

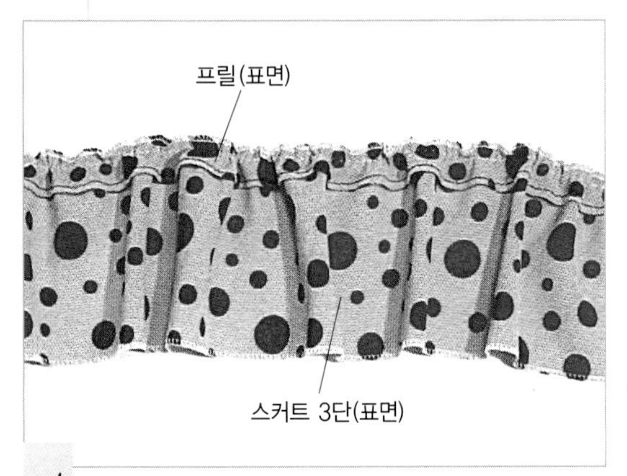

1 스커트 3단 표면에 프릴의 이면을 얹어 스커트 2단의 폭만큼 개더를 잡는다.

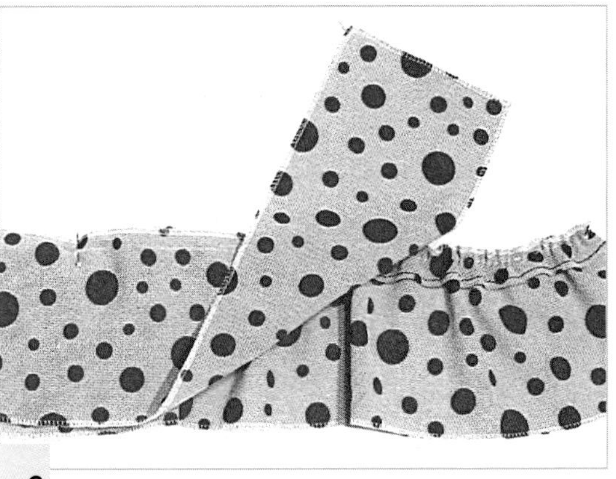

2 스커트 2단의 표면을 얹어 시침질한다.

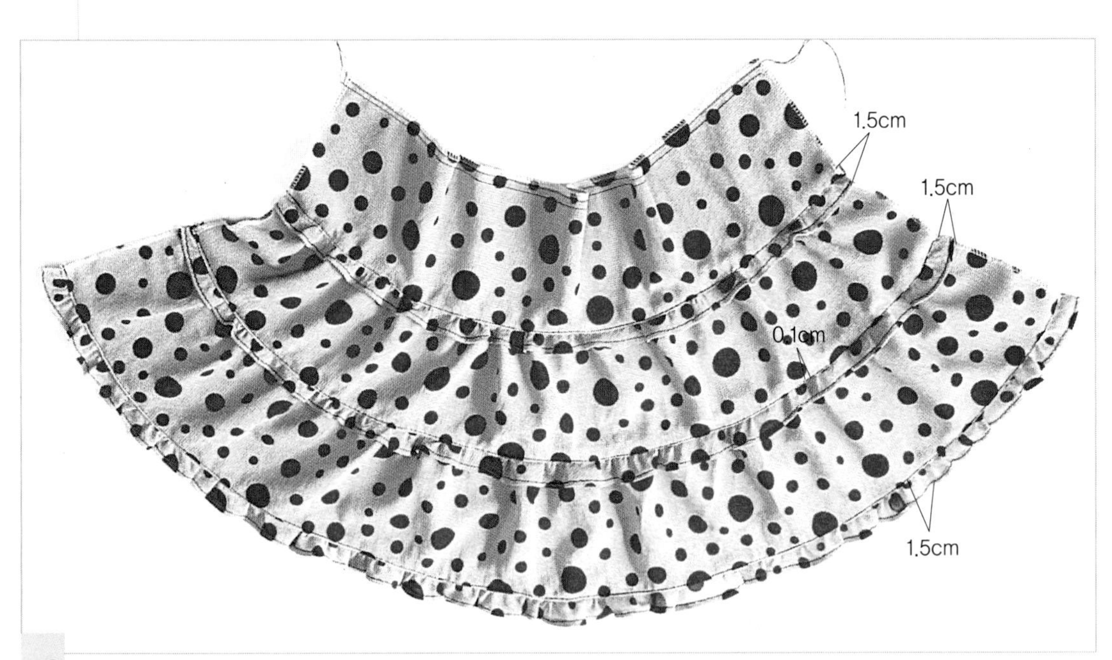

3 완성선을 박고 시접을 위쪽으로 넘겨 겉쪽에서 0.1cm에 스티치한다. 스커트 2단과 스커트 1단도 같은 요령으로 박는다.

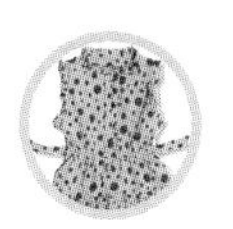

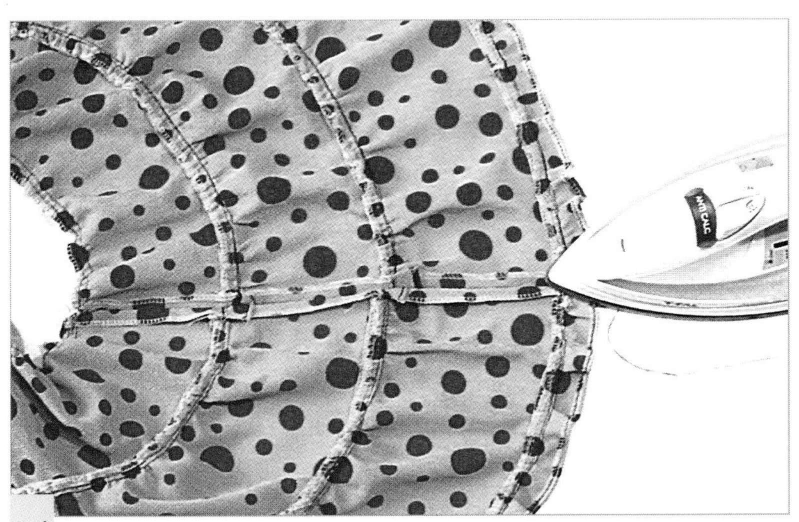

4 옆선을 박고 시접을 가른다.

9. 몸판과 스커트를 맞추어 박는다.

1 몸판과 스커트를 겉끼리 마주 대어 완성선을 맞추어 박는다.

2 시접을 몸판 쪽으로 넘기고 겉쪽에서 1.5cm에 스티치한다.

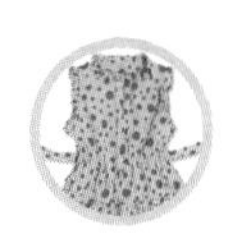

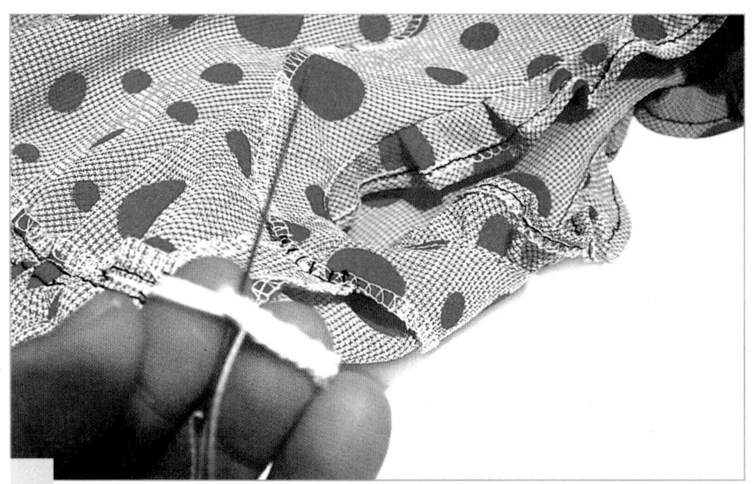

3 허리선에 고무 테이프를 끼우고 고무 테이프의 끝에서 2cm 겹쳐서 꿰맨다.

10. 실루프를 만든다.

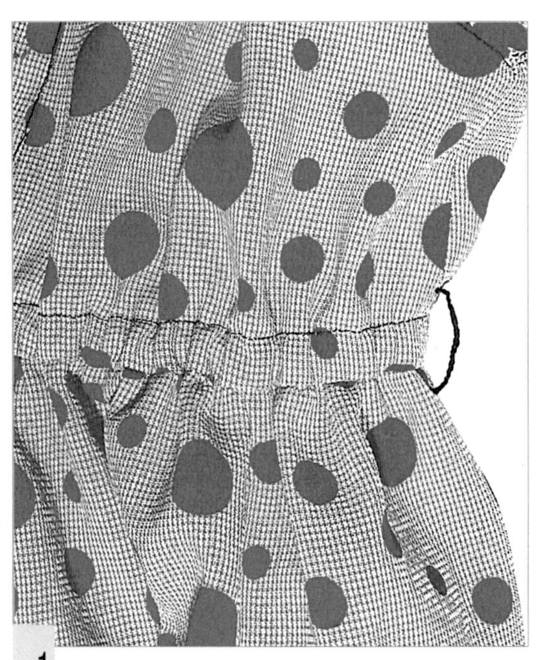

1 허리선 양옆에 실루프로 벨트 고리를 만든다.

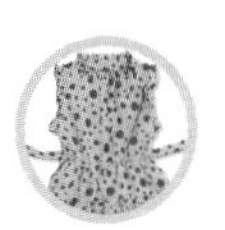

11. 허리끈을 만든다(p.27 참조).

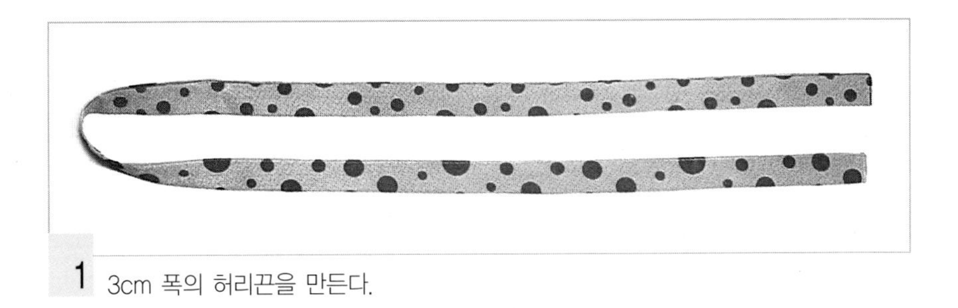

1 3cm 폭의 허리끈을 만든다.

12. 단춧구멍을 만들고 단추를 달아 완성한다.

1 완성.

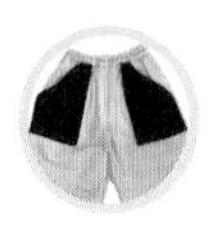

반바지 | *Knee Breeches*

물건을 많이 넣을 수 있는 주머니 만들기를 배운다. 소재를 바꾸어 만들면 연중 착용이 가능한 편안한 디자인이 된다.

- 겉감 90cm 폭 ···› 100cm
- 색이 다른 겉감 90cm 폭 ···› 30cm
- 접착심지 ···› 20.5cm

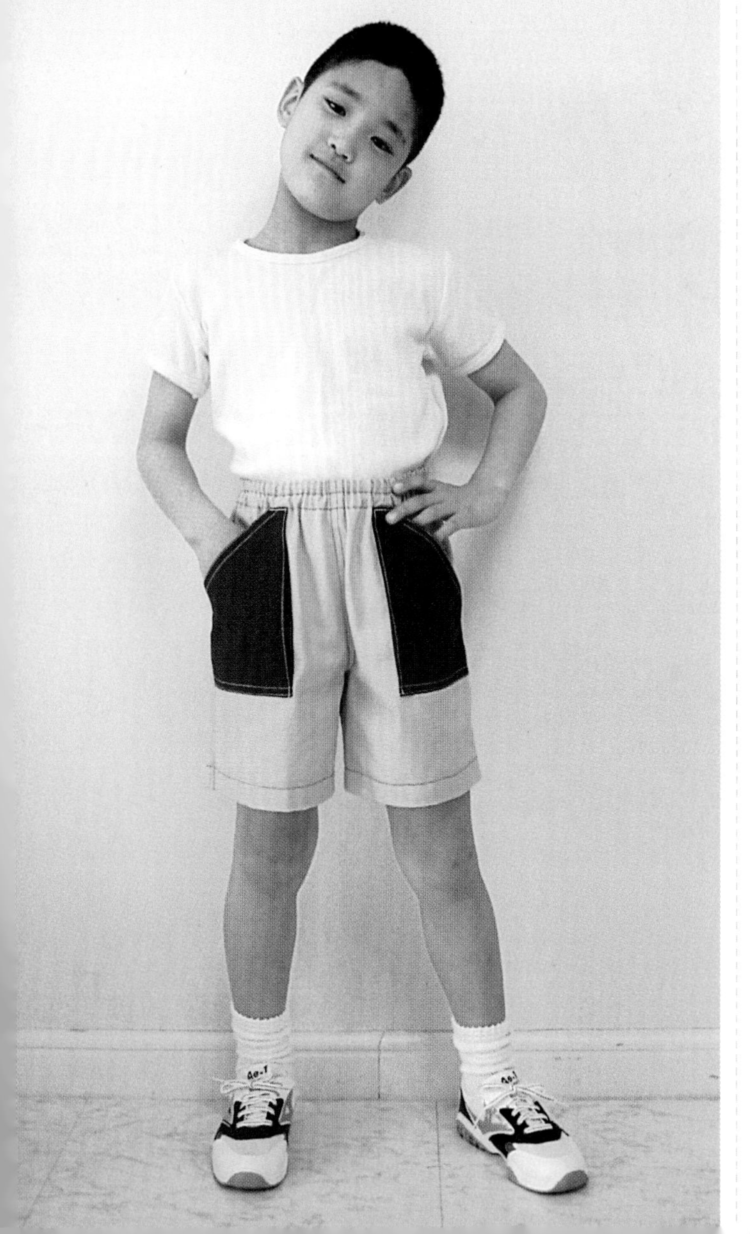

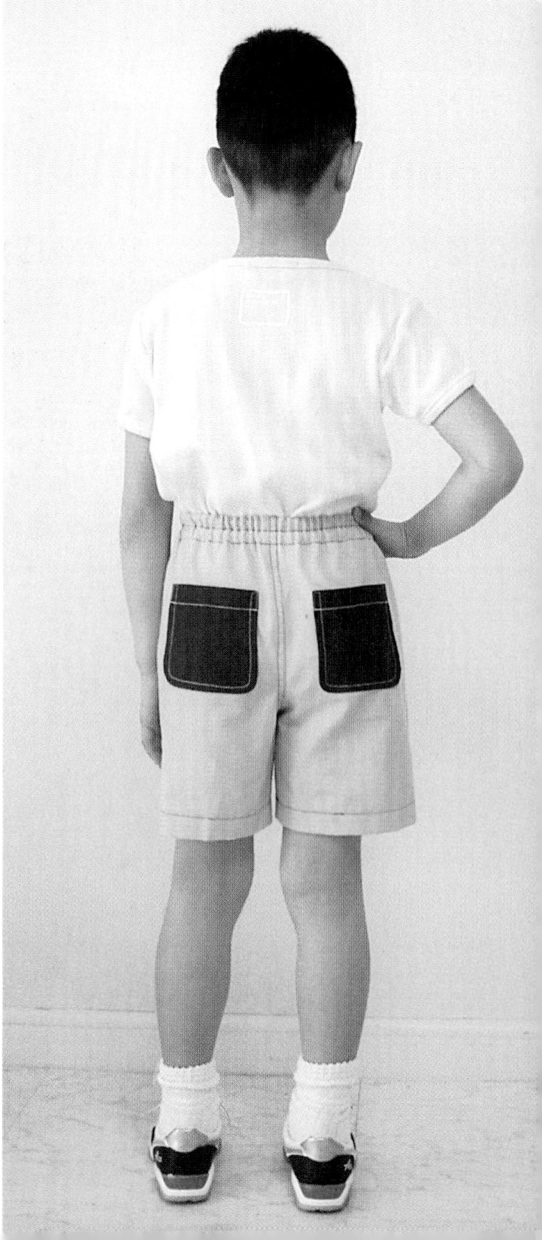

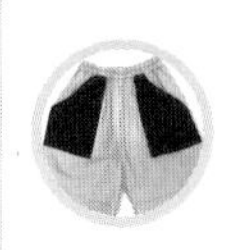

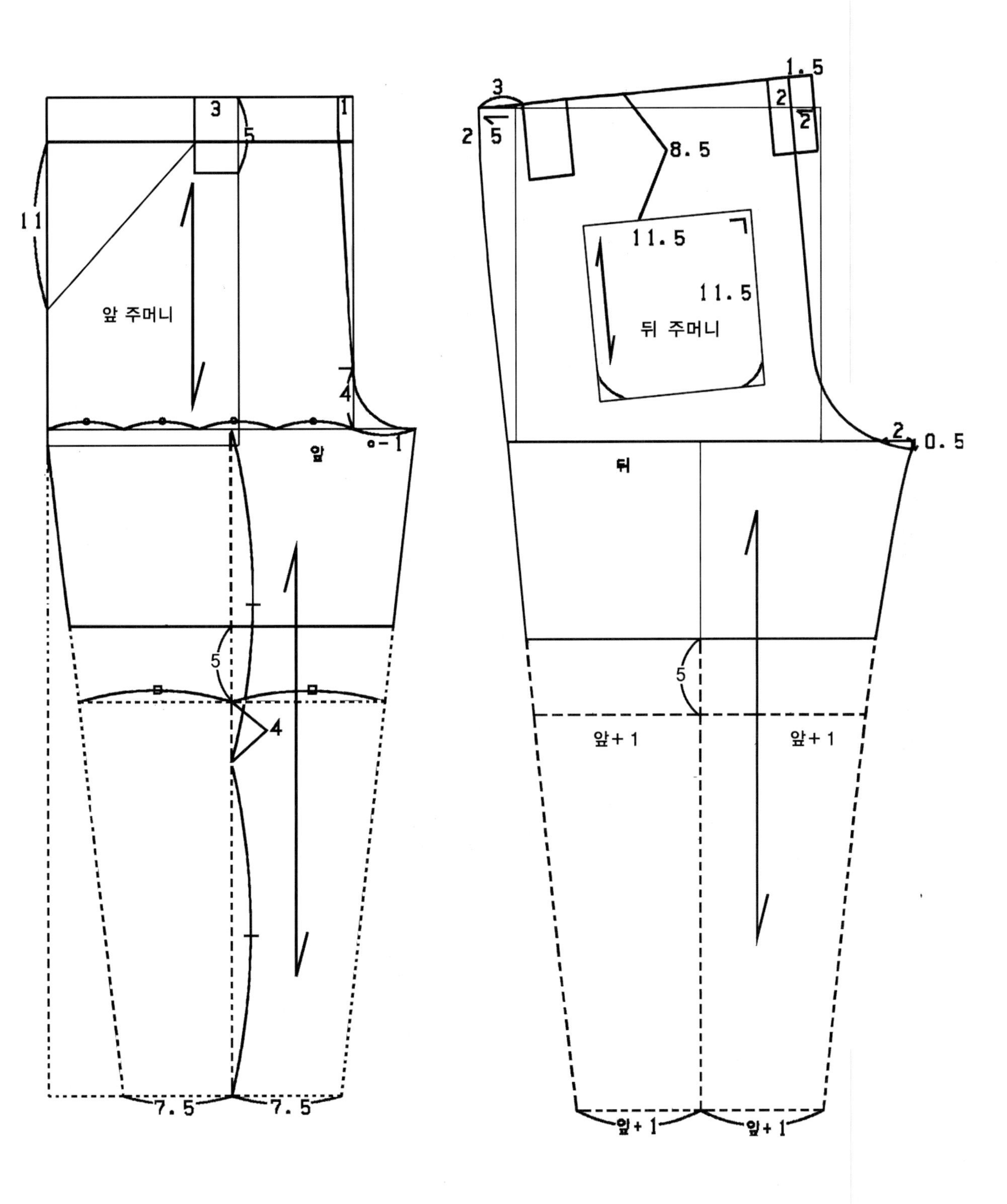
3
1
5
11
앞 주머니
4
앞
ㅇ-1
5
4
7.5
7.5
3
1.5
2
2
5
2
8.5
11.5
11.5
뒤 주머니
2
0.5
뒤
5
앞+1
앞+1
앞+1
앞+1

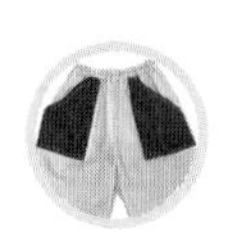

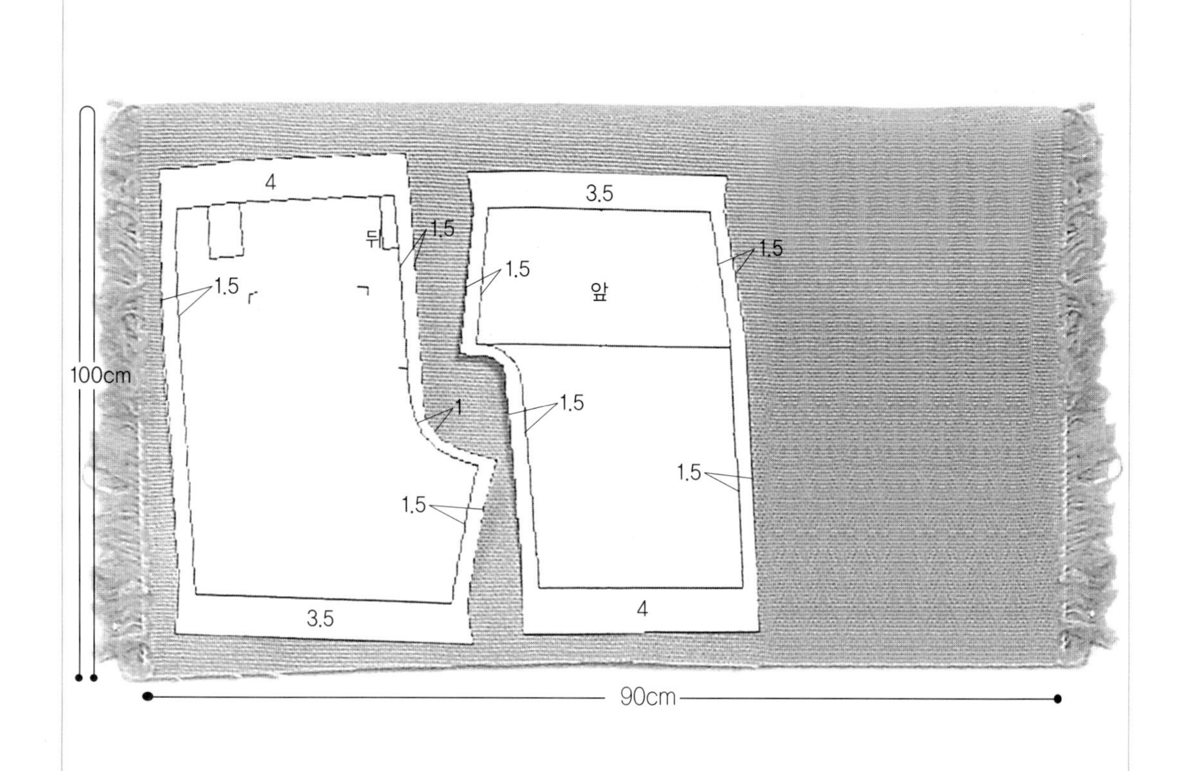
4
뒤
1.5
1.5
1
1.5
3.5
3.5
앞
1.5
1.5
1.5
1.5
4
100cm
90cm

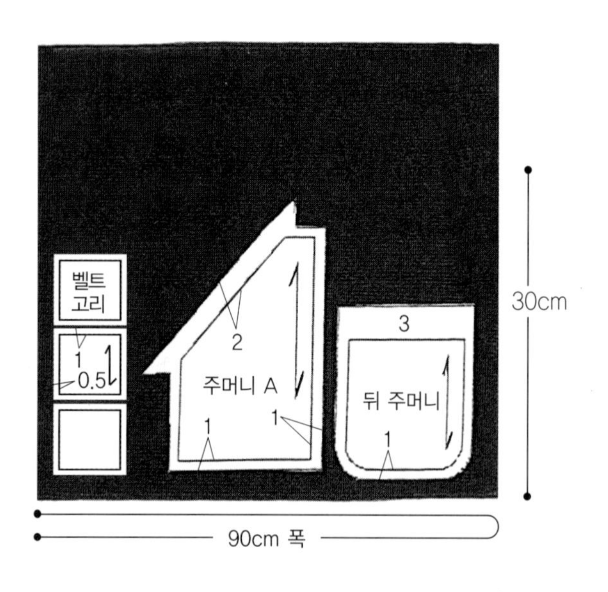
벨트
고리
1
0.5
2
주머니 A
1
1
3
뒤 주머니
1
30cm
90cm 폭

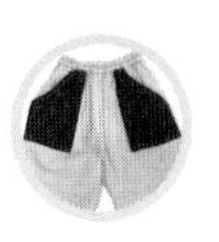

봉제 전의 준비

1. 시접에 오버록 재봉을 한다.

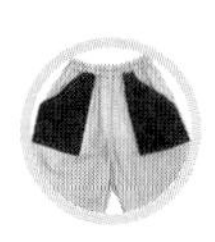

2. 접착 테이프와 접착심지를 붙인다.

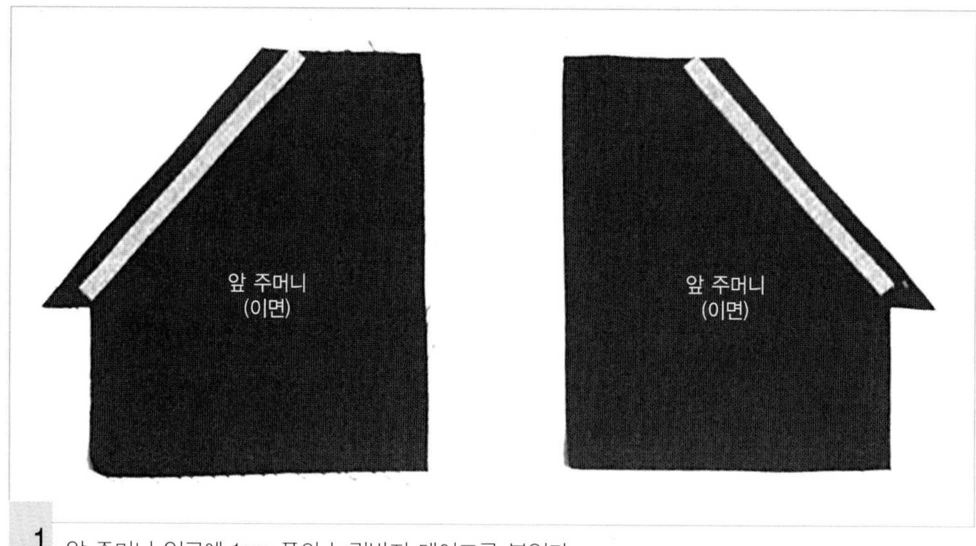

1 앞 주머니 입구에 1cm 폭의 늘림방지 테이프를 붙인다.

2 뒤 주머니 입구에 접착심지를 붙인다.

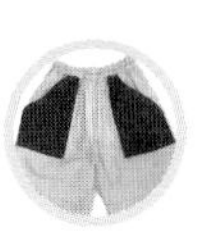

3. 앞 주머니를 만든다.

1 앞 주머니 입구의 시접을 반으로 접는다.

2 앞 주머니 입구의 시접을 완성선에서 접는다.

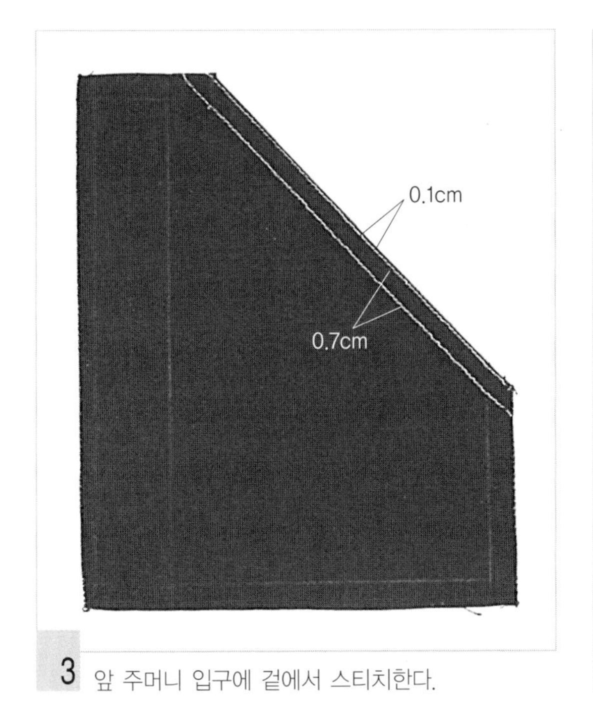

3 앞 주머니 입구에 겉에서 스티치한다.

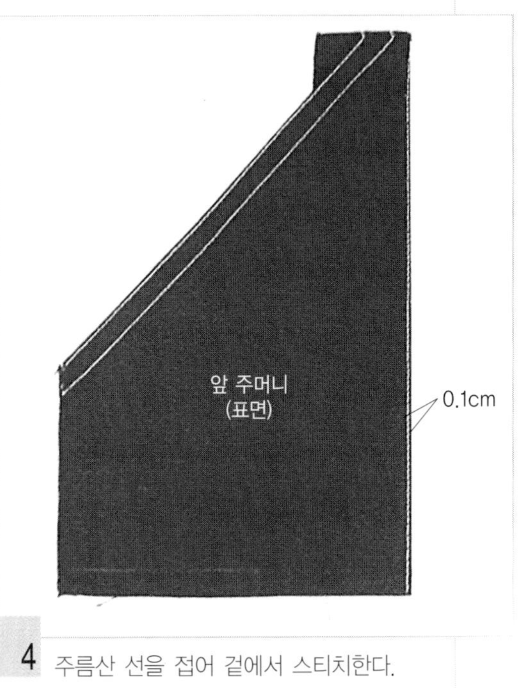

4 주름산 선을 접어 겉에서 스티치한다.

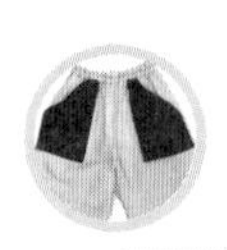

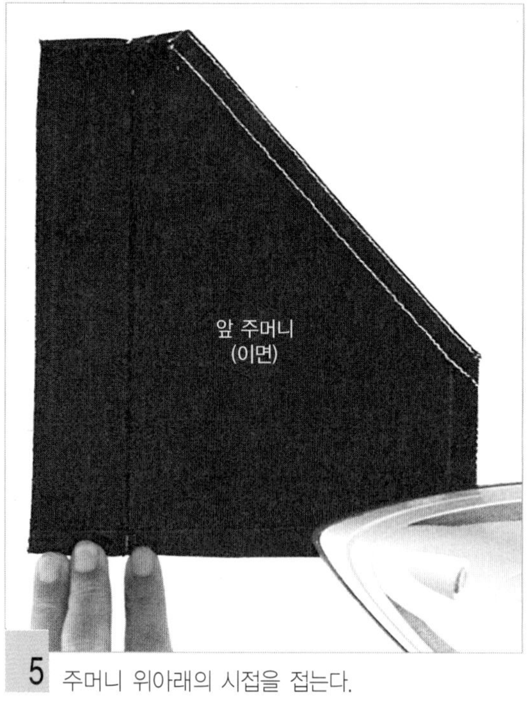

5 주머니 위아래의 시접을 접는다.

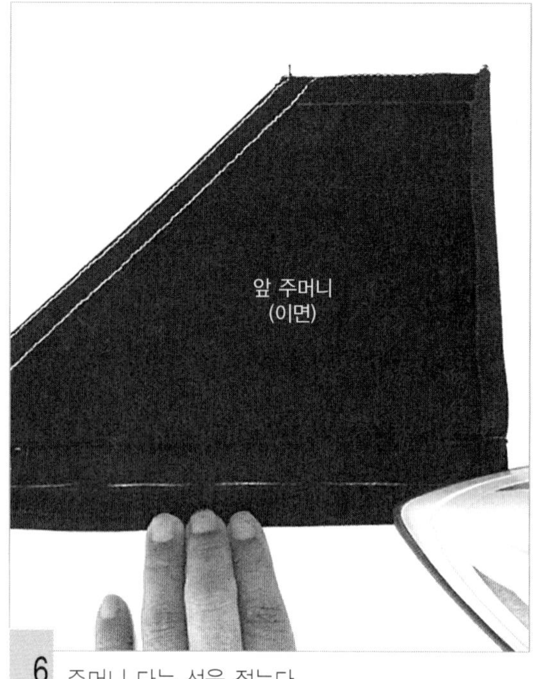

6 주머니 다는 선을 접는다.

7 주름산 선과 맞추어 다림질한다.

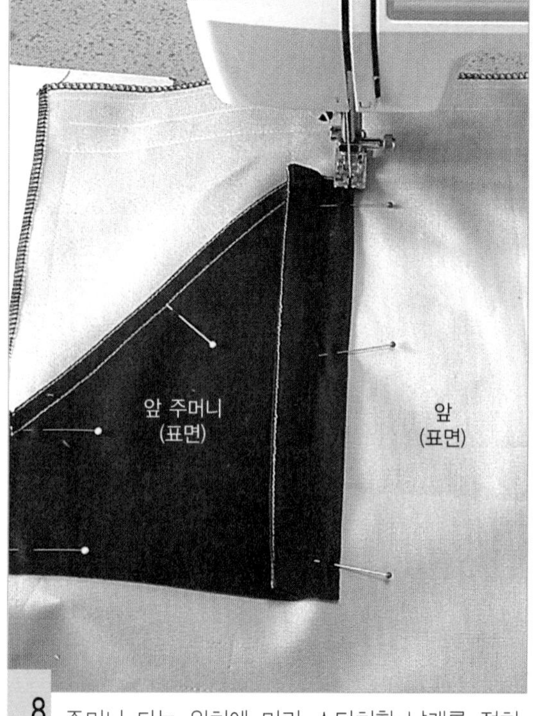

8 주머니 다는 위치에 미리 스티치한 날개를 젖히고 핀으로 고정시킨 다음 0.1cm에 스티치한다.

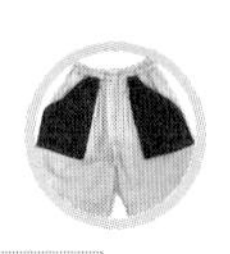

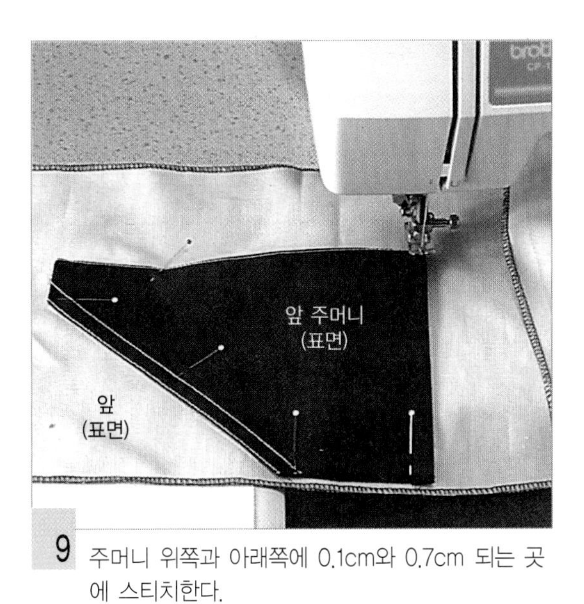

9 주머니 위쪽과 아래쪽에 0.1cm와 0.7cm 되는 곳에 스티치한다.

0.1cm
0.7cm
앞 주머니
(이면)
0.7cm
0.1cm

10 앞 주머니를 완성한다.

4. 뒤 주머니를 만들어 단다.

1 주머니 입구의 시접을 1cm 접는다.

2 주머니 입구의 시접을 완성선에서 접는다.

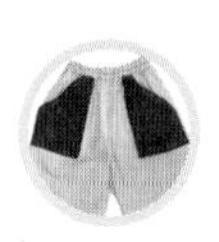

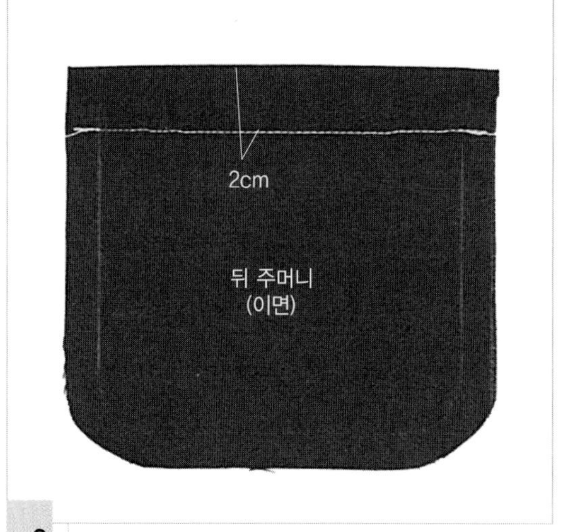

3 주머니 입구에 겉에서 스티치한다.

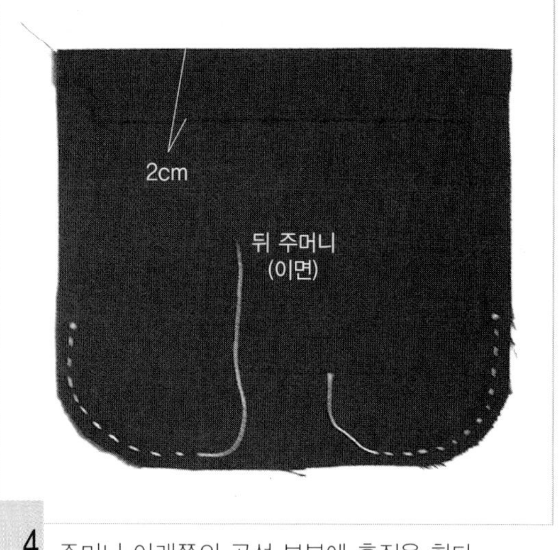

4 주머니 아래쪽의 곡선 부분에 홈질을 한다.

5 두꺼운 종이 패턴을 대고 홈질한 실을 당겨 모양을 만든다.

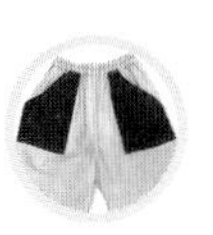

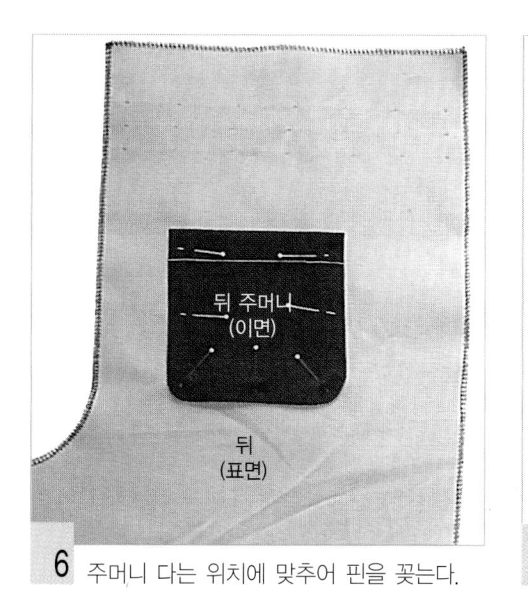

6 주머니 다는 위치에 맞추어 핀을 꽂는다.

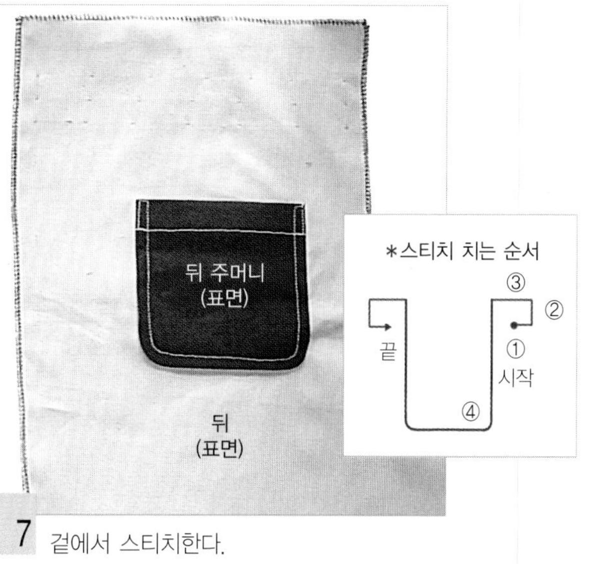

7 겉에서 스티치한다.

5. 옆선을 박는다.

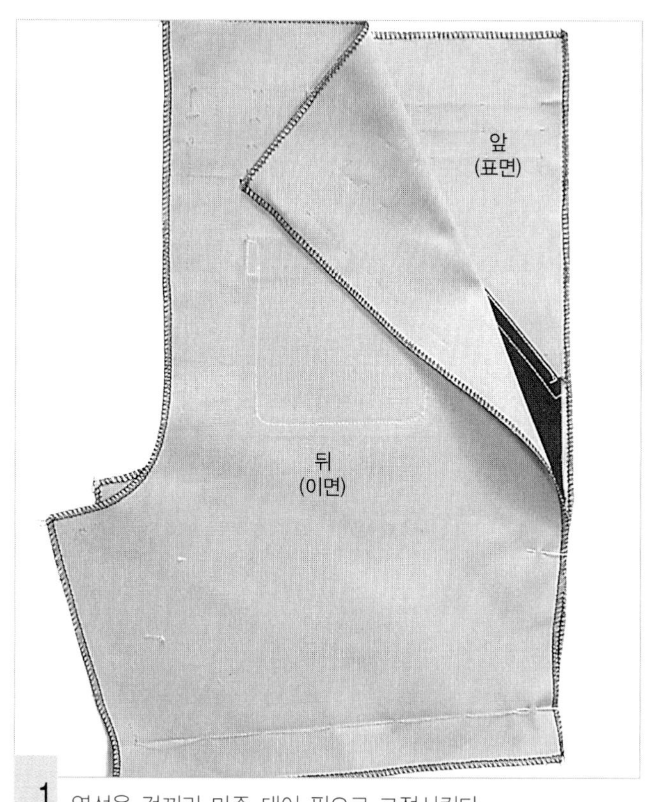

1 옆선을 겉끼리 마주 대어 핀으로 고정시킨다.

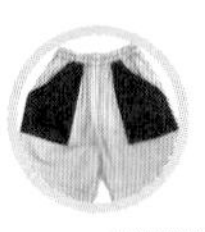

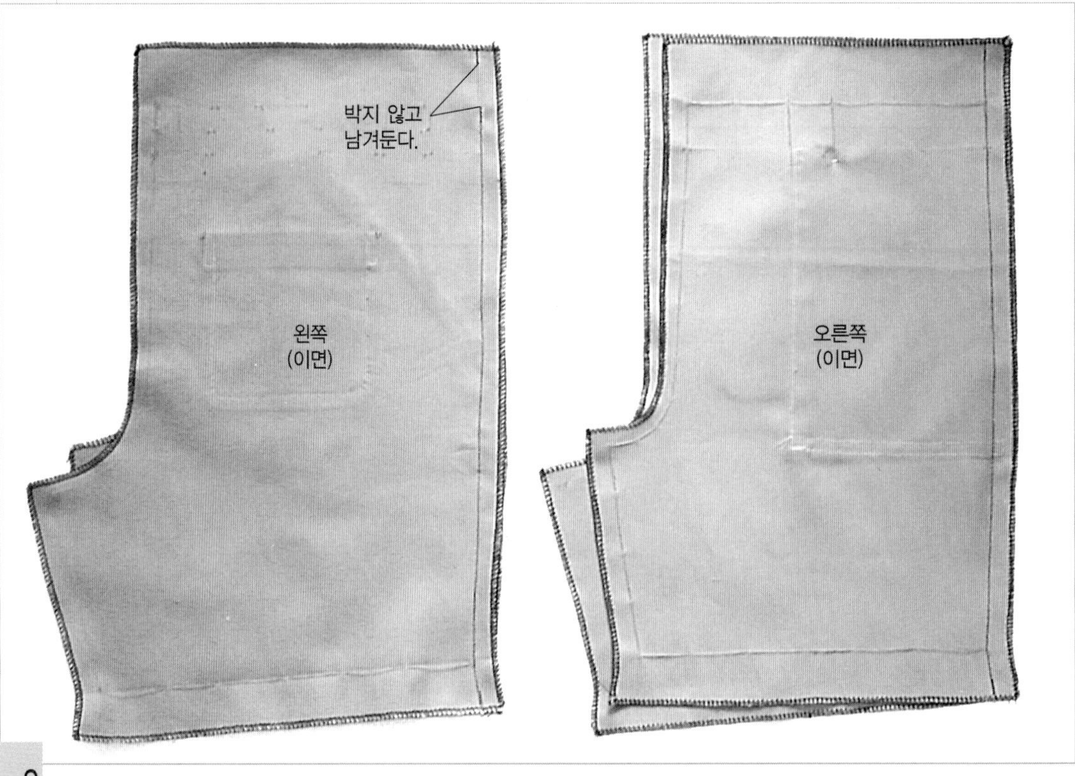

2 옆선을 박는다(왼쪽 옆선은 고무줄 끼울 부분을 남기고 박는다).

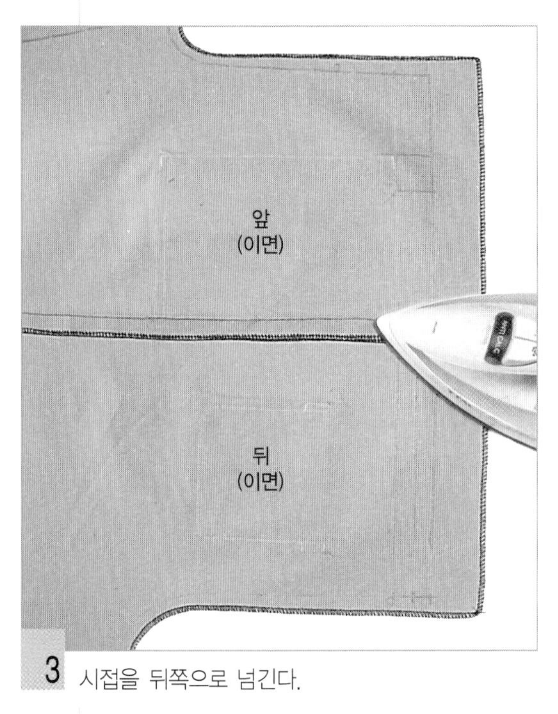

3 시접을 뒤쪽으로 넘긴다.

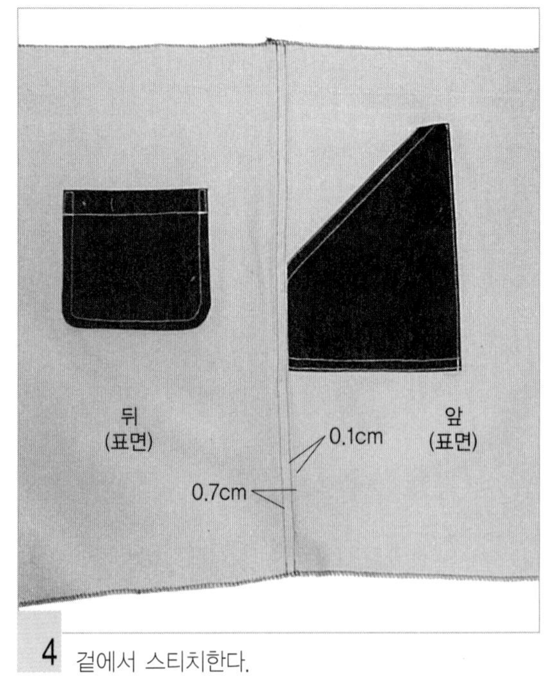

4 겉에서 스티치한다.

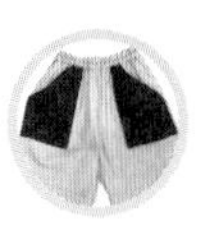

6. 밑 아래를 박는다.

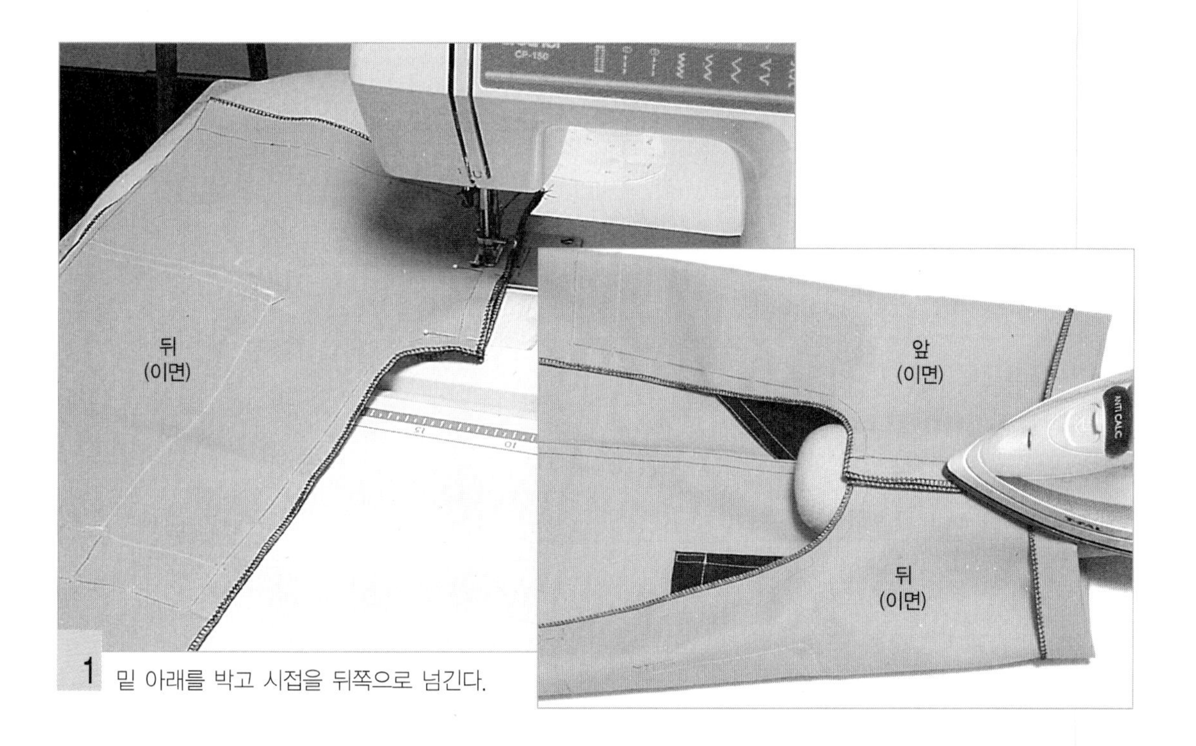

1 밑 아래를 박고 시접을 뒤쪽으로 넘긴다.

7. 밑 위를 박는다.

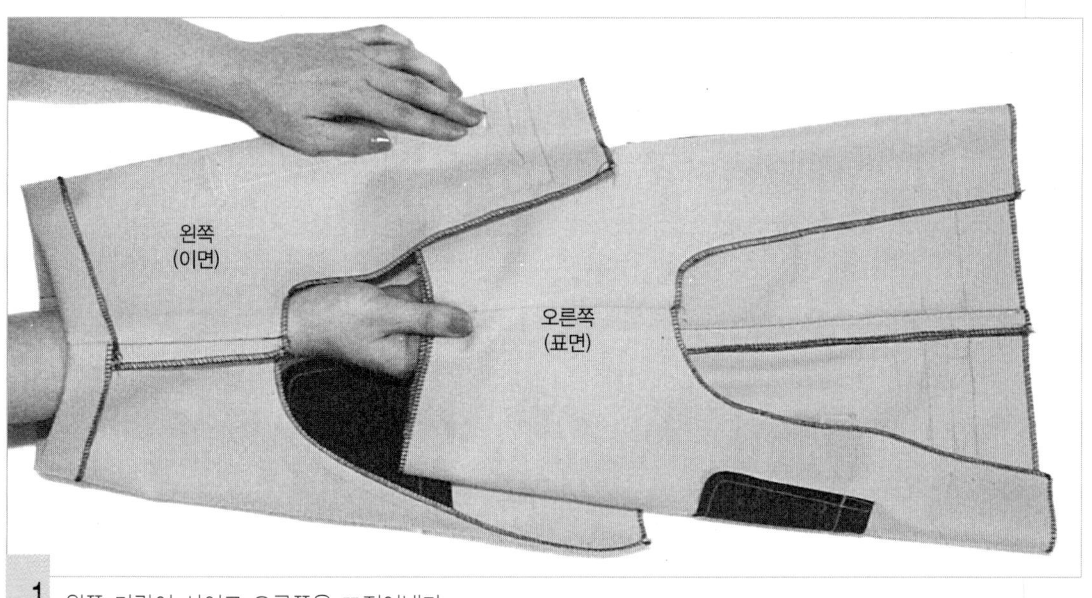

1 왼쪽 가랑이 사이로 오른쪽을 끄집어낸다.

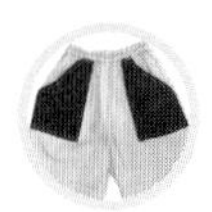

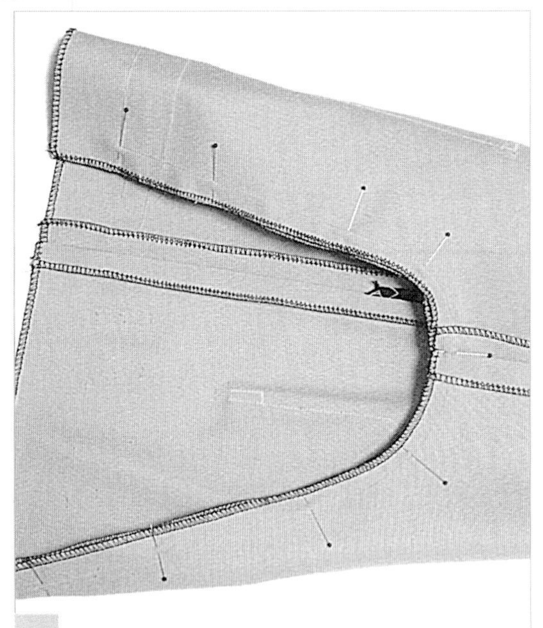

2 완성선을 맞추어 핀을 꽂는다.

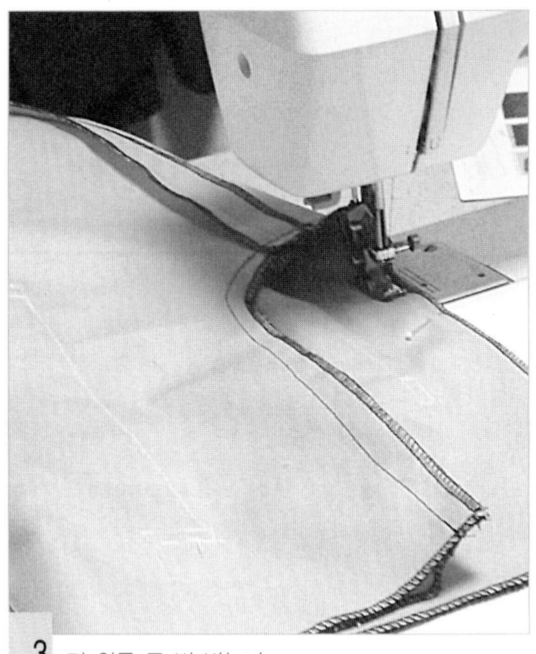

3 밑 위를 두 번 박는다.

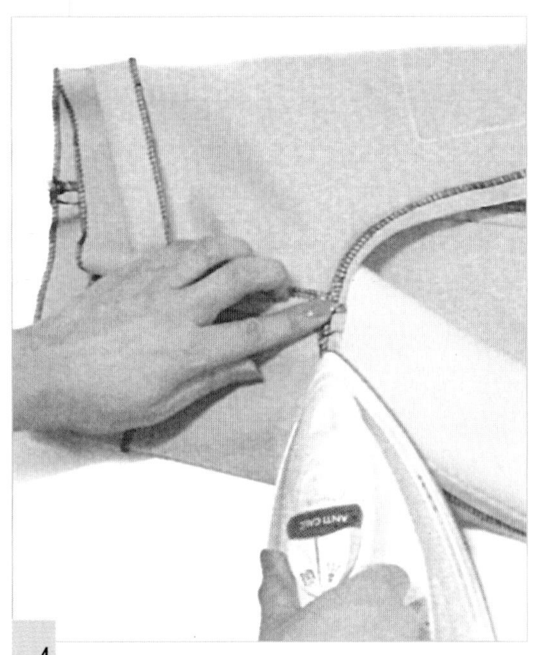

4 시접을 왼쪽으로 박은 선에서 접어 넘긴다.

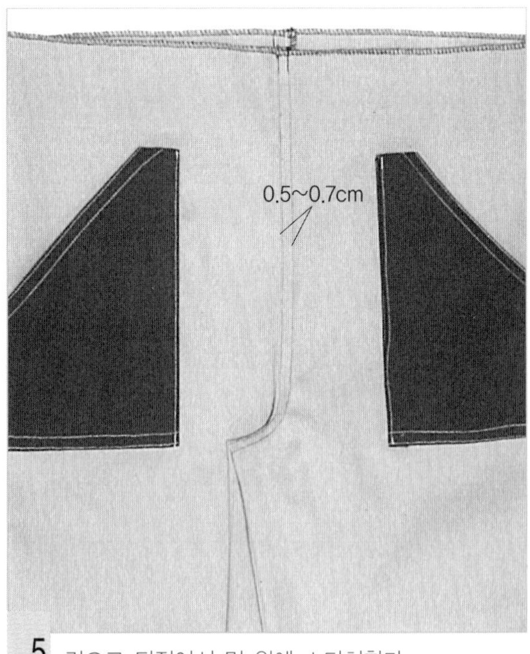

5 겉으로 뒤집어서 밑 위에 스티치한다.

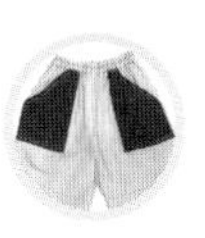

8. 허리선을 박는다.

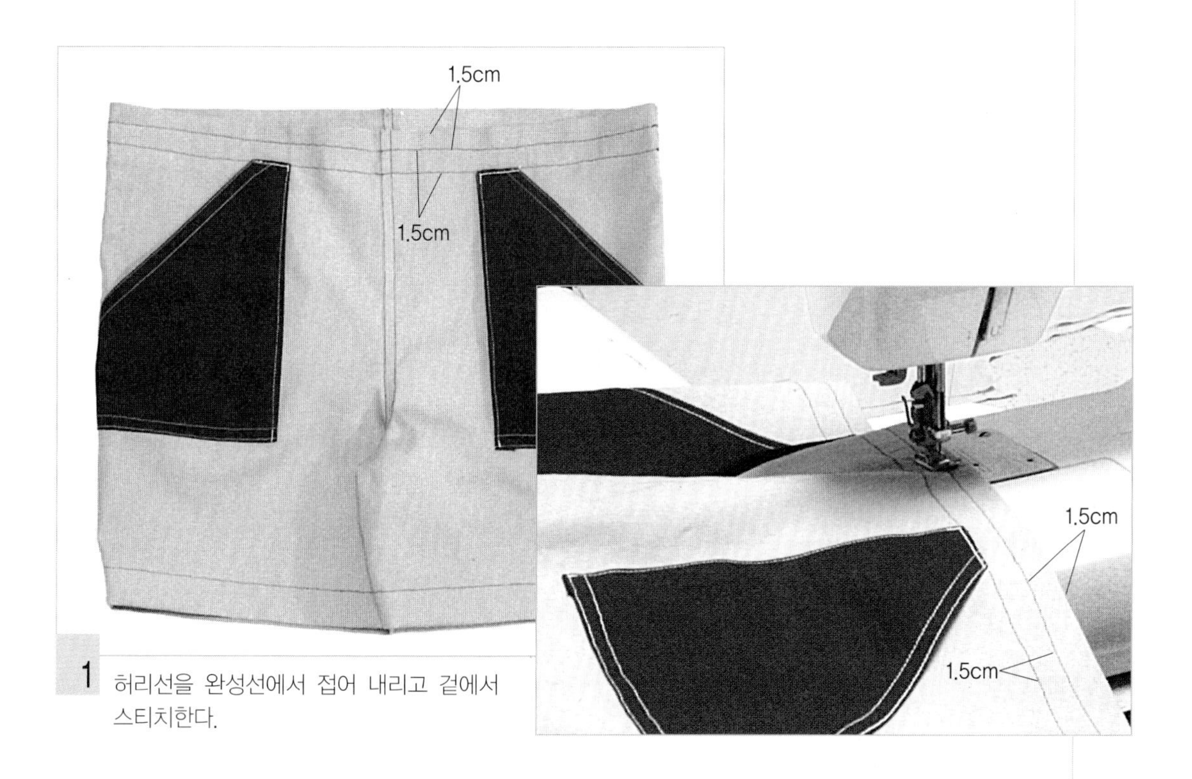

1 허리선을 완성선에서 접어 내리고 겉에서 스티치한다.

9. 단을 올린다.

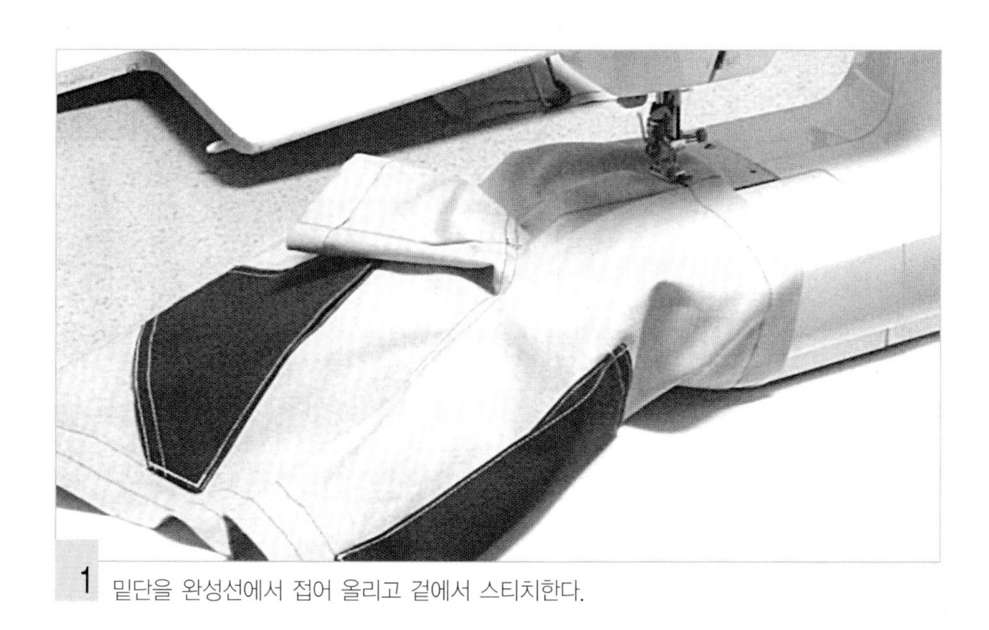

1 밑단을 완성선에서 접어 올리고 겉에서 스티치한다.

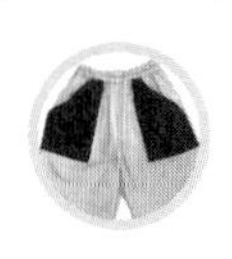

10. 허리선에 고무줄을 끼워 완성한다.

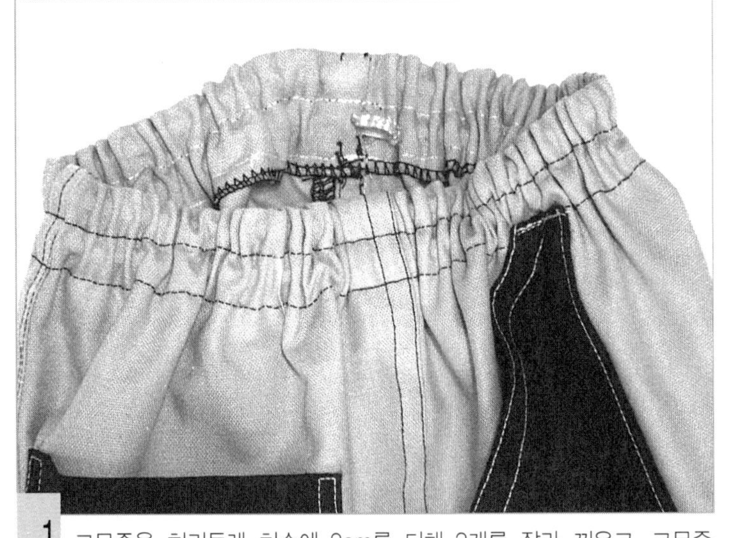

1 고무줄을 허리둘레 치수에 2cm를 더해 2개를 잘라 끼우고, 고무줄 끝에서 2cm를 겹쳐 견고하게 꿰맨다.

2 허리 부분을 당겨 개더를 골고루 잡아 완성한다.

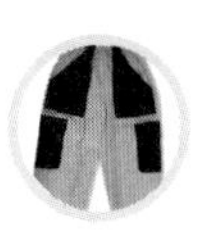

10 바지 | *Pants*

포인트

- 플랩이 달린 옆 주머니를 만들어 다는 법을 배운다.
- 반바지의 경우와 시접 처리법을 달리하는 법을 배운다.
- 벨트 고리를 만들어 달아 디자인에 변화를 준다.
- 소재를 바꾸어 만들면 연중 착용이 가능한 편안한 디자인이 된다.

재 료

- 겉감 90cm 폭 ···➝ 160cm
- 색이 다른 겉감 90cm 폭 ···➝ 50cm
- 접착심지 ···➝ 20.5cm

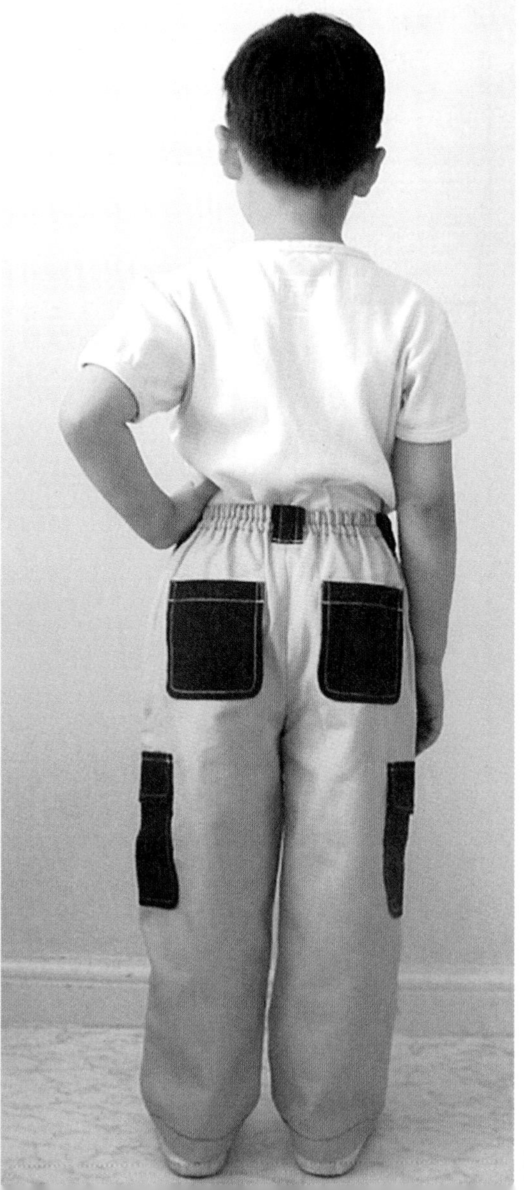

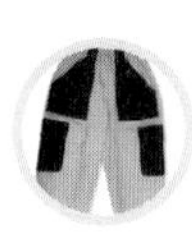

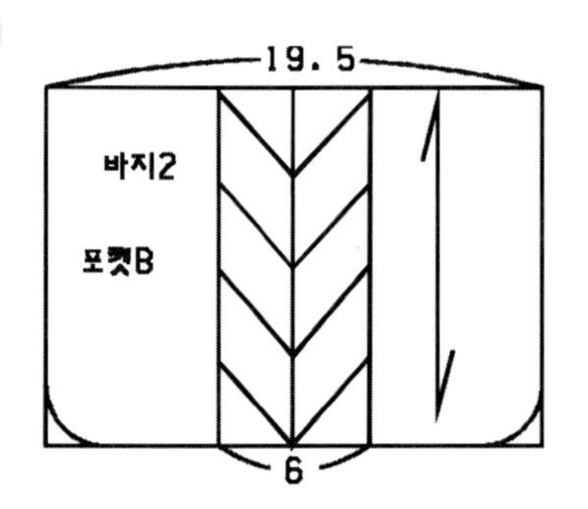

19.5
바지2
포켓B
6

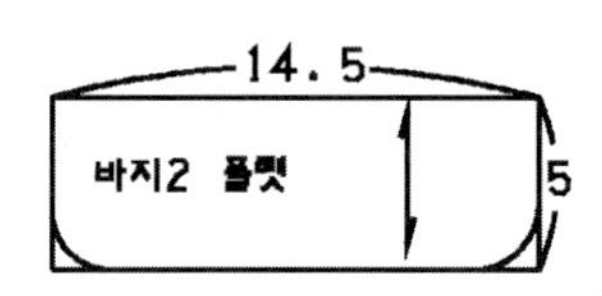

14.5
바지2 플랫
5

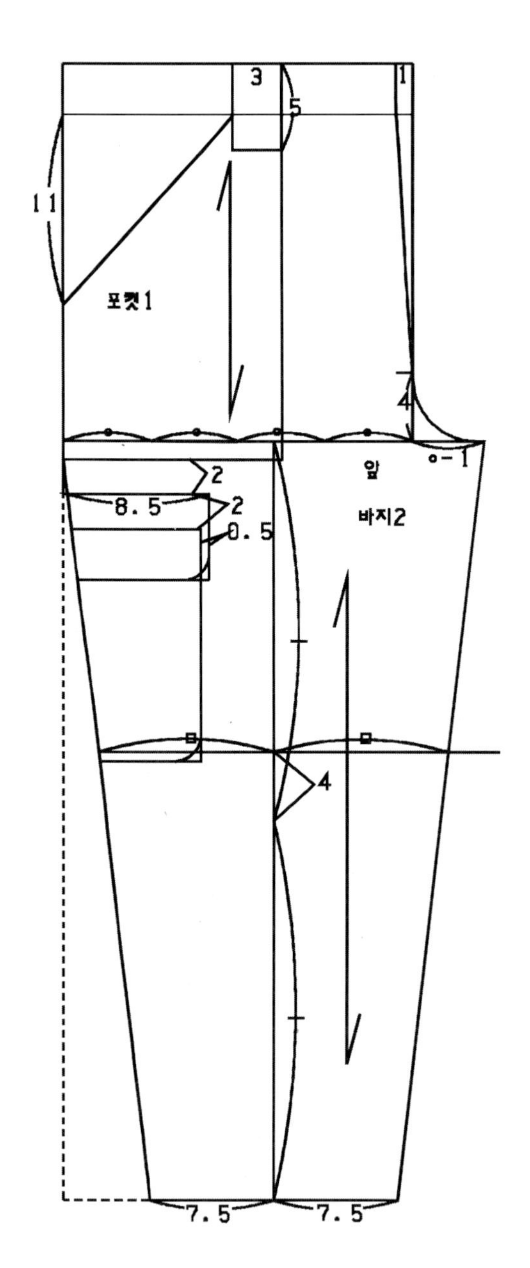

3
5
1
11
포켓1
4
앞
-1
2
8.5
2
0.5
바지2
4
7.5
7.5

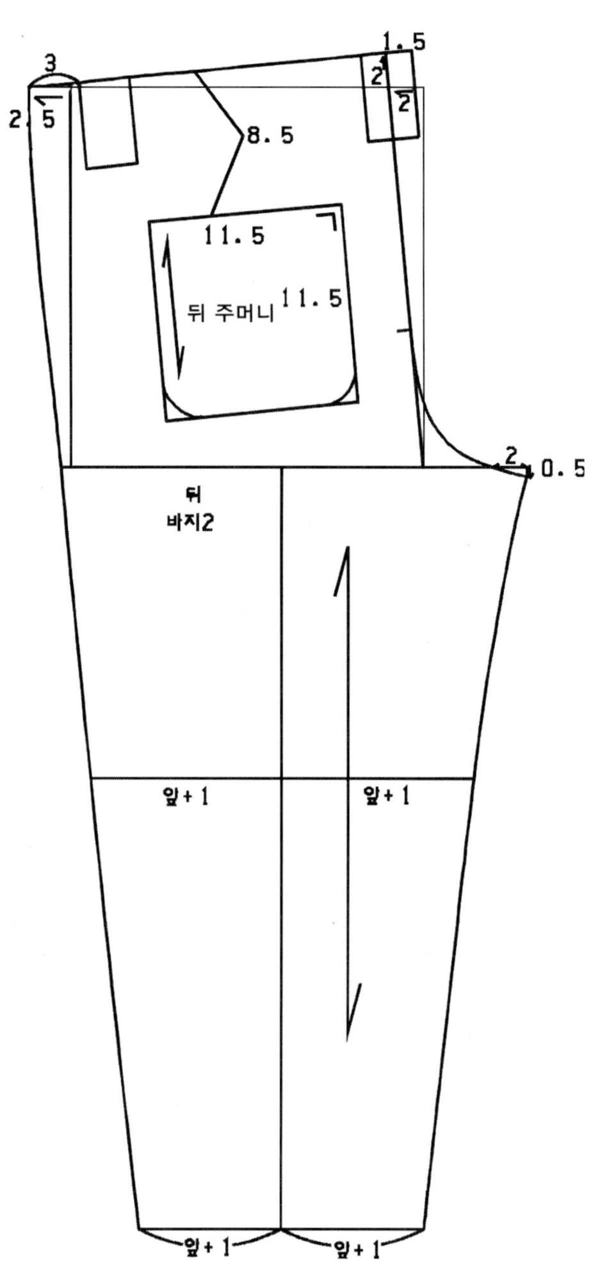

3
1.5
2.5
2
2
8.5
11.5
뒤 주머니
11.5
2
0.5
뒤
바지2
앞+1
앞+1
앞+1
앞+1

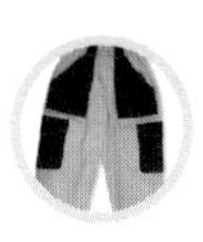

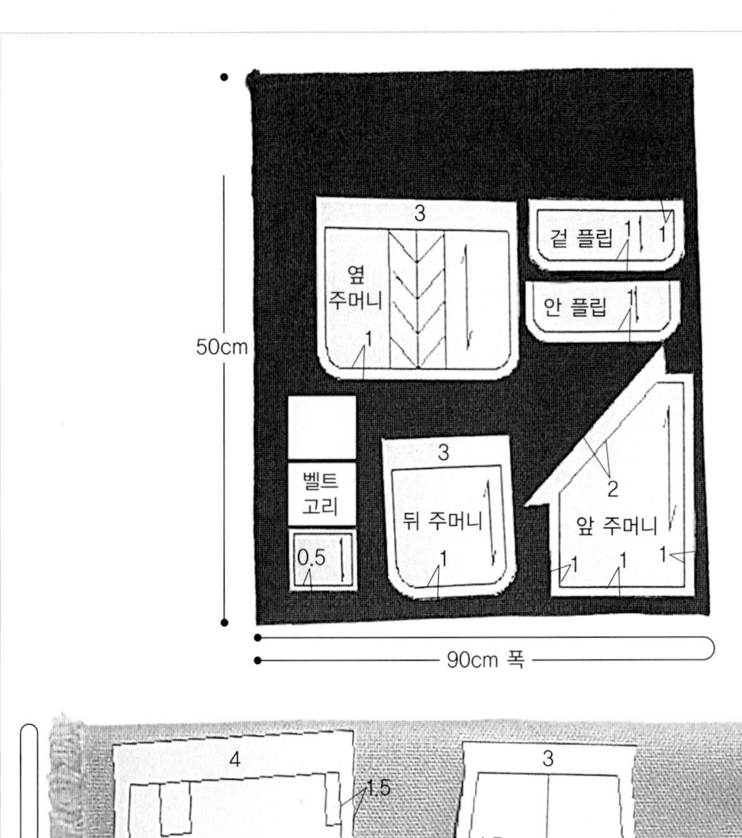

3
곁 플립
1
1
옆
주머니
1
안 플립
1
50cm
벨트
고리
3
뒤 주머니
1
2
앞 주머니
0.5
1
1
1
90cm 폭

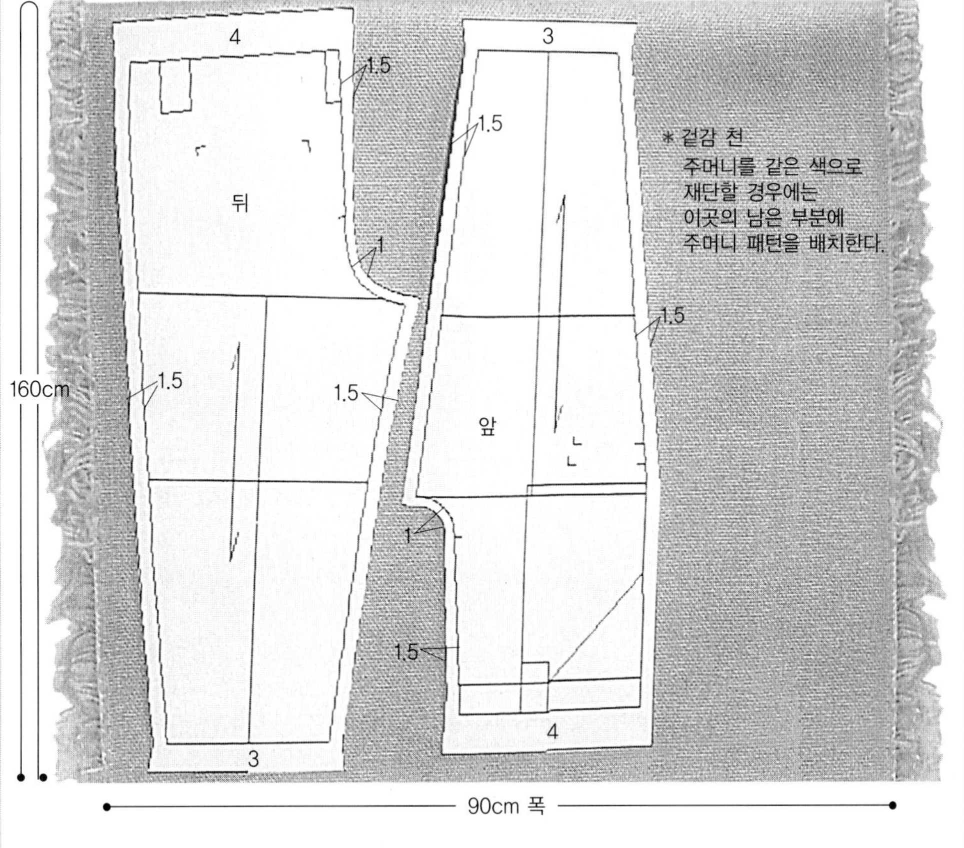

4
1.5
3
1.5
뒤
1
1.5
160cm
1.5
1.5
앞
1
1.5
4
3
90cm 폭
* 겉감 천
주머니를 같은 색으로
재단할 경우에는
이곳의 남은 부분에
주머니 패턴을 배치한다.

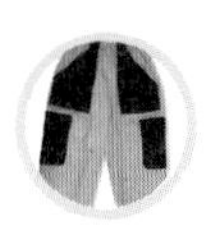

1. 시접에 오버록 재봉을 한다.

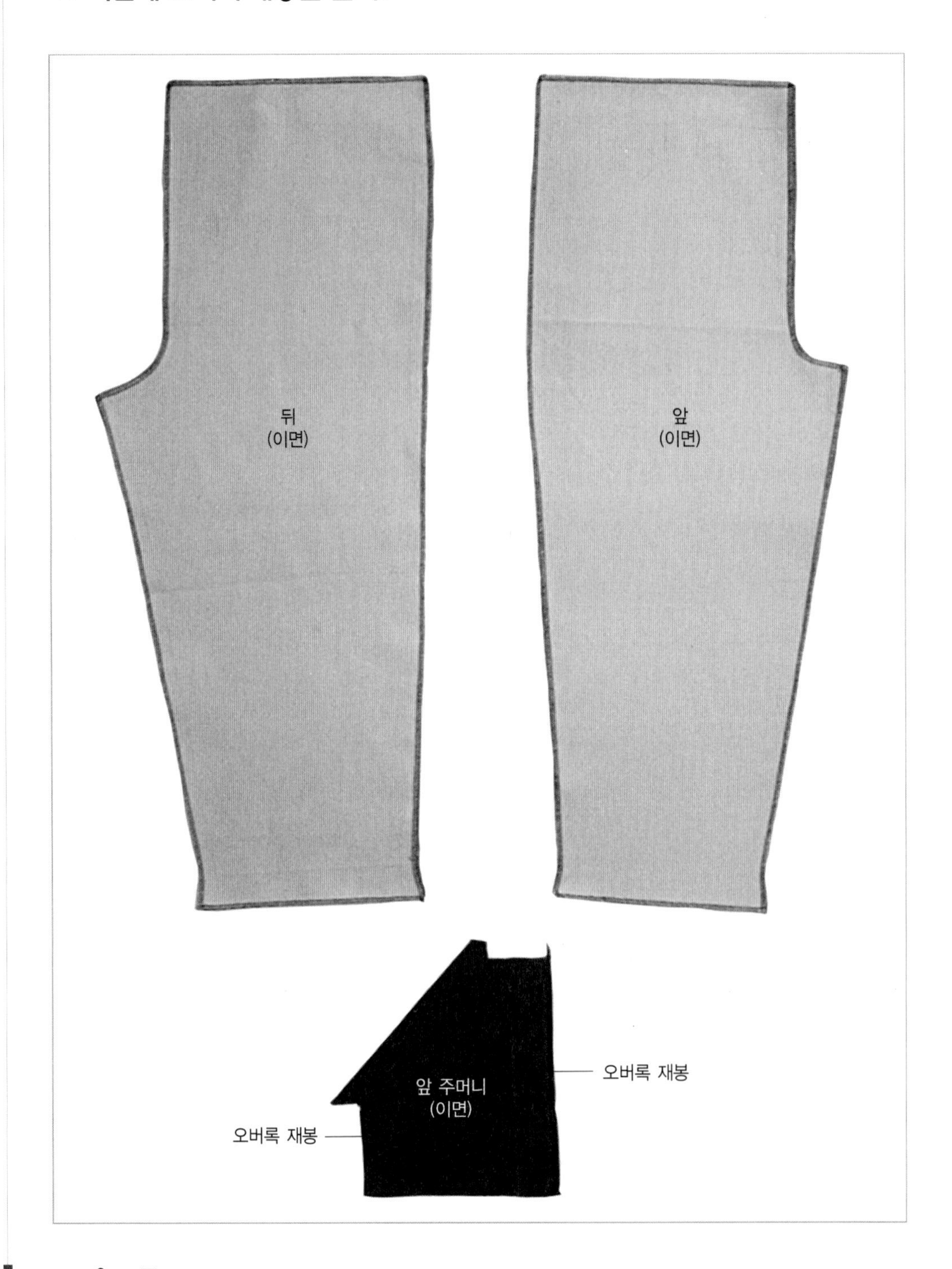

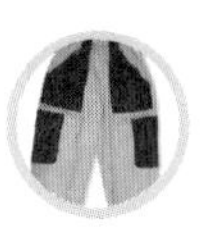

2. 주머니 입구에 접착 테이프와 접착심지를 붙인다.

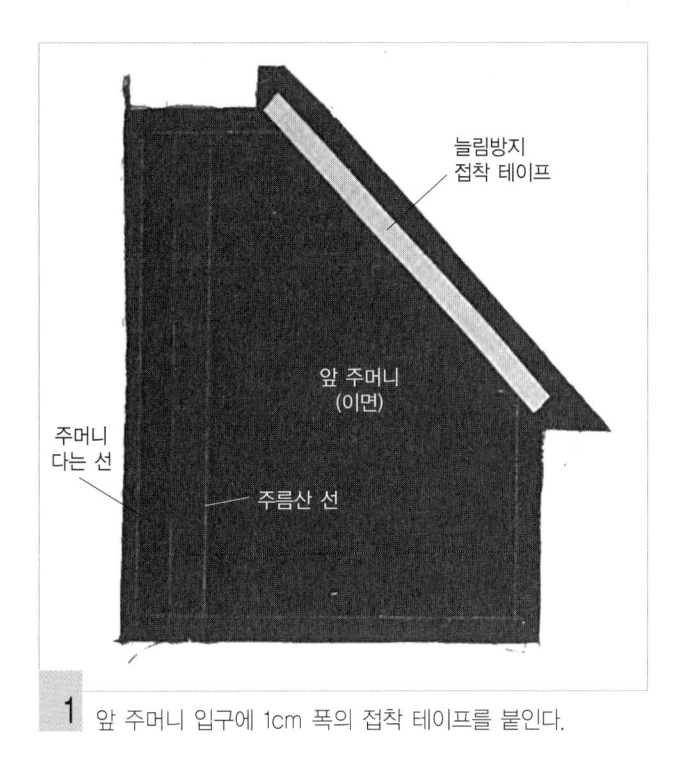

1 앞 주머니 입구에 1cm 폭의 접착 테이프를 붙인다.

2 옆 주머니와 뒤 주머니 입구에 접착심지를 붙인다.

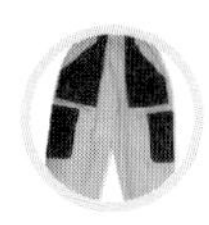

3. 주머니를 만들어 단다.

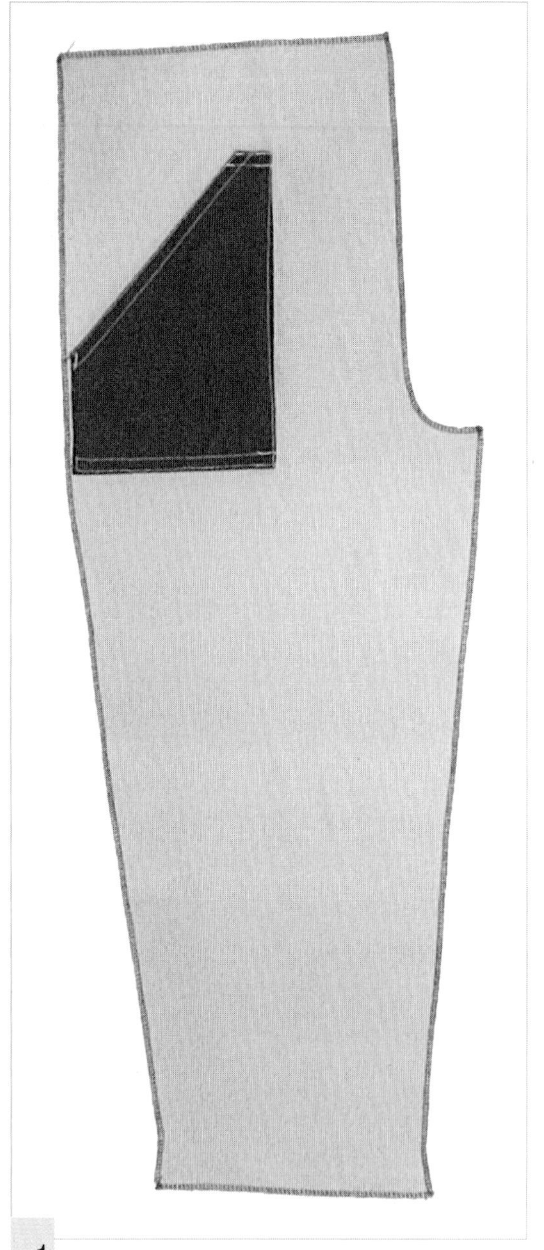

1 앞 주머니를 만들어 단다(p.129~131 참조). 반바지와 동일.

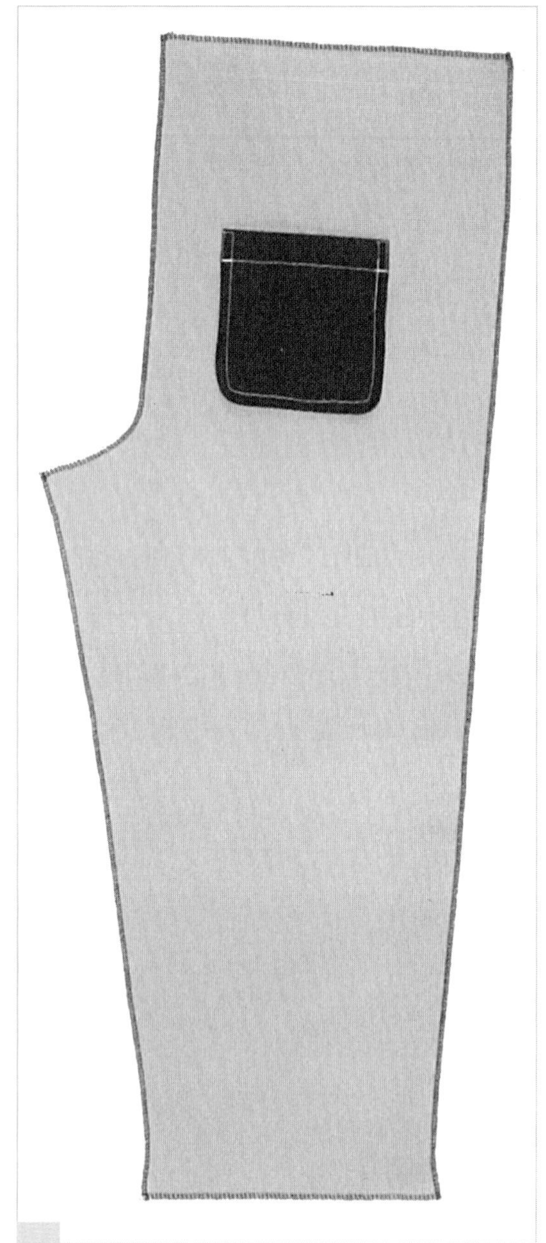

2 뒤 주머니를 만들어 단다(p.131~133 참조). 반바지와 동일.

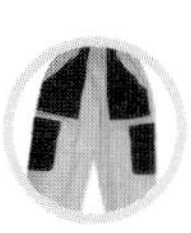

4. 옆선을 박고 시접을 가른다.

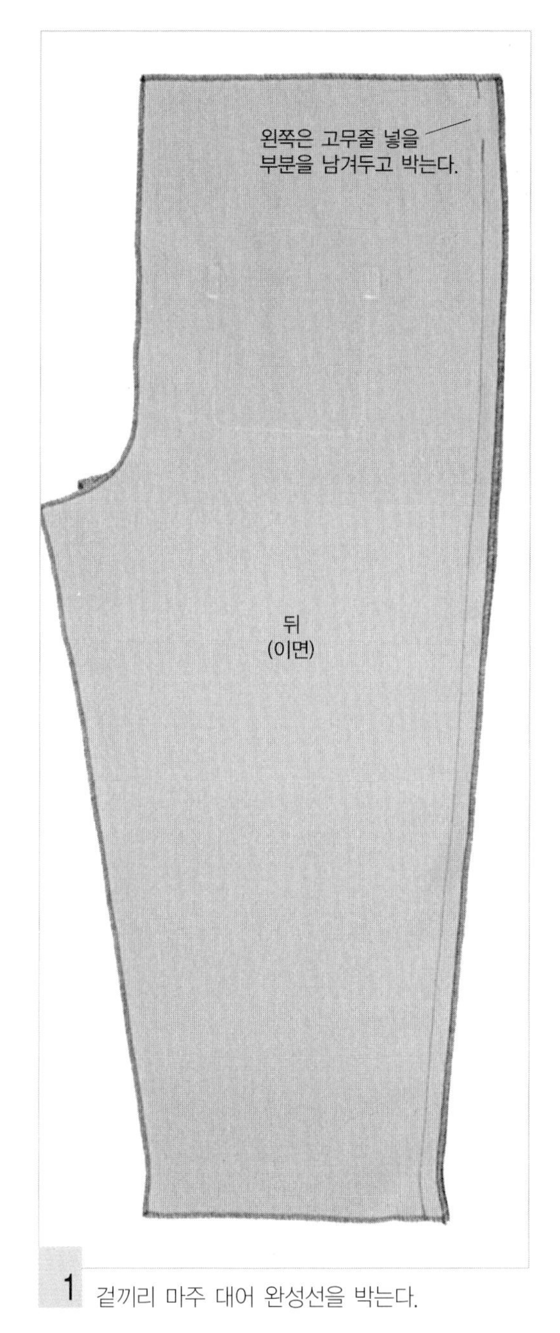

1 겉끼리 마주 대어 완성선을 박는다.

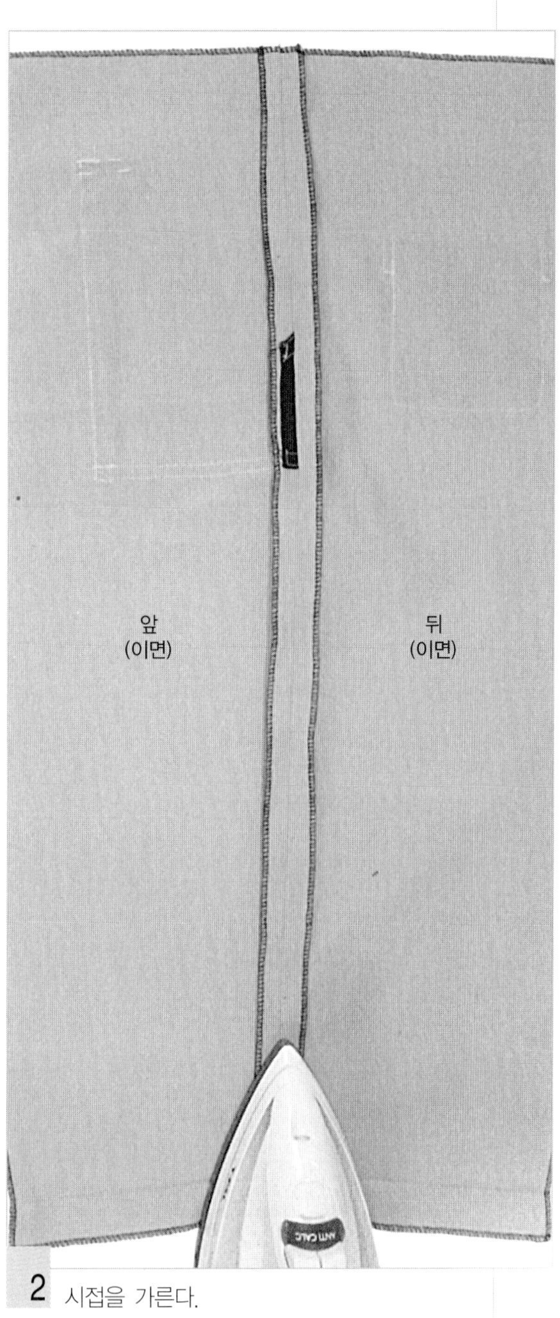

2 시접을 가른다.

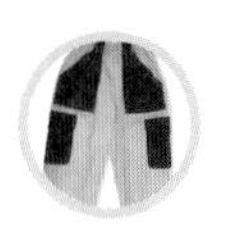

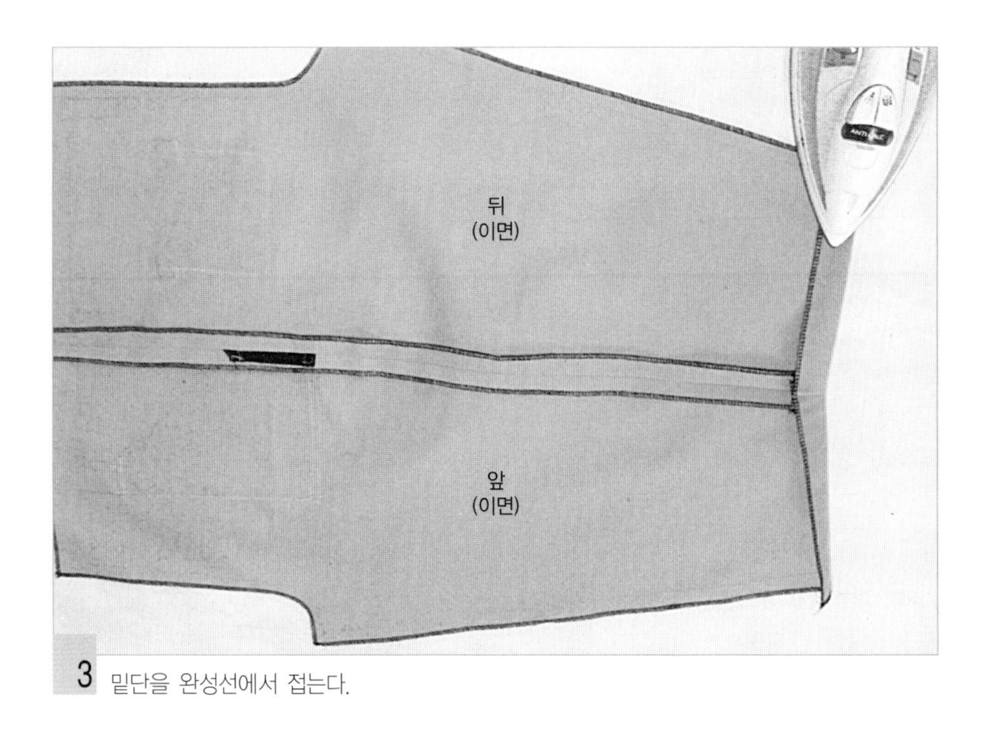

3 밑단을 완성선에서 접는다.

5. 옆 주머니를 만들어 단다.

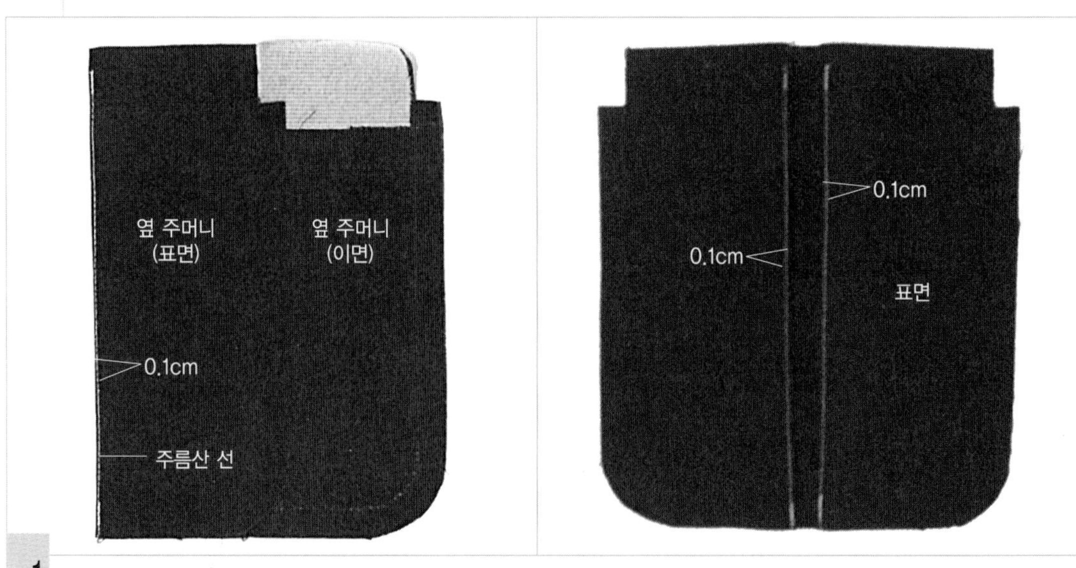

1 양쪽의 주름산 선을 접어 겉에서 0.1cm에 스티치한다.

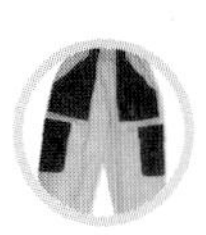

2 양쪽 주름산 선을 맞추어 맞주름을 잡는다.

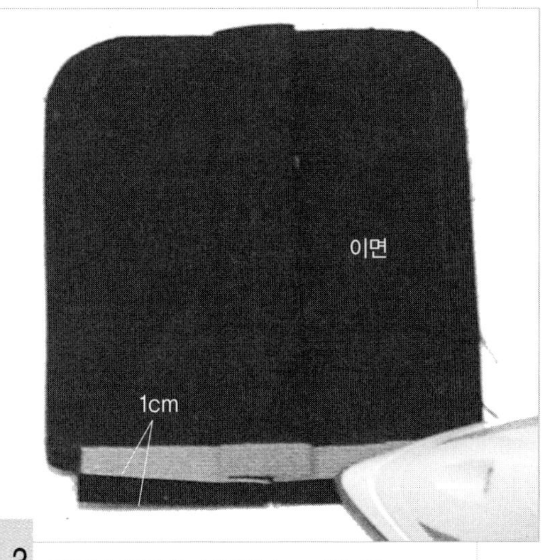

3 주머니 입구의 시접을 1cm 접는다.

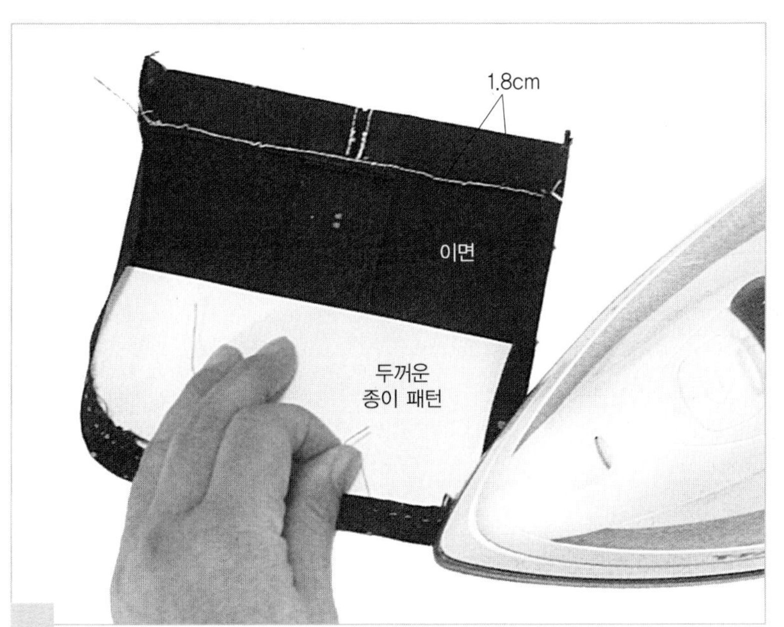

4 주머니 입구의 시접을 완성선에서 접어 1.8cm에 스티치하고, 아래쪽은 뒤 주머니 만들 때와 같은 방법으로 모양을 만든다.

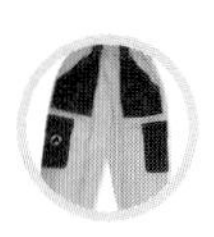

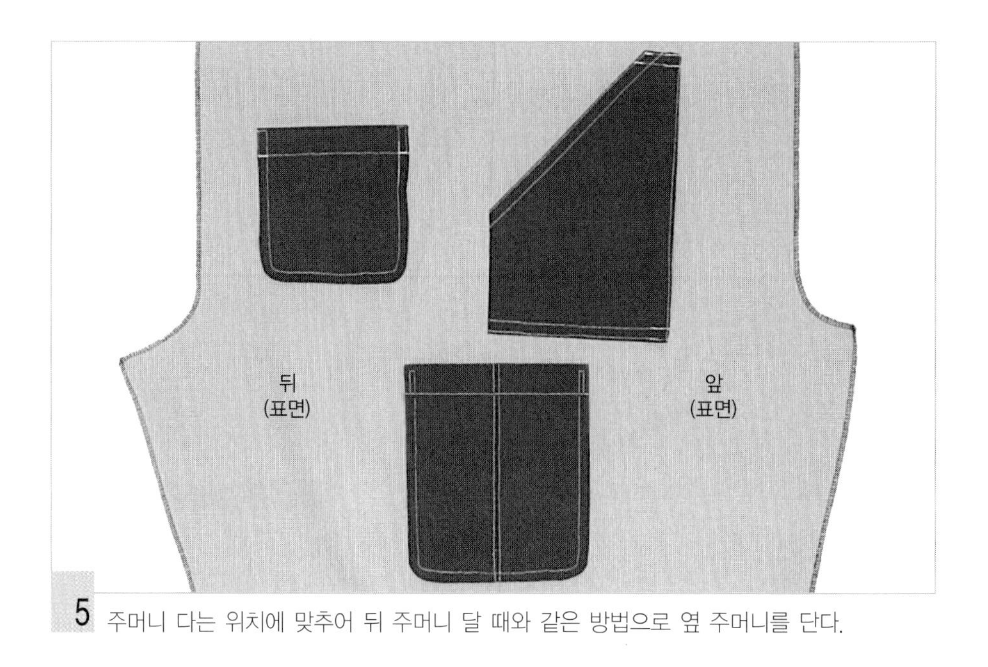

5 주머니 다는 위치에 맞추어 뒤 주머니 달 때와 같은 방법으로 옆 주머니를 단다.

6. 플랩을 만들어 단다.

1 겉 플랩과 안 플랩을 겉끼리 마주 대어 완성선을 박는다.

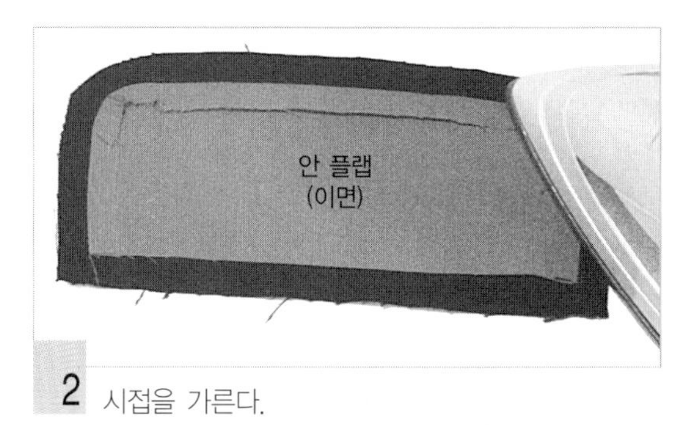

2 시접을 가른다.

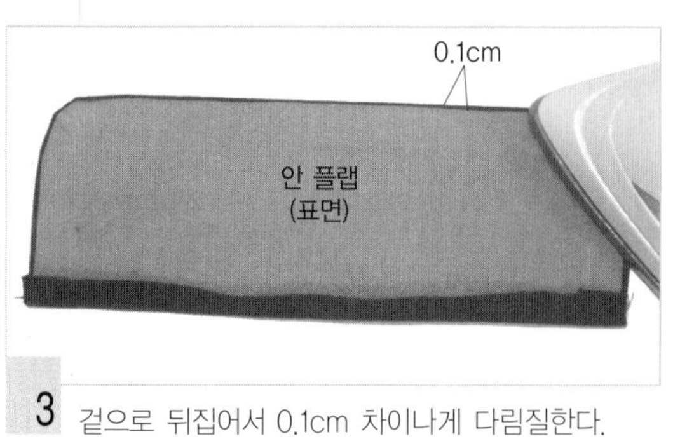

3 겉으로 뒤집어서 0.1cm 차이나게 다림질한다.

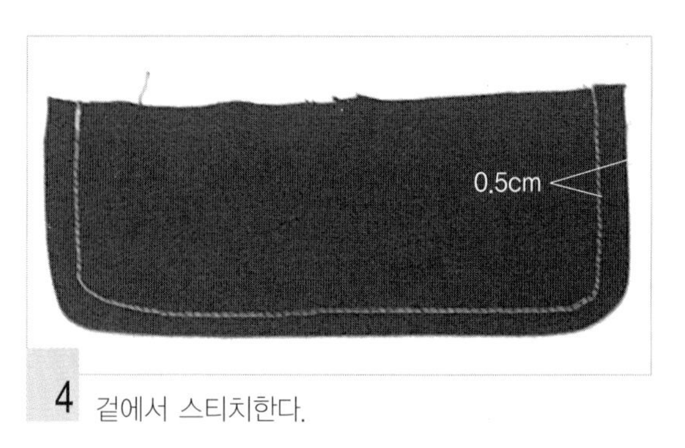

4 겉에서 스티치한다.

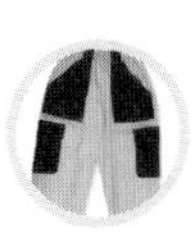

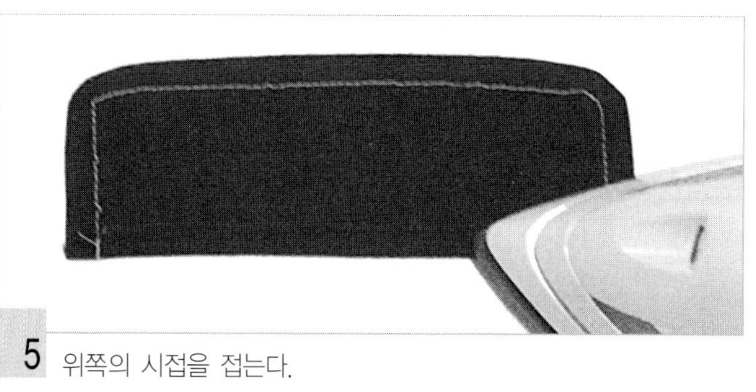

5 위쪽의 시접을 접는다.

6 플랩을 단다.

7 밑쪽으로 넘겨 다림질한다.

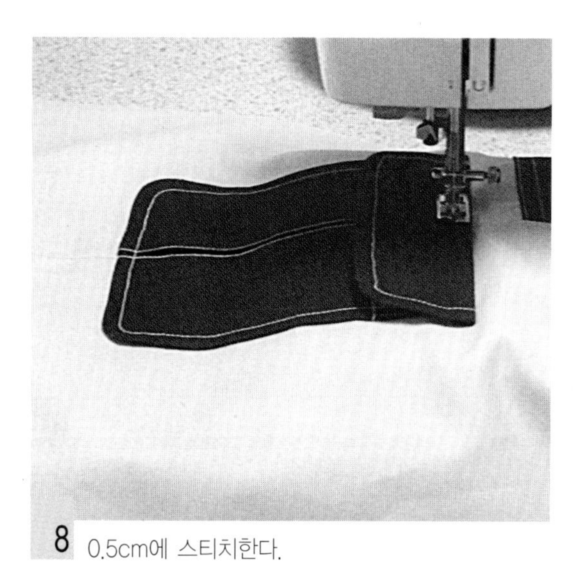

8 0.5cm에 스티치한다.

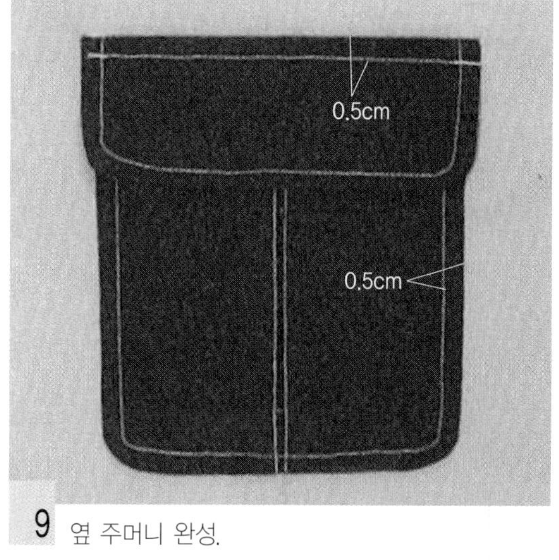

9 옆 주머니 완성.

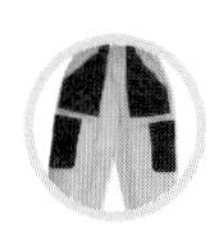

7. 밑 아래를 박고 시접을 가른다.

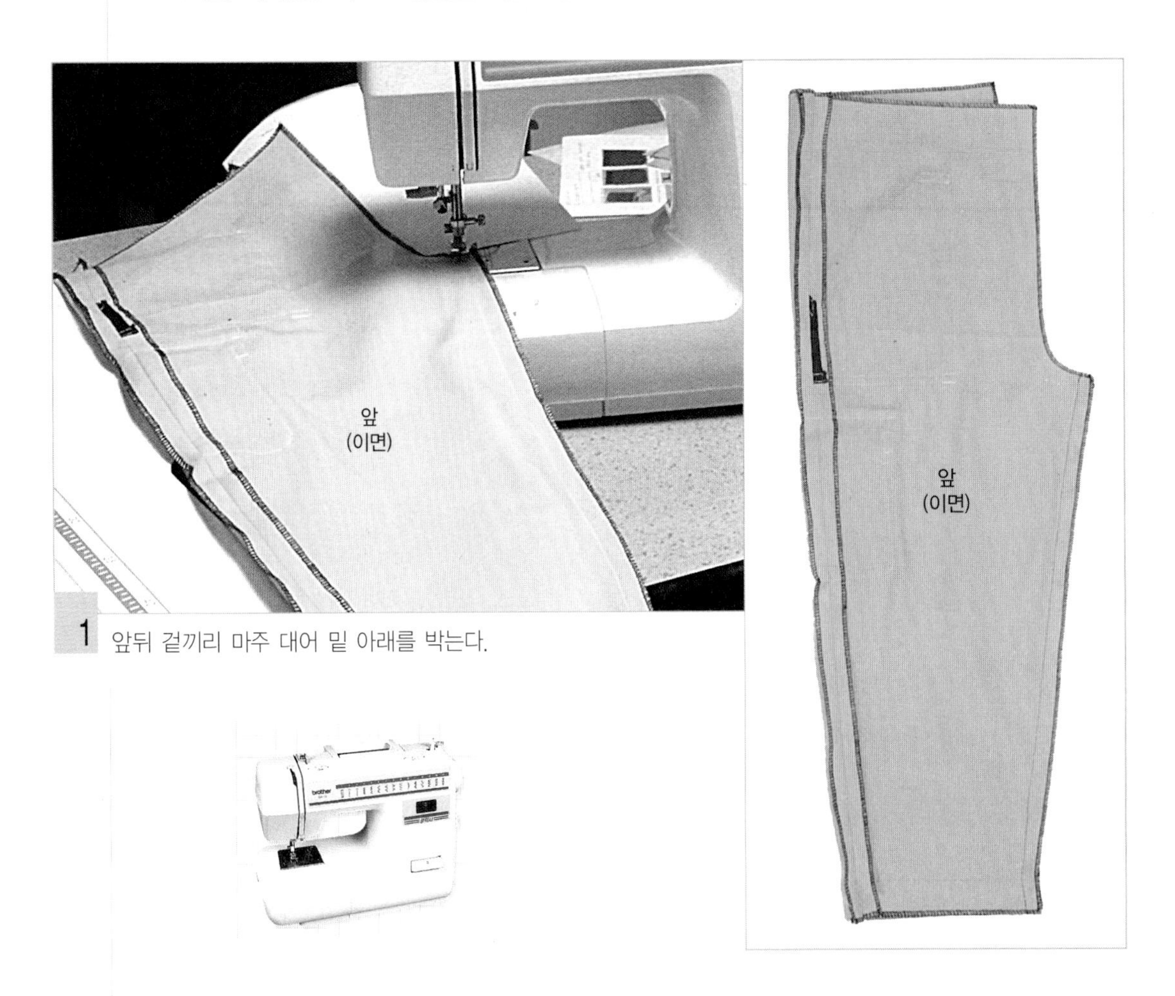

1 앞뒤 겉끼리 마주 대어 밑 아래를 박는다.

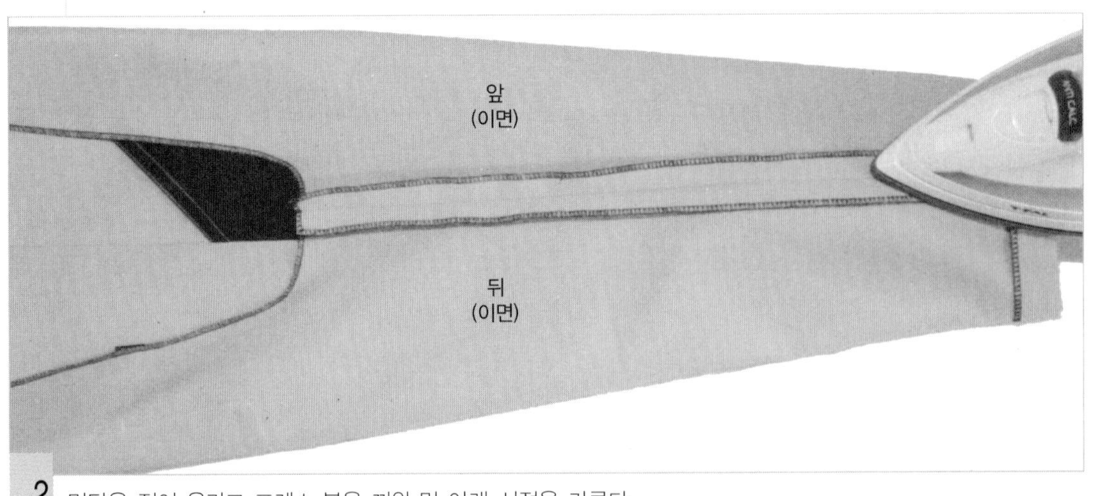

2 밑단을 접어 올리고 프레스 볼을 끼워 밑 아래 시접을 가른다.

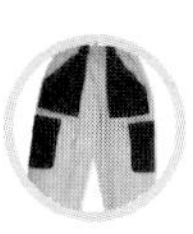

8. 밑 위를 박는다.

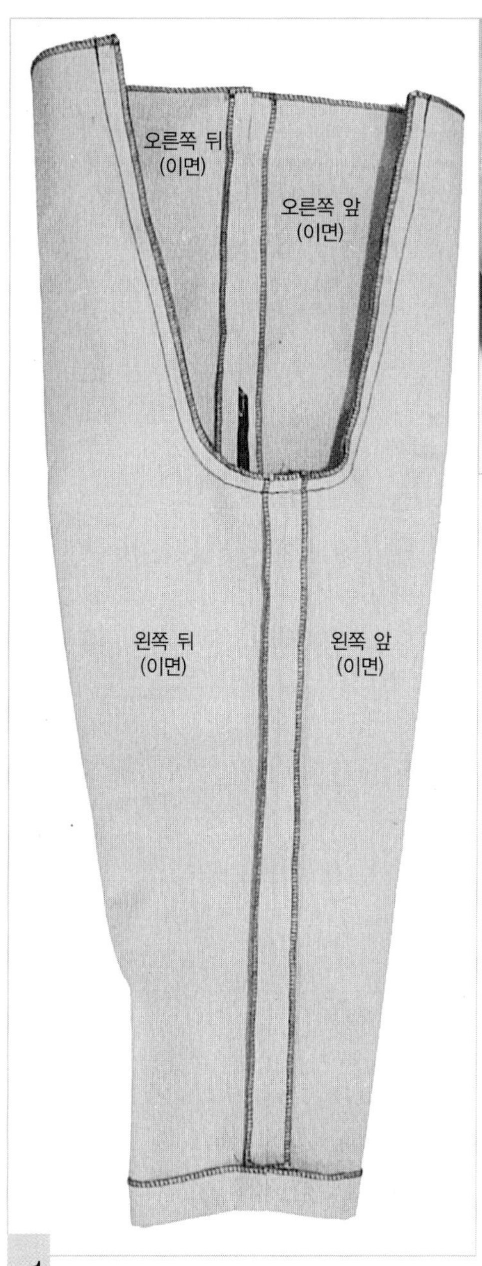

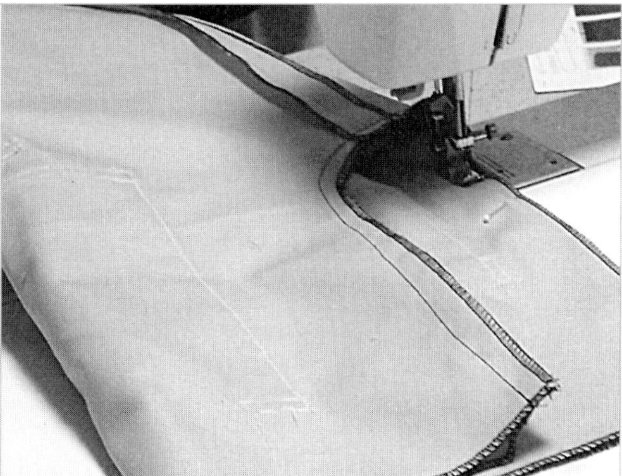

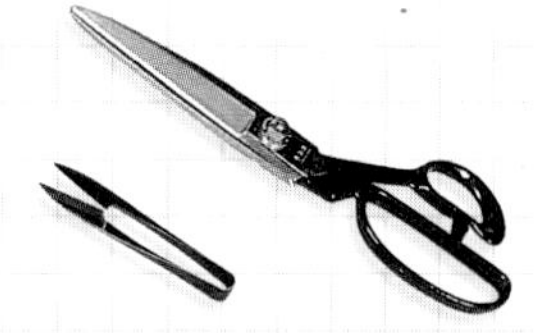

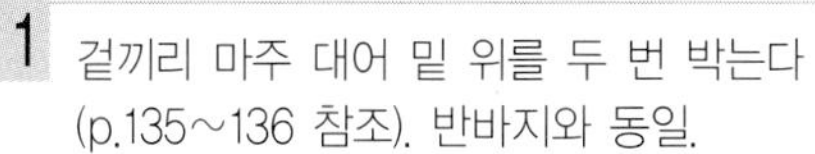

1 겉끼리 마주 대어 밑 위를 두 번 박는다 (p.135~136 참조). 반바지와 동일.

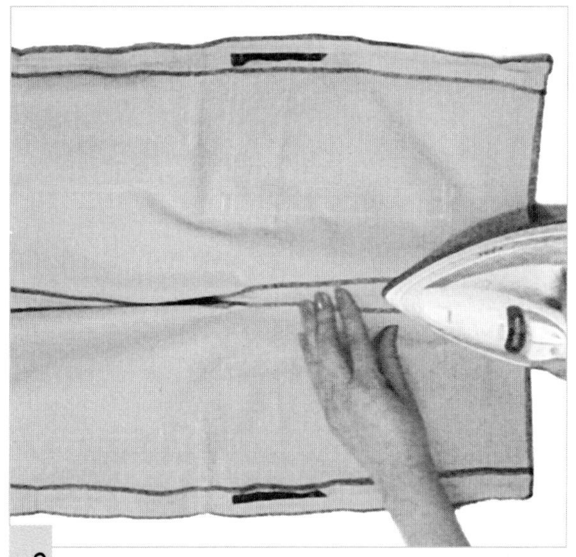

2 프레스 볼을 끼우고 시접을 가른다.

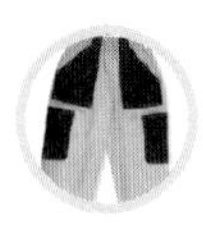

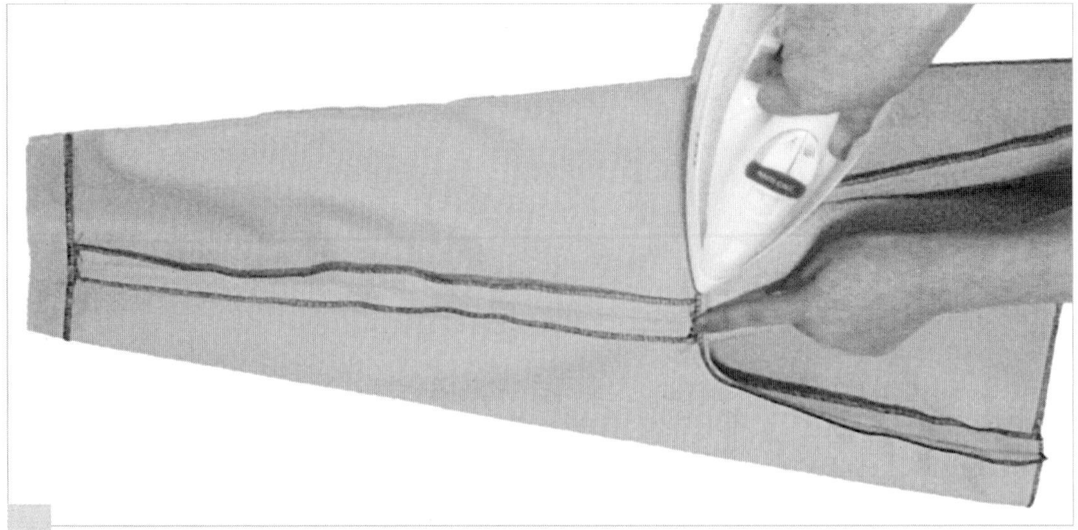

3 가랑이 밑 부분은 시접이 틀어지지 않도록 양쪽의 시접을 박은 선에서 좌우로 접어 곡선 모양대로 다리미 끝을 사용하여 눌러 준다.

9. 밑단을 박는다.

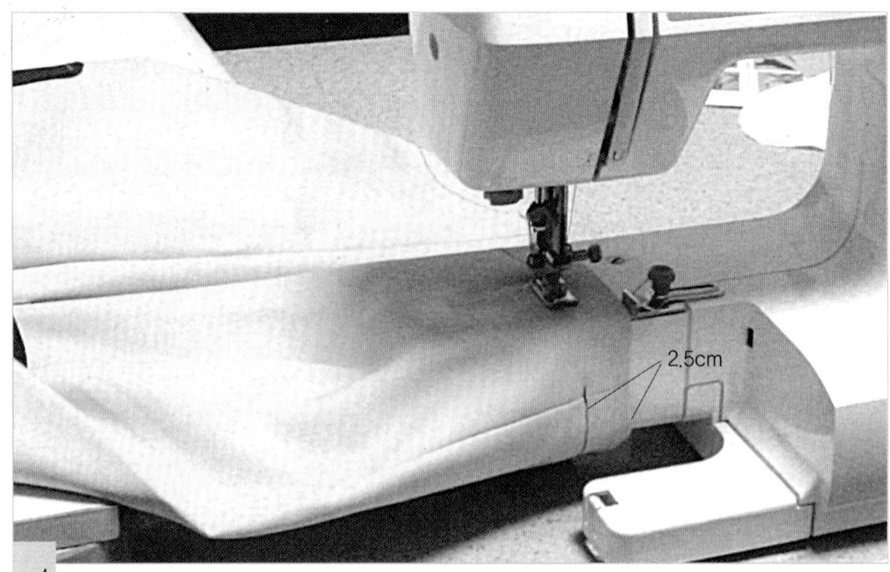

1 밑단을 완성선에서 접어 올려 겉에서 스티치한다(재봉틀의 용구통을 빼내고 바지통을 끼워 박으면 편리하다).

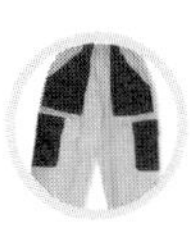

10. 허리선을 박는다 (p.137 참조). 반바지와 동일.

1 허리선을 완성선에서 접어 내려 겉에서 스티치한다.

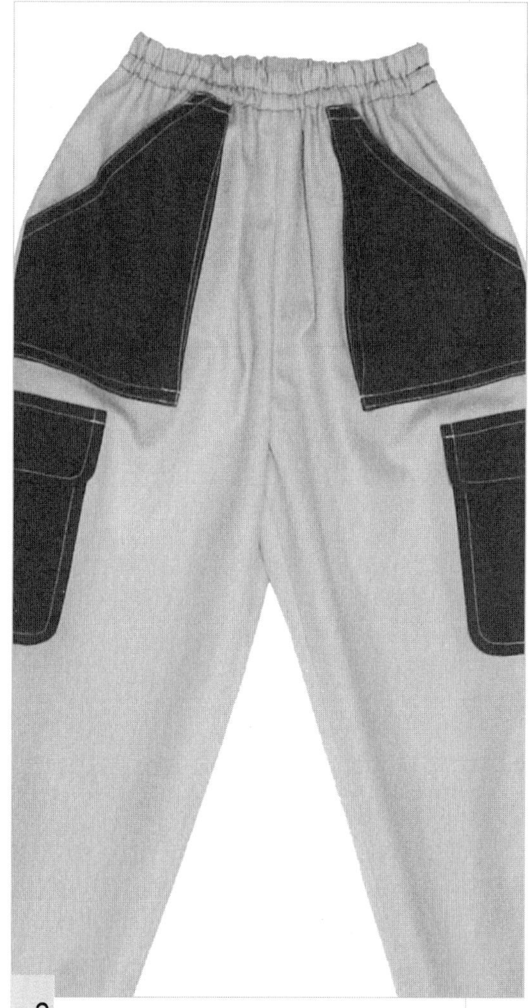

2 고무줄을 끼운다(p.138 참조).

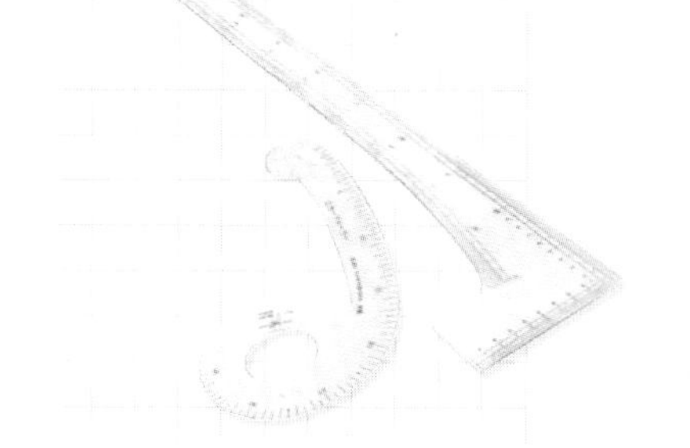

11. 벨트 고리를 만들어 단다.

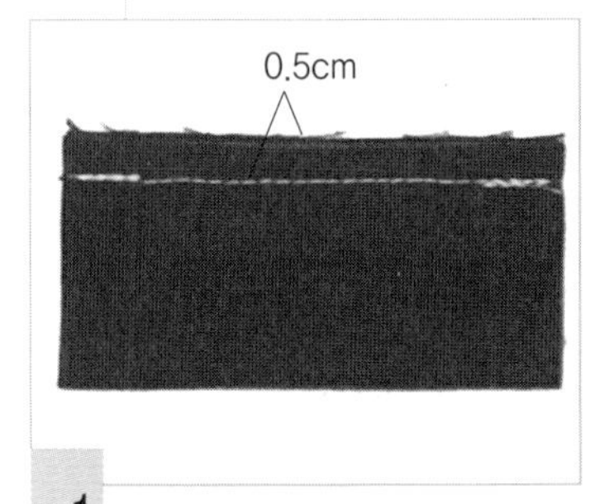

1 벨트 고리를 겉끼리 마주 대어 반으로 접고 완성선을 박는다.

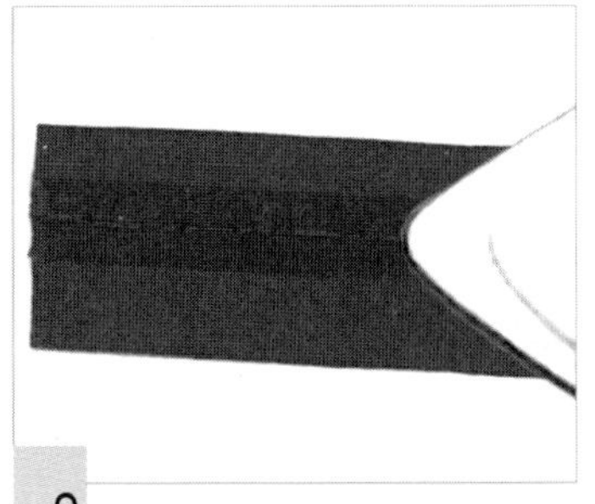

2 시접을 가른다.

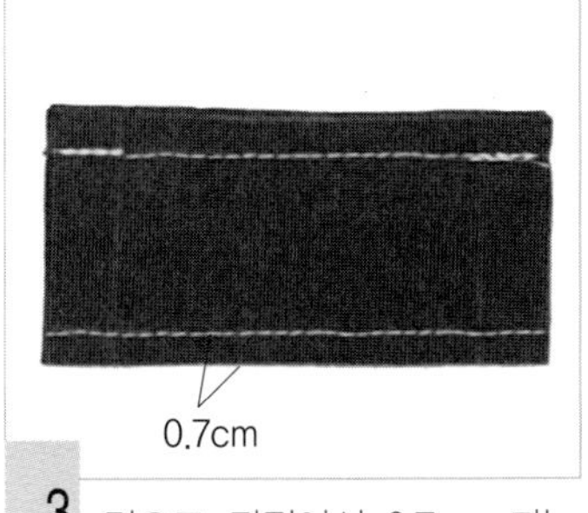

3 겉으로 뒤집어서 0.7cm 되는 곳을 스티치한다.

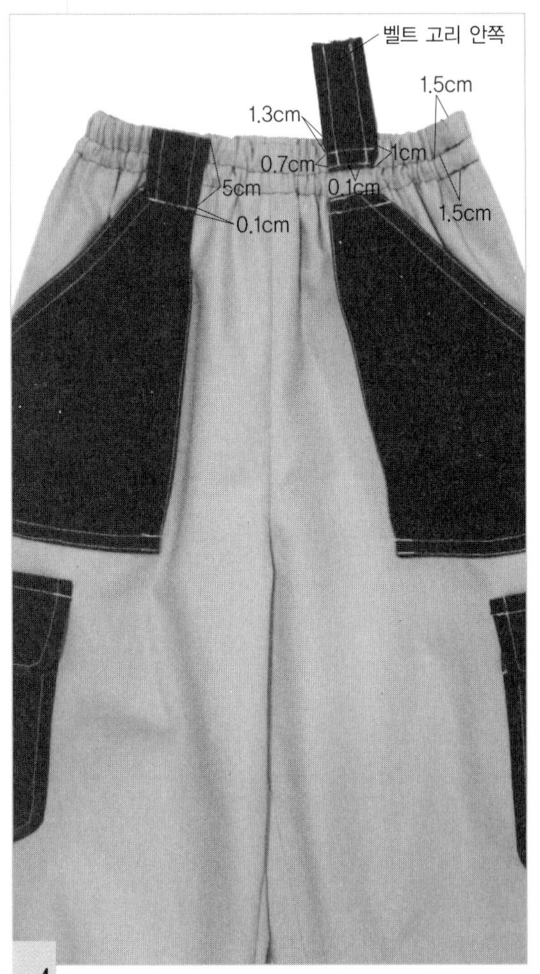

4 시접을 접어 넣고 0.1cm 되는 곳을 박아 고정시키고, 벨트 고리를 밑으로 내려 0.1cm에 되박음질한다. 0.7cm 되는 곳을 박는다.

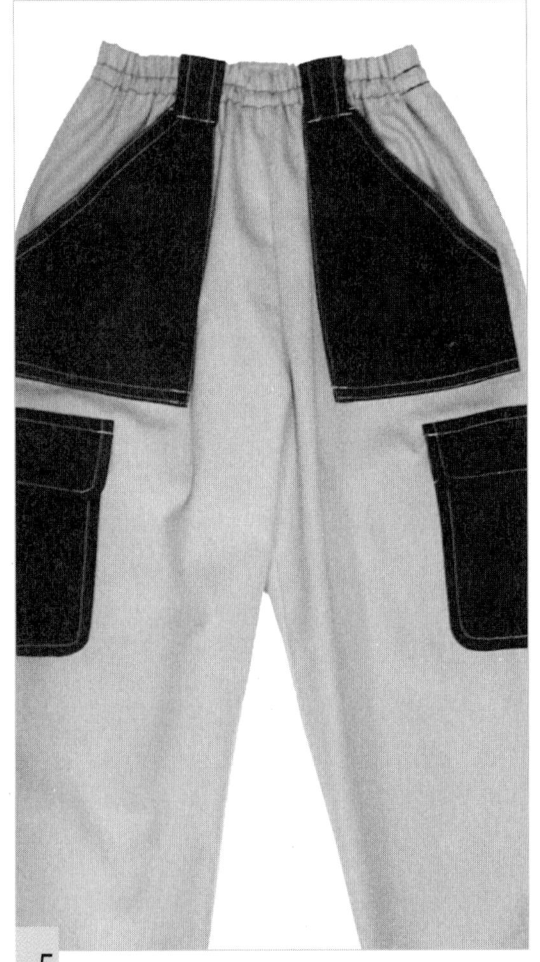

5 완성.

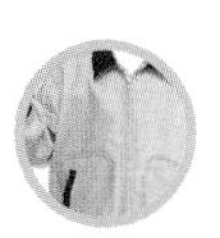

블루존 | *Bluejone*

오픈 지퍼와 웰트 포켓에 도전한다.

- 겉감 110cm 폭 ···▸ 130cm
- 주머니 천(T/C) 90cm 폭 ···▸ 30cm
- 접착심지 90cm 폭 ···▸ 50cm
- 단추 직경 1.5cm ···▸ 2개
- 오픈 지퍼 40cm ···▸ 1개, 고무 테이프

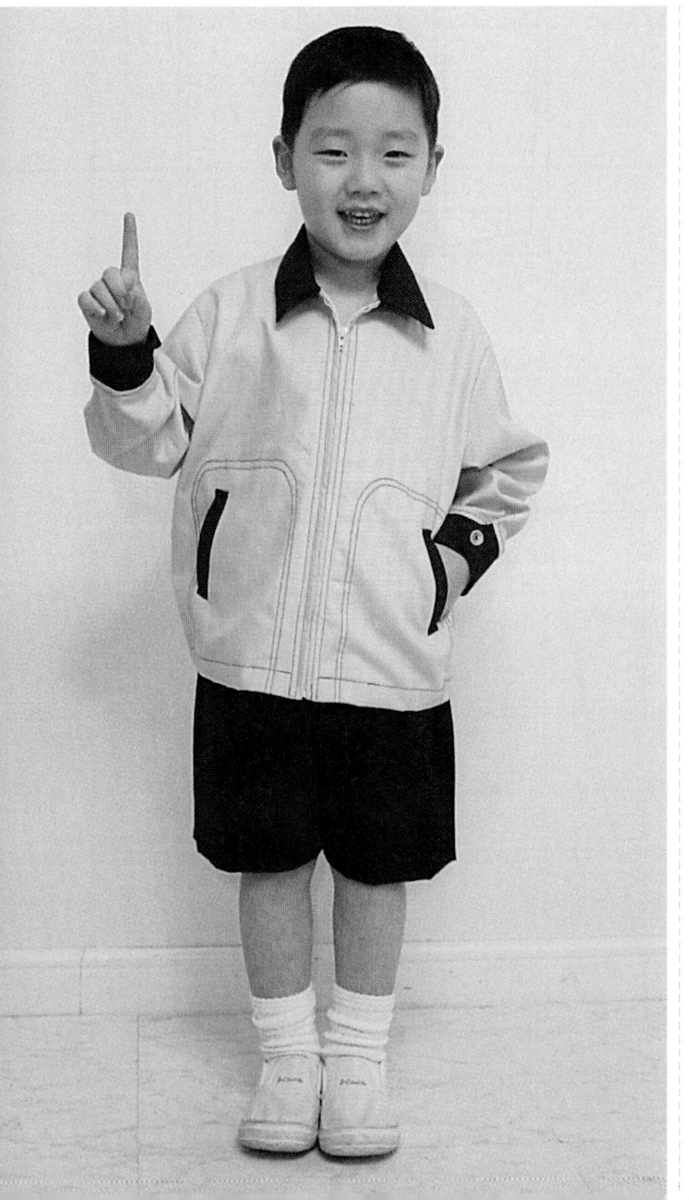

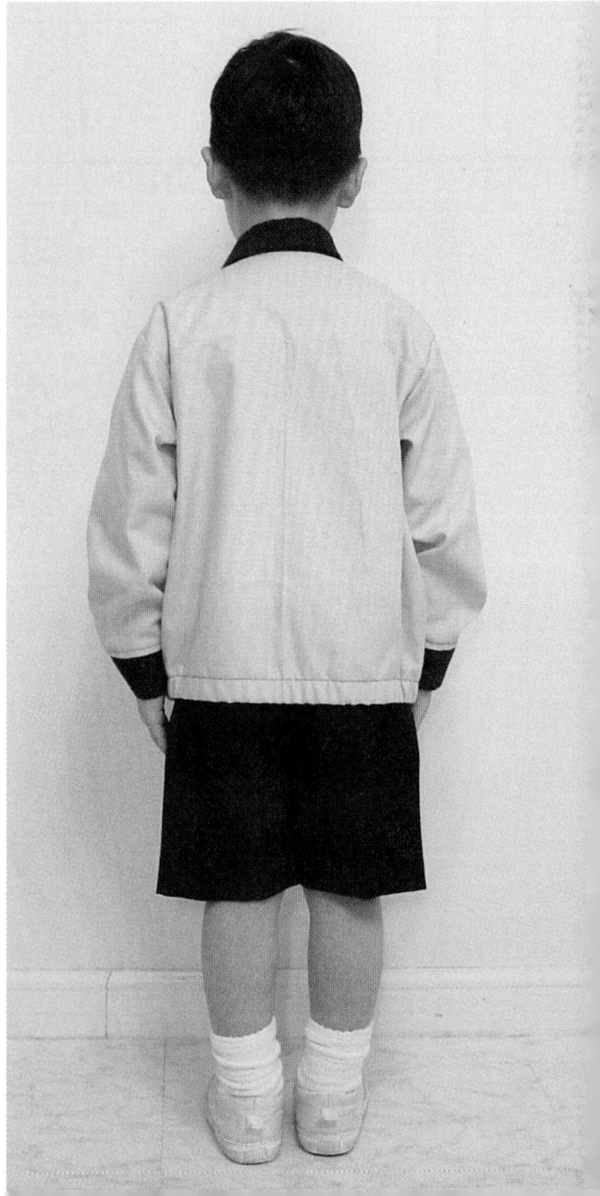

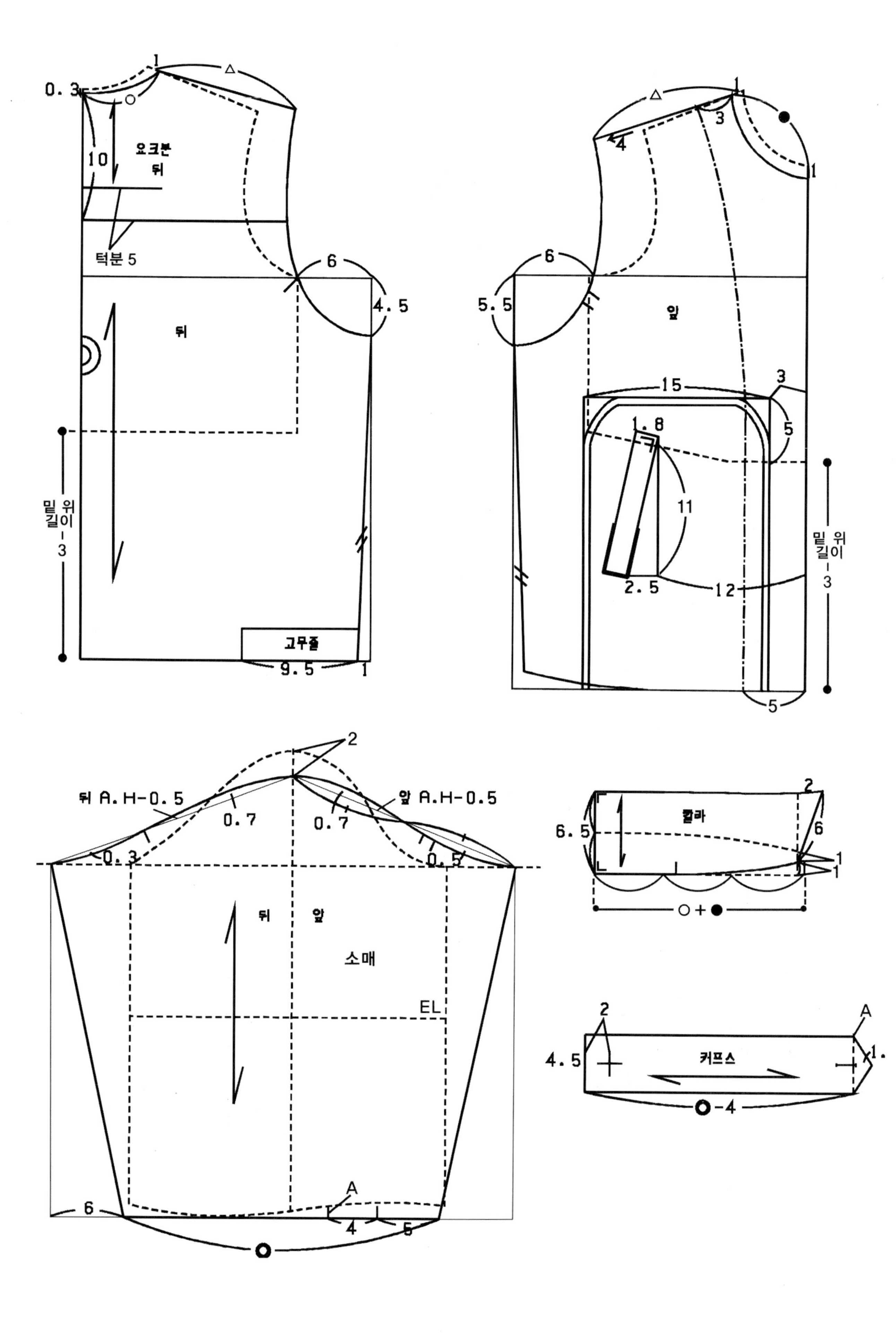
요크분
뒤
털분 5
뒤
고무줄
밑위길이 - 3
앞
15
1.8
11
12
2.5
5
밑위길이 - 3
뒤 A.H-0.5
앞 A.H-0.5
0.7
0.3
0.5
뒤
앞
소매
EL
A
4
5
6
칼라
6.5
○+●
커프스
4.5
●-4

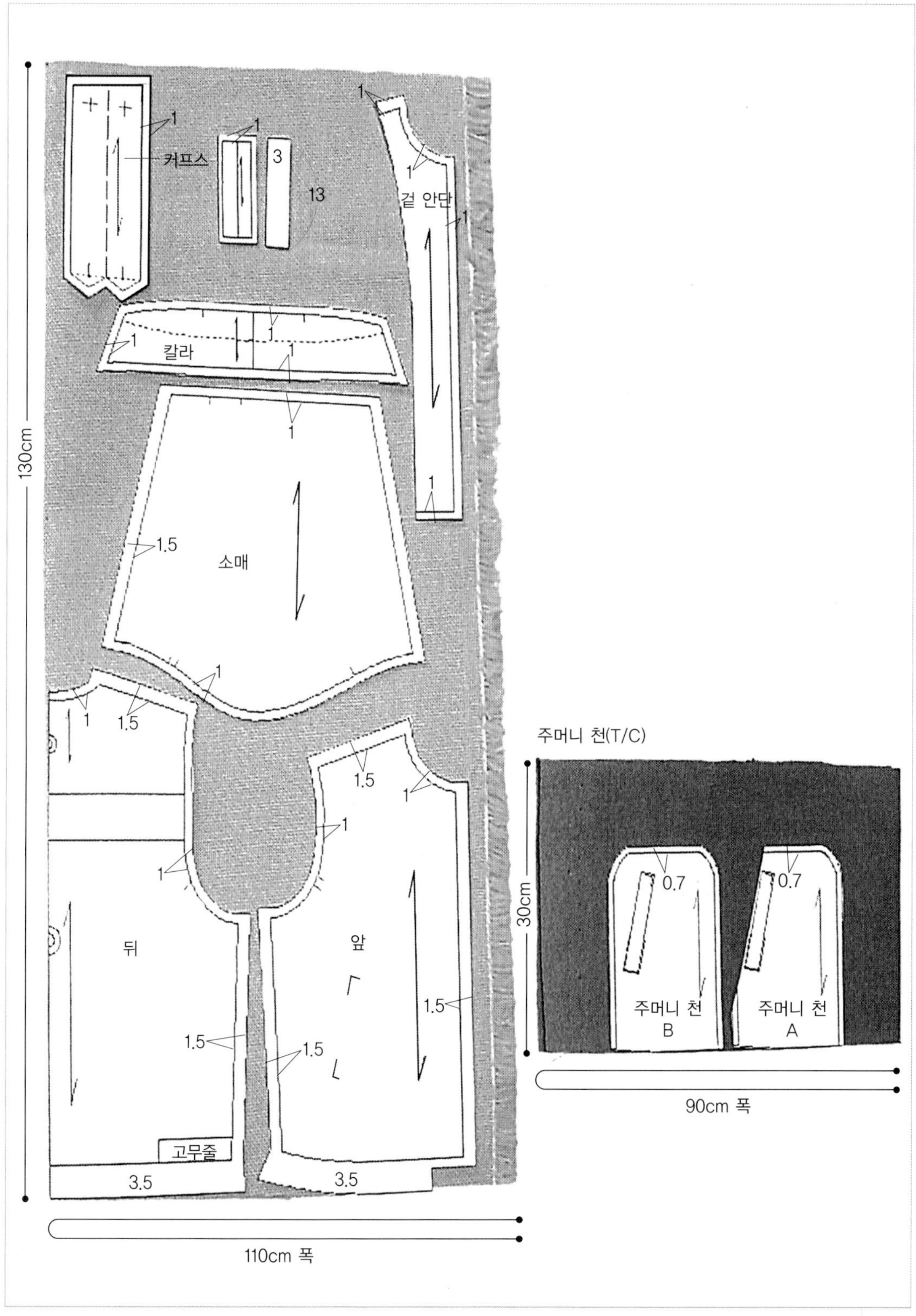
130cm
커프스
3
13
1
겉 안단
칼라
1.5
소매
1.5
1
1.5
1
앞
뒤
1.5
고무줄
3.5
3.5
110cm 폭
주머니 천(T/C)
30cm
0.7
0.7
주머니 천
B
주머니 천
A
90cm 폭

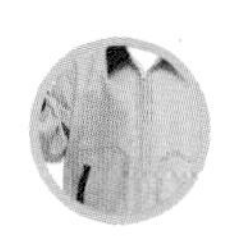

1. 접착심지를 붙인다.

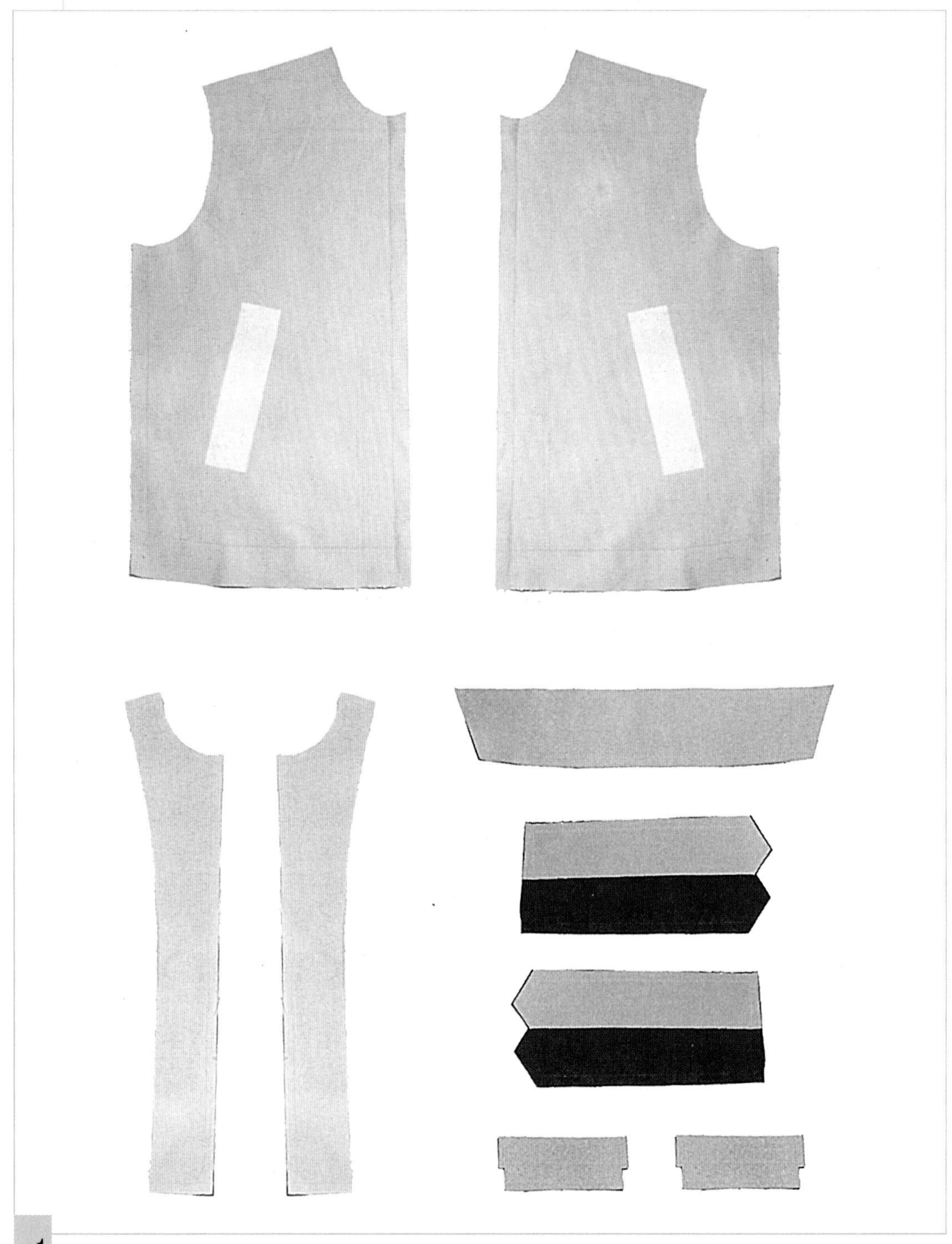

1 몸판 이면의 주머니 다는 위치, 안단, 위 칼라, 커프스, 웰트 포켓의 입구 천에 접착심지를 붙인다.

2. 오버록 재봉을 한다.

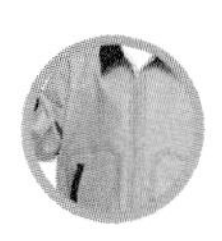

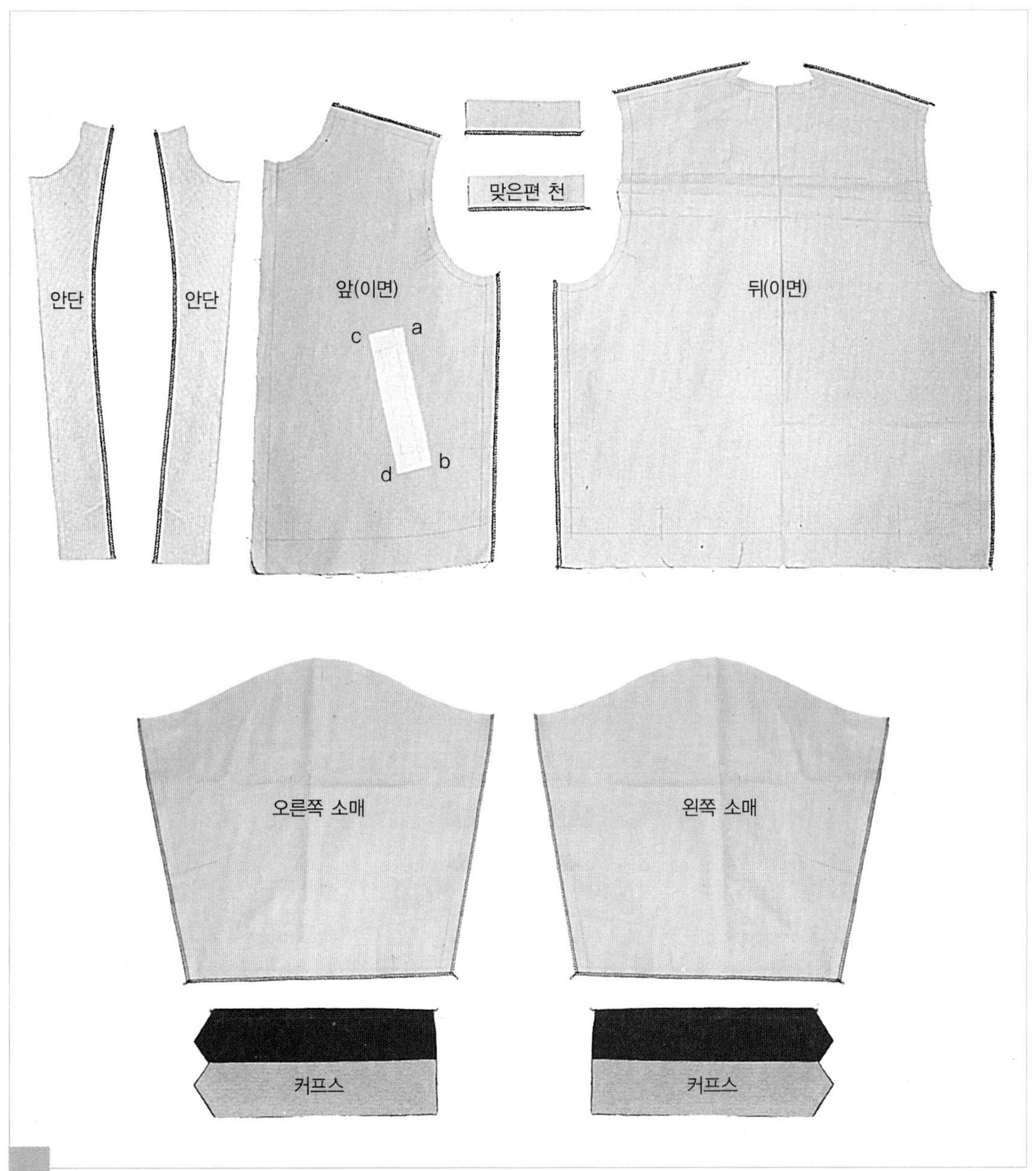

1 안단의 안쪽, 몸판의 어깨선과 옆선, 주머니 맞은편 천, 소매 밑과 소매단, 안 커프스에 오버록 재봉을 한다.

3. 주머니를 만든다.

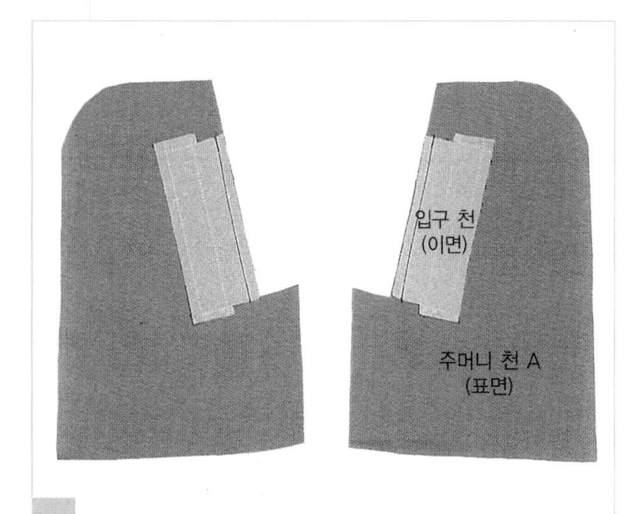

1 주머니 입구 천과 주머니 천 A를 맞추어 박는다.

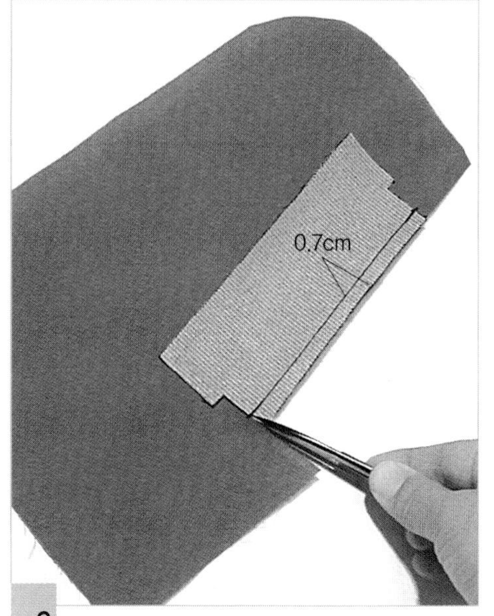

2 주머니 입구 천 박은 곳까지 주머니 천 A에 가윗밥을 넣는다.

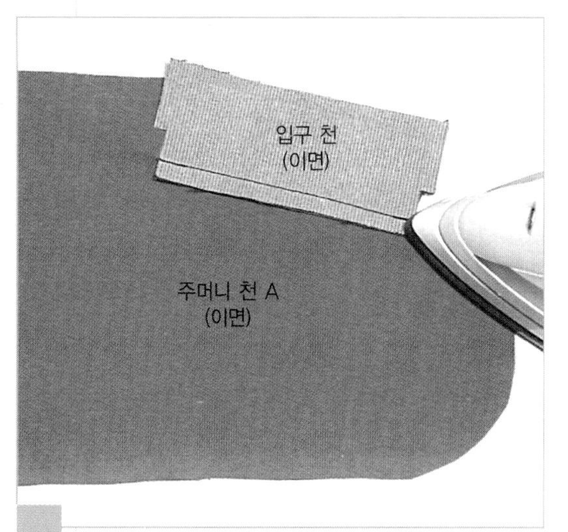

3 시접을 주머니 천 쪽으로 넘긴다.

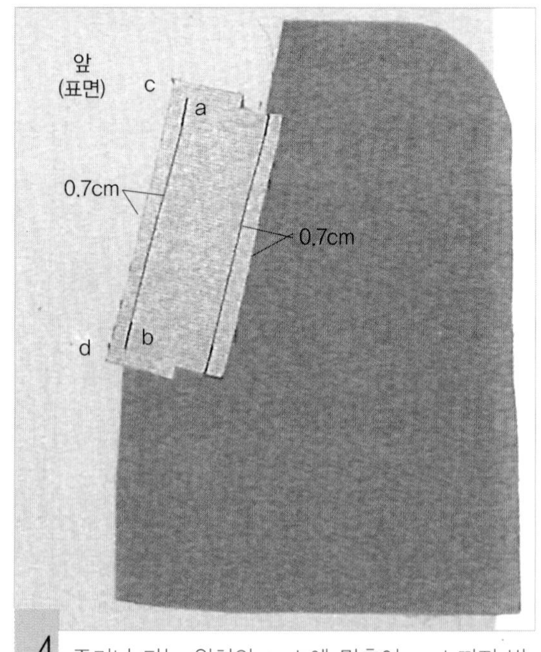

4 주머니 다는 위치의 a~b에 맞추어 a~b까지 박는다.

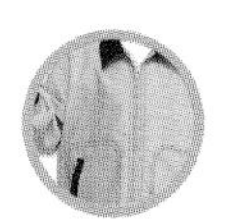

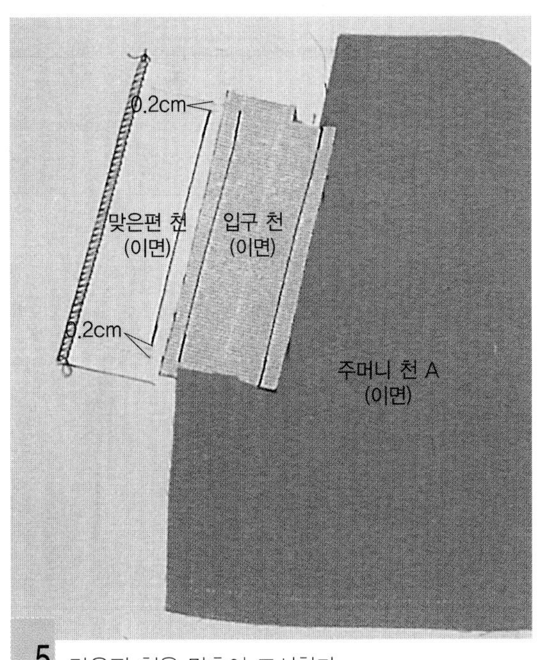

5 맞은편 천을 맞추어 표시한다.

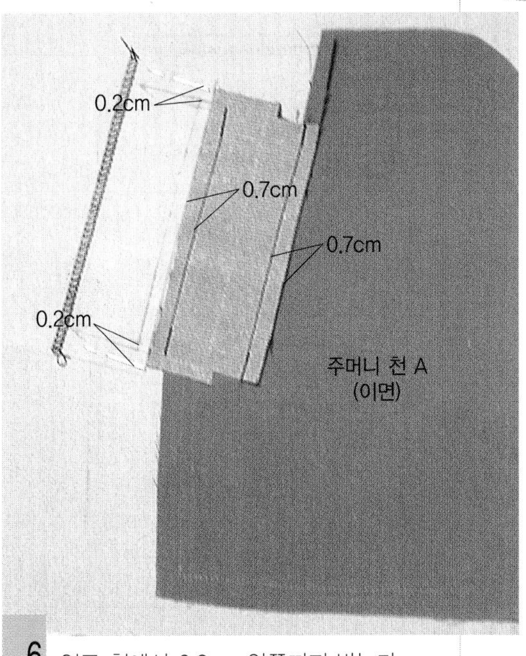

6 입구 천에서 0.2cm 안쪽까지 박는다.

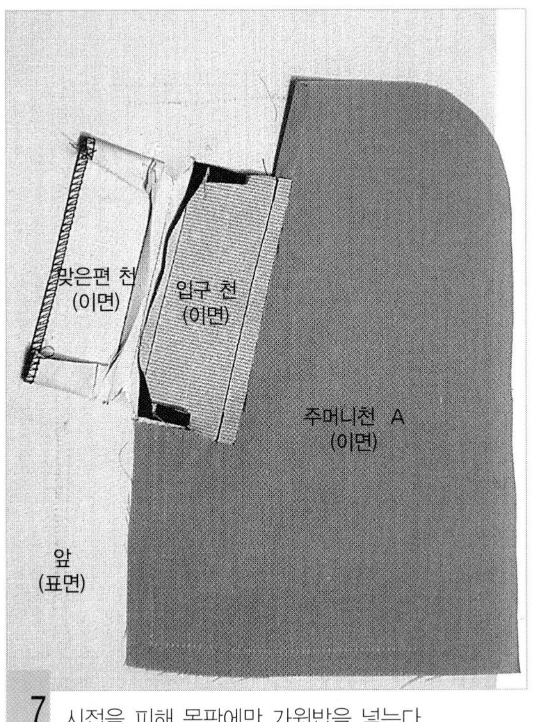

7 시접을 피해 몸판에만 가윗밥을 넣는다.

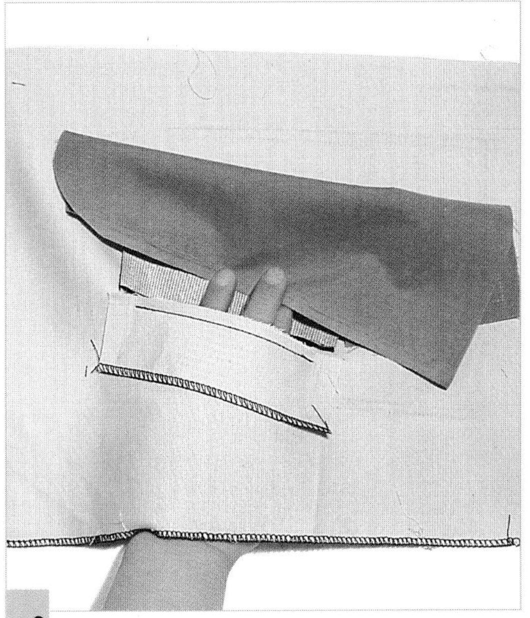

8 가윗밥을 넣은 곳에 손을 넣어 주머니 천을 이면 쪽으로 끄집어낸다.

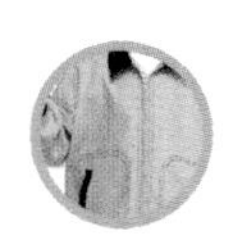

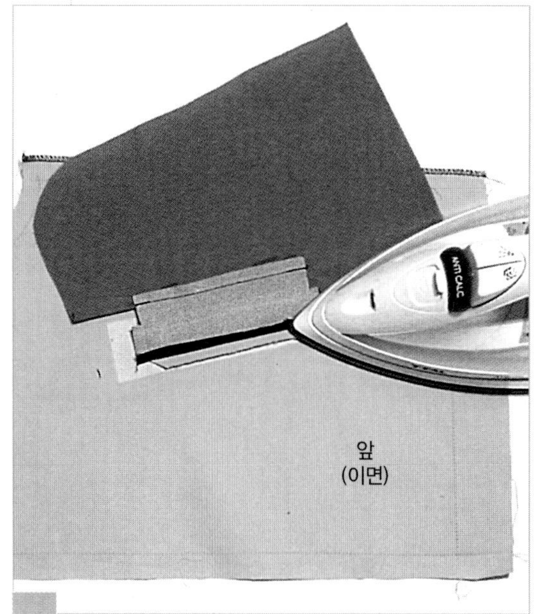

9 입구 천의 시접을 가른다.

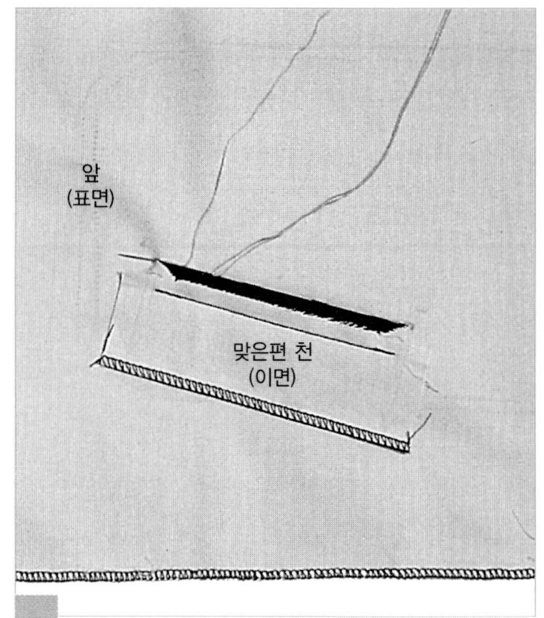

10 겉쪽에서 홈에 시침질한다.

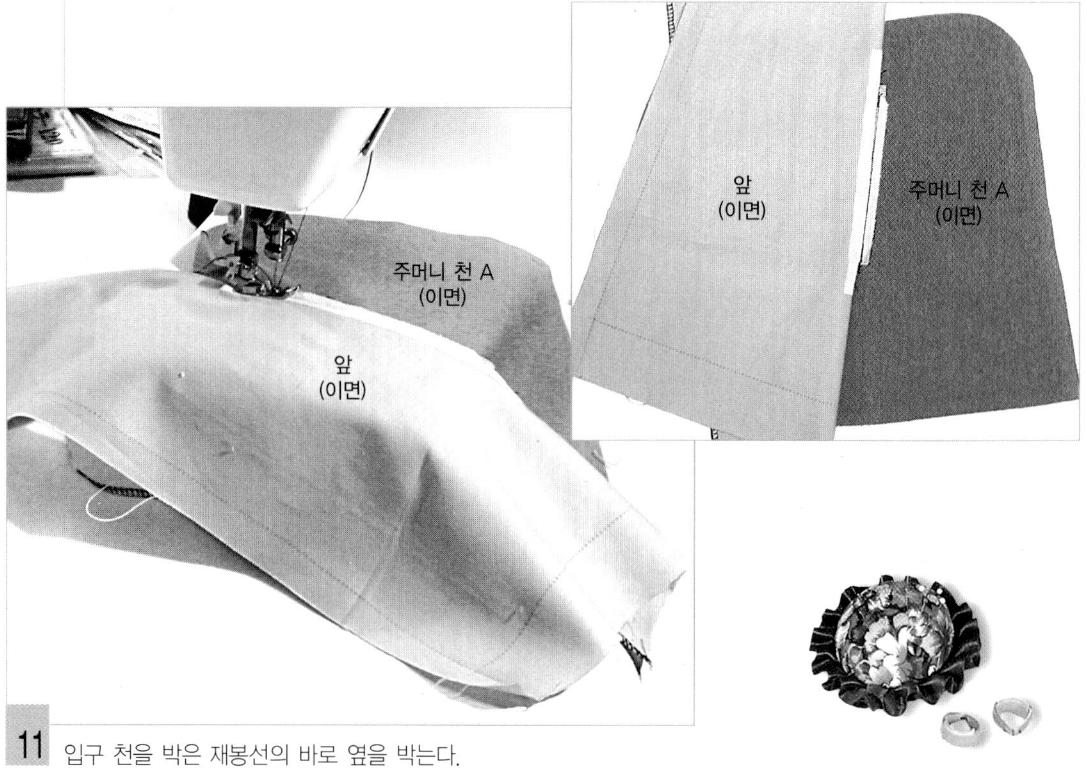

11 입구 천을 박은 재봉선의 바로 옆을 박는다.

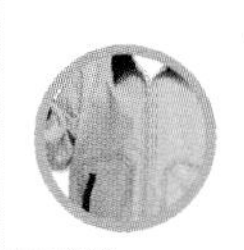

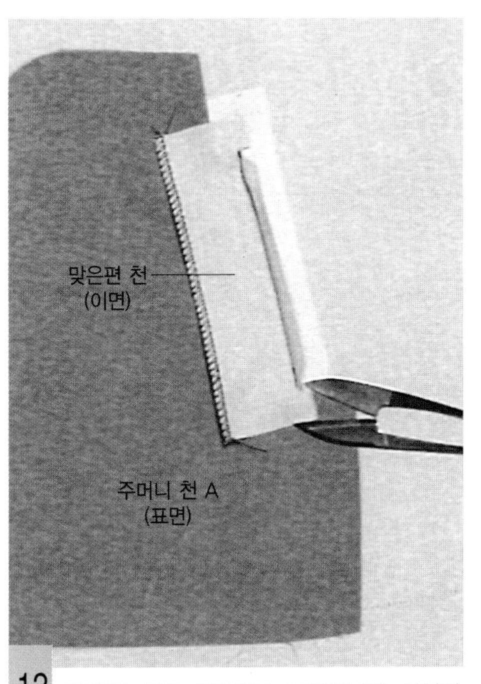

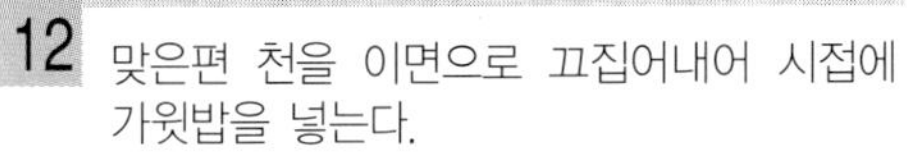
12 맞은편 천을 이면으로 끄집어내어 시접에 가윗밥을 넣는다.

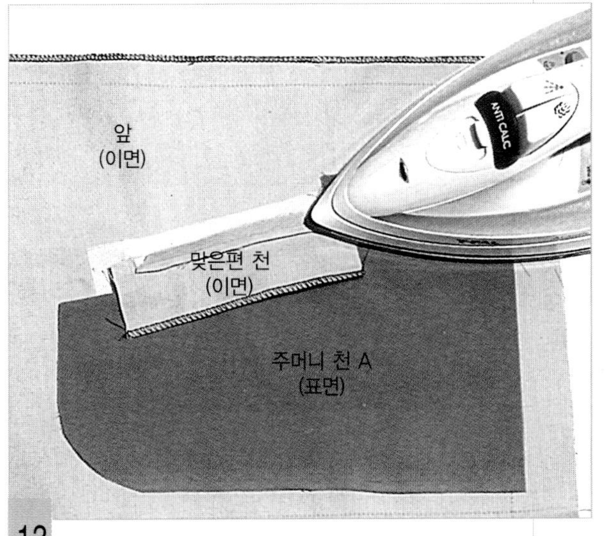

13 시접을 가른다.

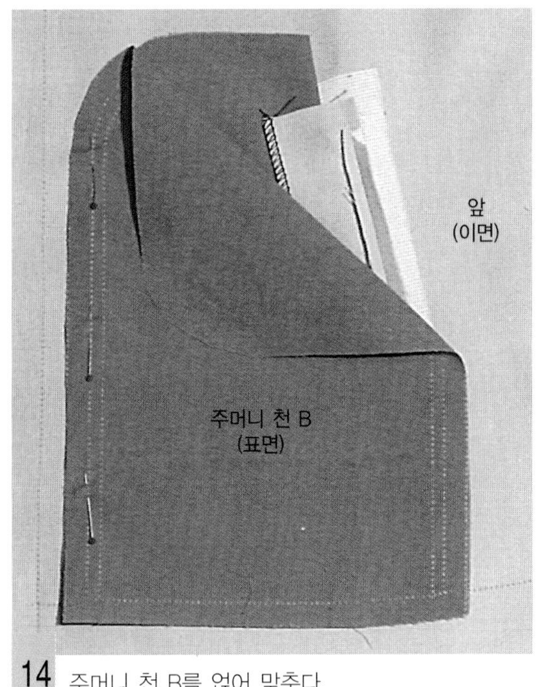

14 주머니 천 B를 얹어 맞춘다.

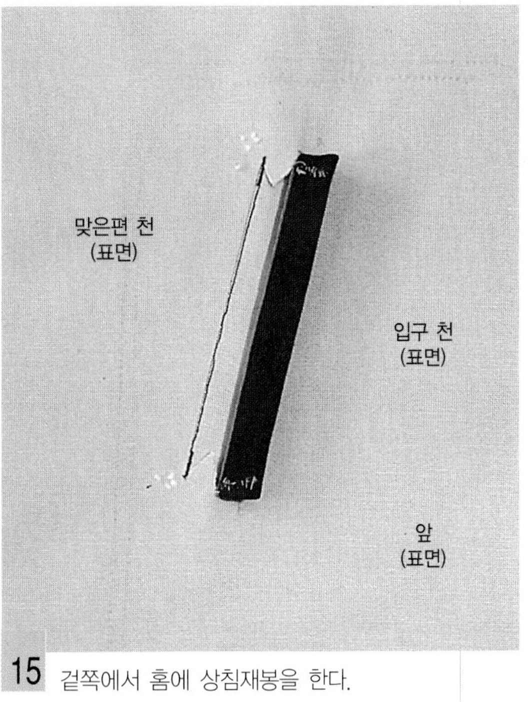

15 겉쪽에서 홈에 상침재봉을 한다.

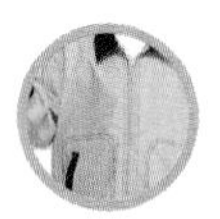

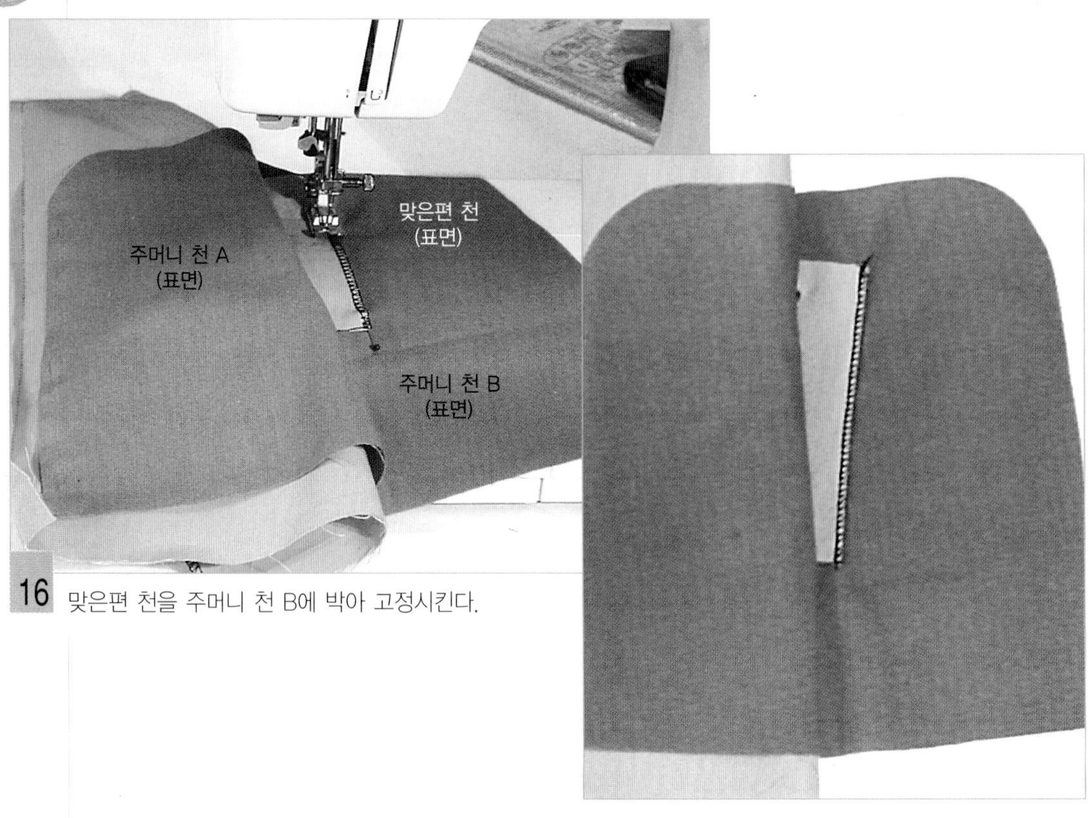

16 맞은편 천을 주머니 천 B에 박아 고정시킨다.

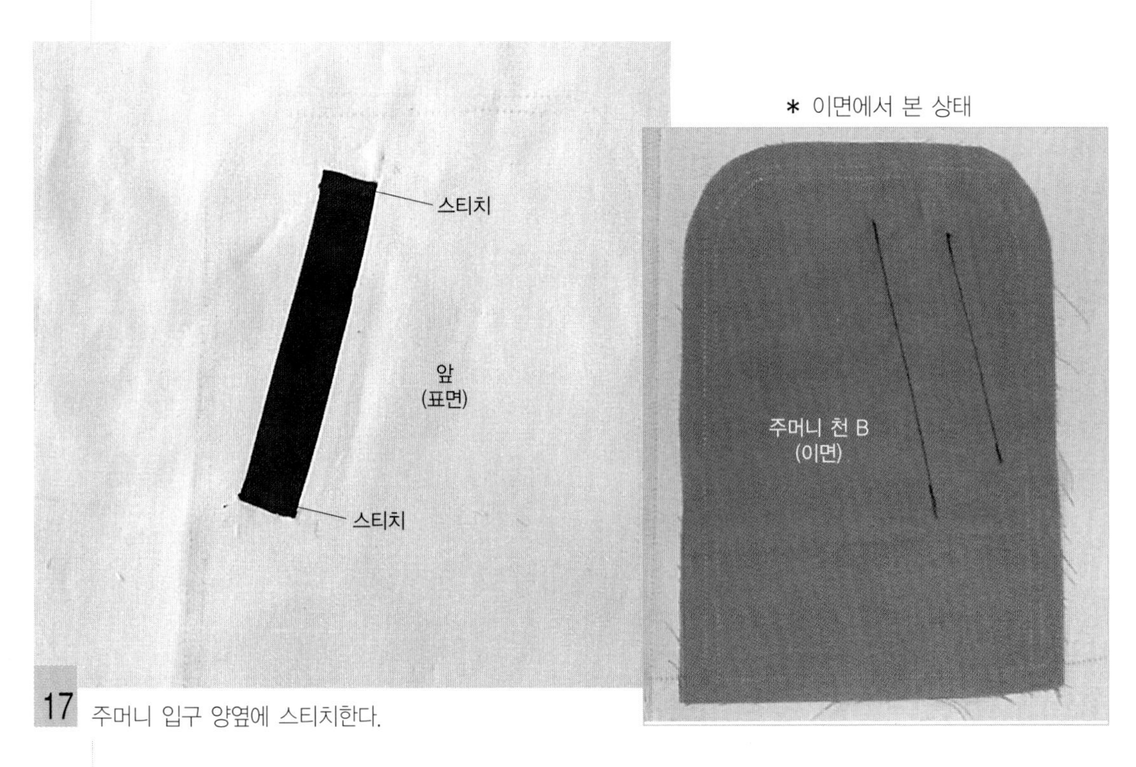

17 주머니 입구 양옆에 스티치한다.

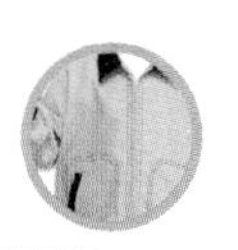

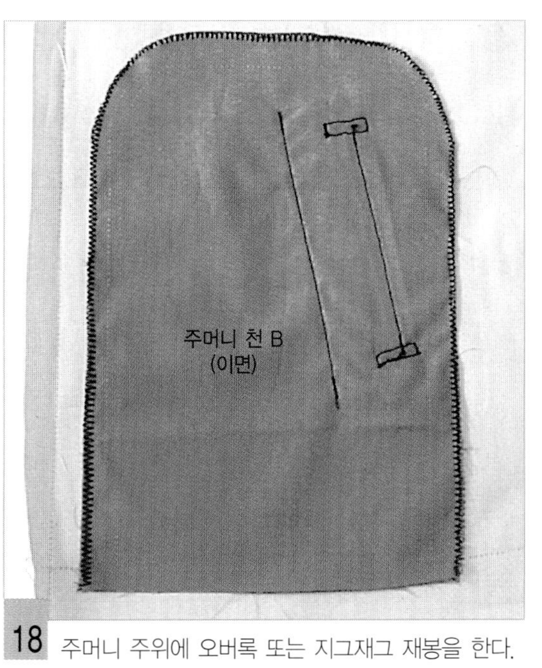

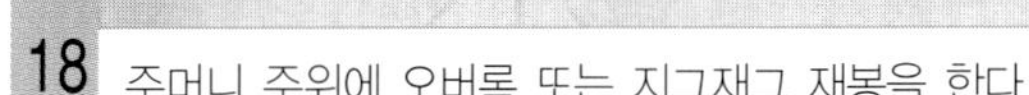
18 주머니 주위에 오버록 또는 지그재그 재봉을 한다.

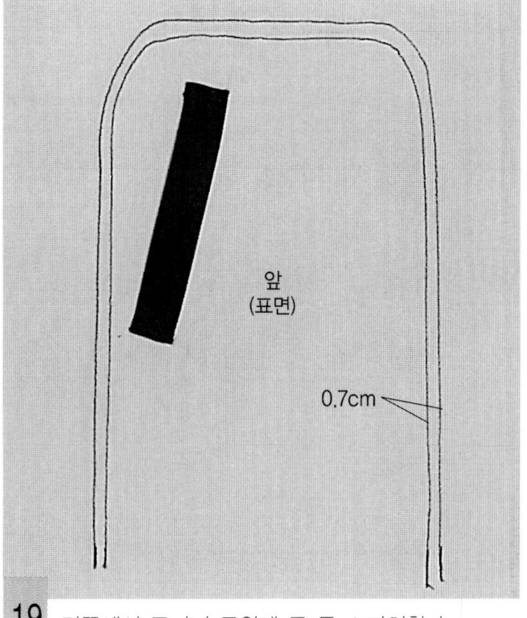

19 겉쪽에서 주머니 주위에 두 줄 스티치한다.

4. 지퍼를 단다.

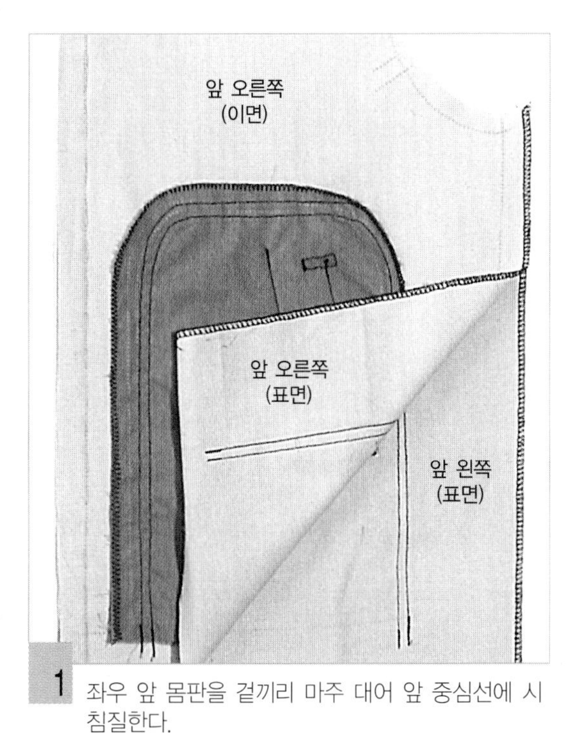

1 좌우 앞 몸판을 겉끼리 마주 대어 앞 중심선에 시침질한다.

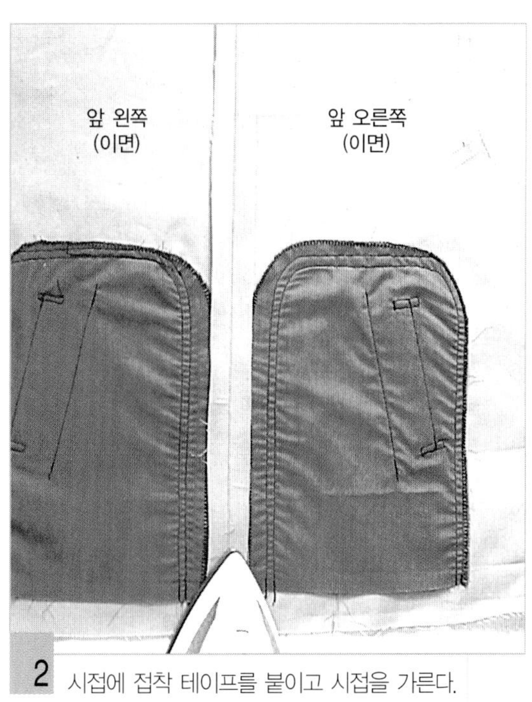

2 시접에 접착 테이프를 붙이고 시접을 가른다.

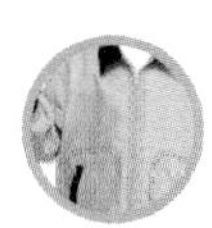

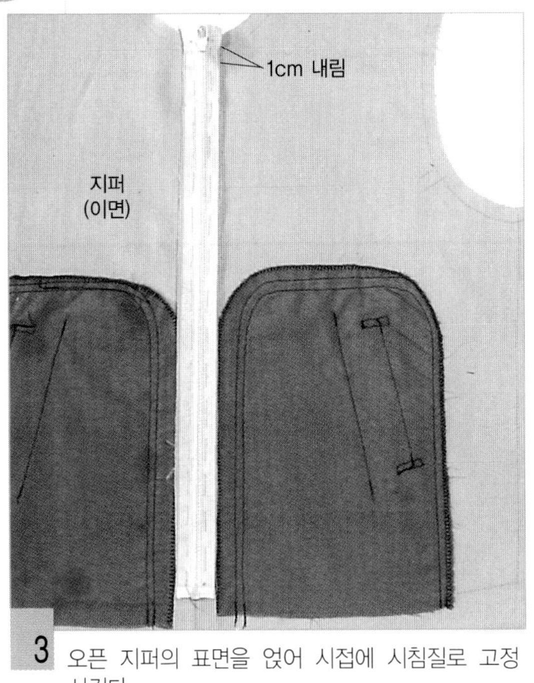

3 오픈 지퍼의 표면을 엎어 시접에 시침질로 고정시킨다.

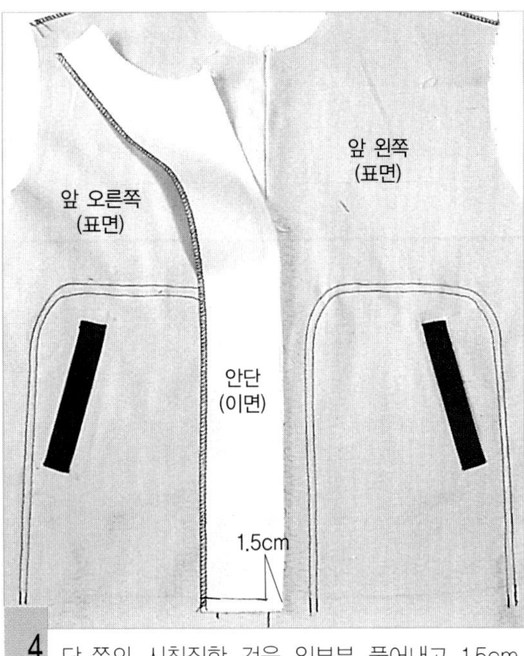

4 단 쪽의 시침질한 것을 일부분 풀어내고 1.5cm 들어가 완성선을 박는다.

5 겉쪽에서 겉감, 지퍼, 안단을 한꺼번에 박고 시침실을 풀어낸다.

5. 뒤판의 턱을 박는다.

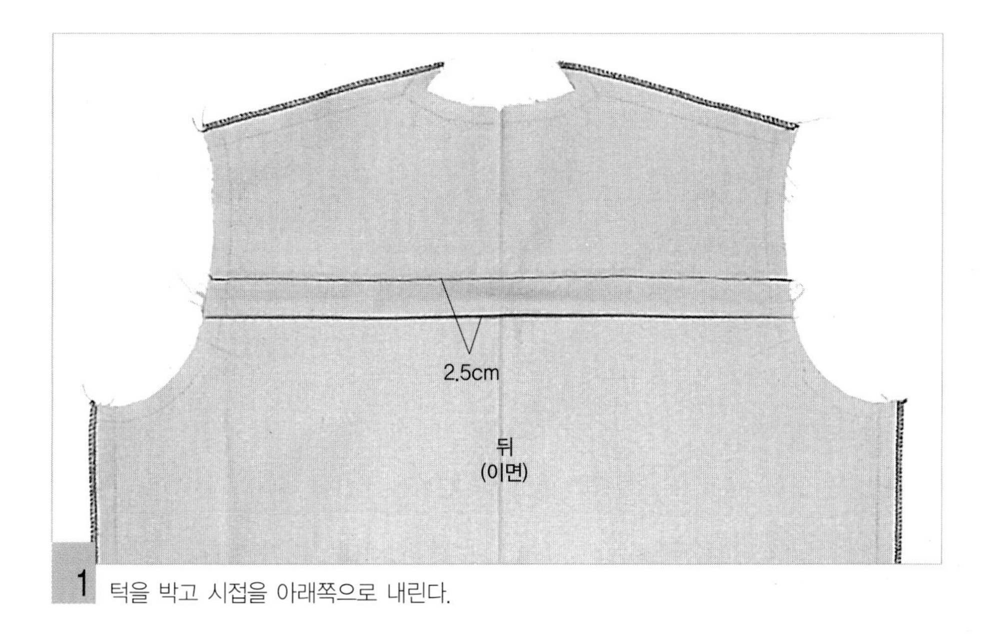

1 턱을 박고 시접을 아래쪽으로 내린다.

6. 앞뒤 어깨선을 맞추어 박는다.

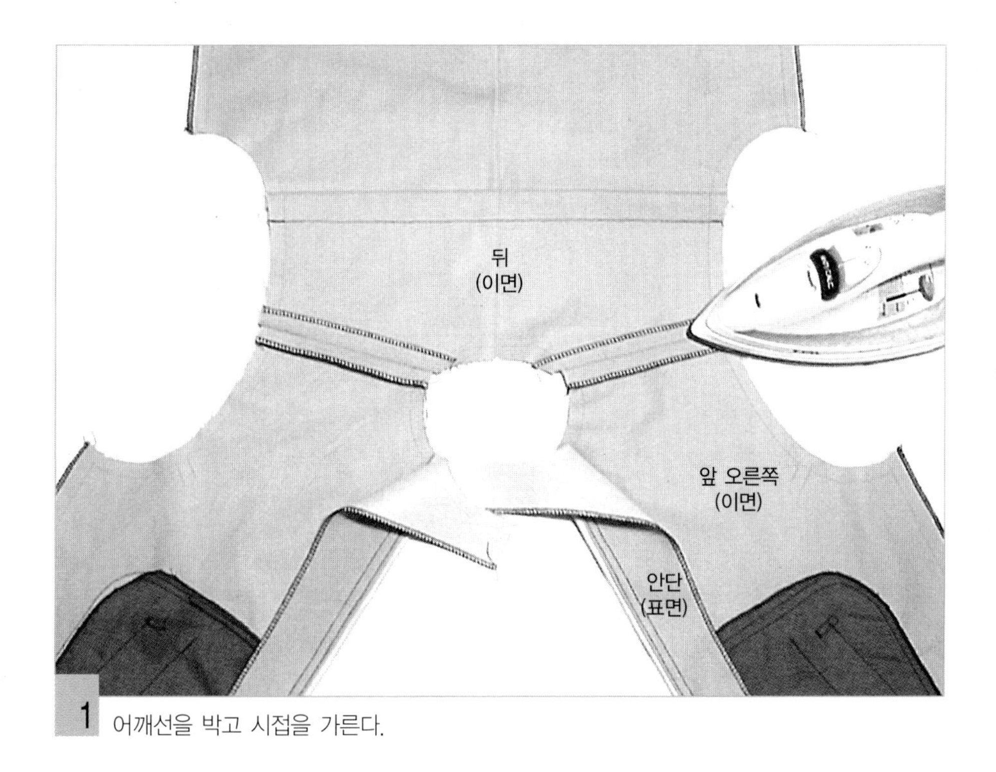

1 어깨선을 박고 시접을 가른다.

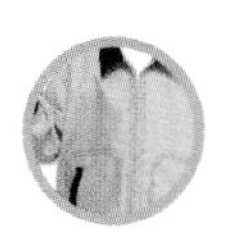

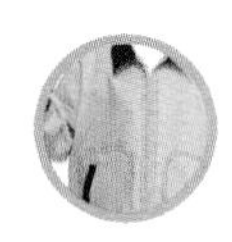

7. 칼라를 만든다(P. 68~72). 재킷의 칼라 만들기 참조.

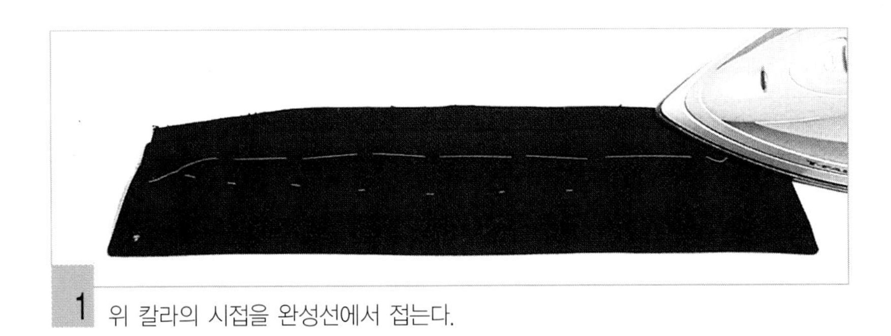

1 위 칼라의 시접을 완성선에서 접는다.

8. 칼라를 단다.

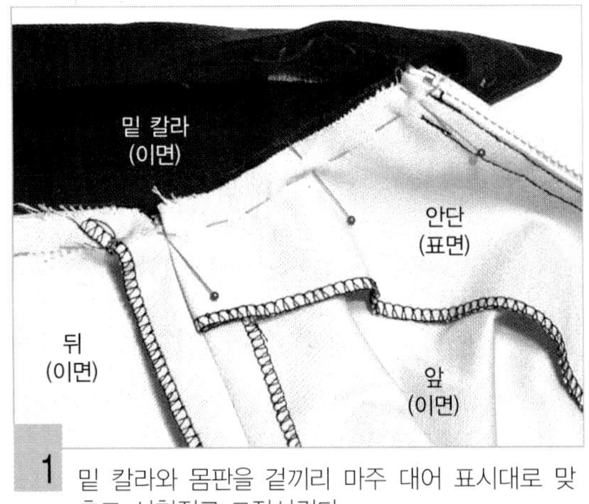

1 밑 칼라와 몸판을 겉끼리 마주 대어 표시대로 맞추고 시침질로 고정시킨다.

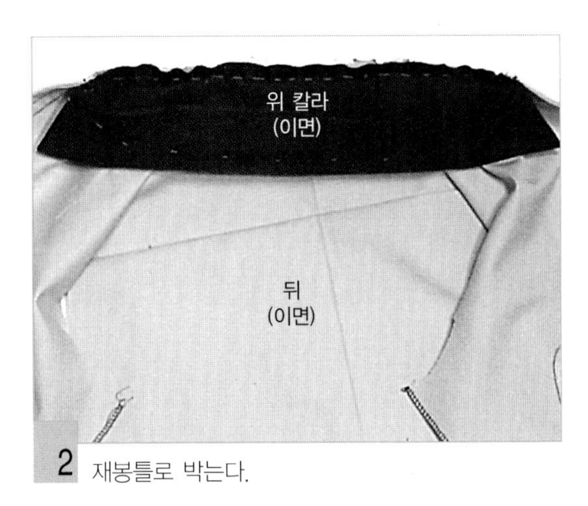

2 재봉틀로 박는다.

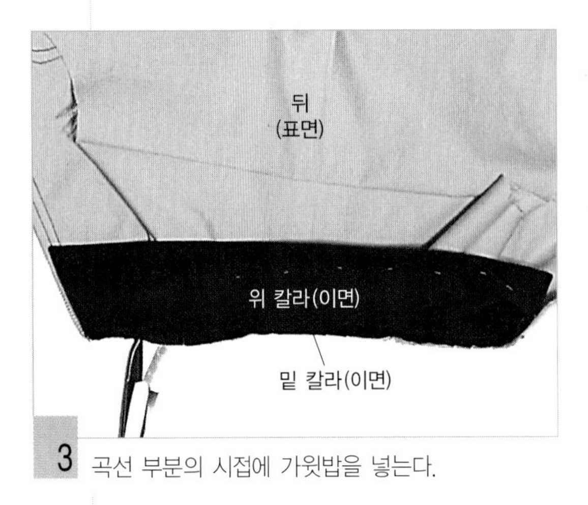

3 곡선 부분의 시접에 가윗밥을 넣는다.

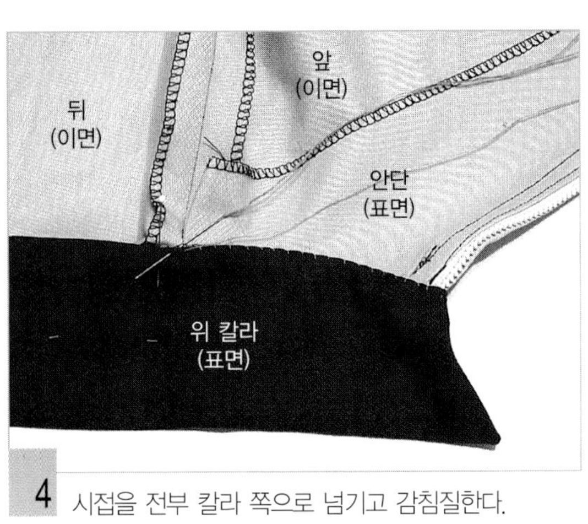

4 시접을 전부 칼라 쪽으로 넘기고 감침질한다.

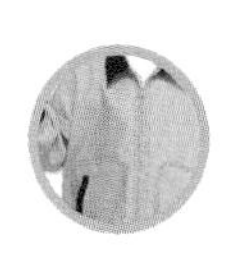

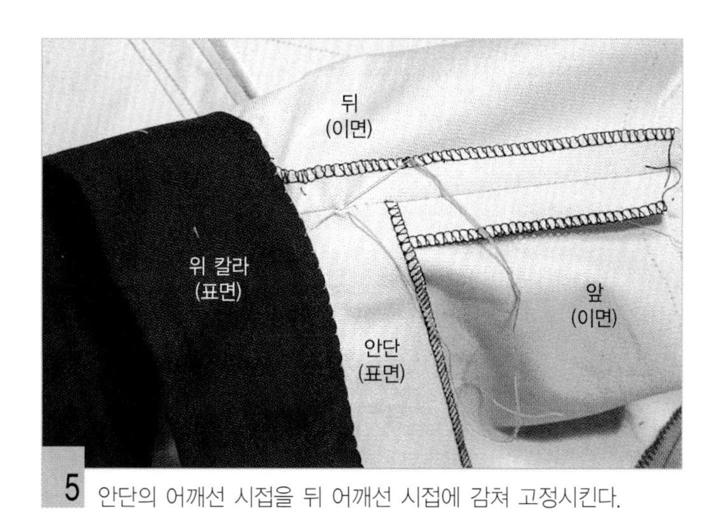

5 안단의 어깨선 시접을 뒤 어깨선 시접에 감쳐 고정시킨다.

9. 소매를 단다(p. 73~75 재킷의 소매 참조).

10. 커프스를 만들어 단다.

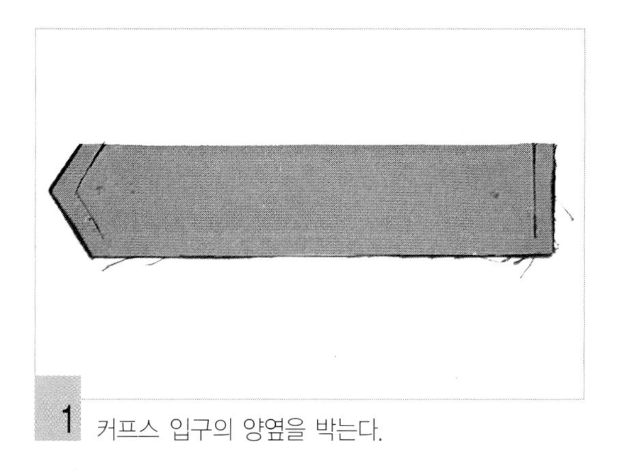
1 커프스 입구의 양옆을 박는다.

2 겉으로 뒤집어서 다림질한다.

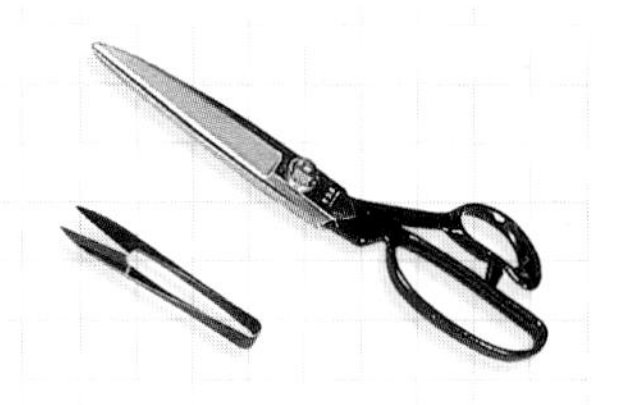

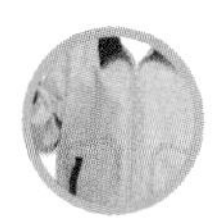

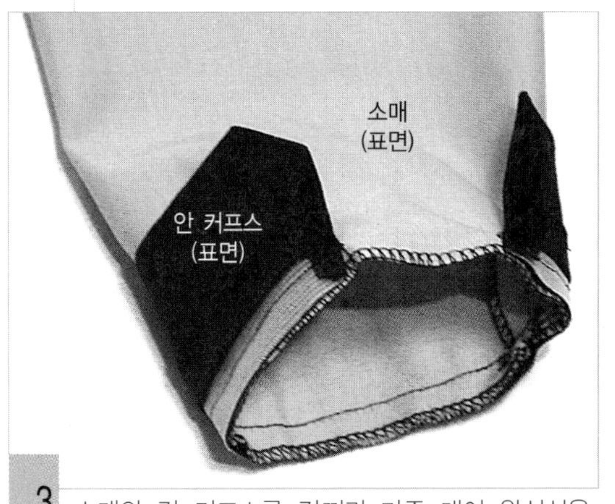

3 소매와 겉 커프스를 겉끼리 마주 대어 완성선을 박는다.

4 시접을 소매 쪽으로 넘기고 겉에서 스티치한다.

5 커프스 달기 완성.

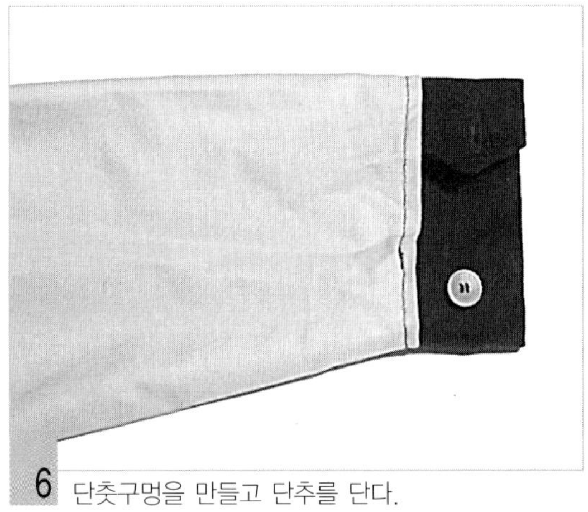

6 단춧구멍을 만들고 단추를 단다.

12 투피스 | *Two-piece*

포인트 재킷과 팬츠의 한 벌. 재킷에 안감 넣는 법을 배운다.

재 료
- 겉감 150cm 폭 ···› 140cm
- 안감 : 재킷용 90cm 폭 ···› 100cm
- 접착심지 : 안단, 주머니 입구분 90cm 폭 ···› 50cm
- 단추 직경 : 재킷용 1.8cm ···› 4개, 팬츠용 1.5cm ···› 1개
- 재킷용 접착 테이프
- 팬츠용 고무 테이프 0.5cm 폭 ···› 60cm

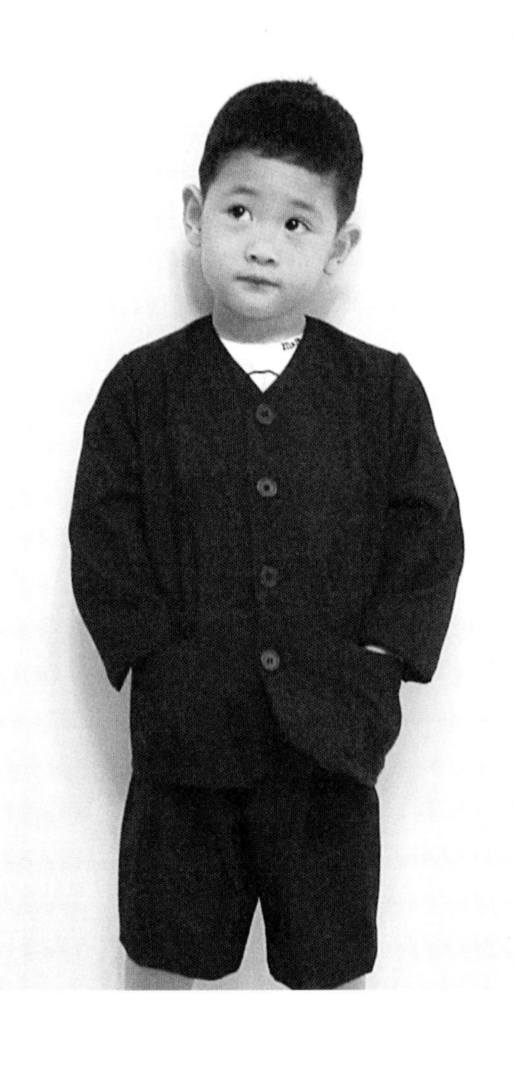

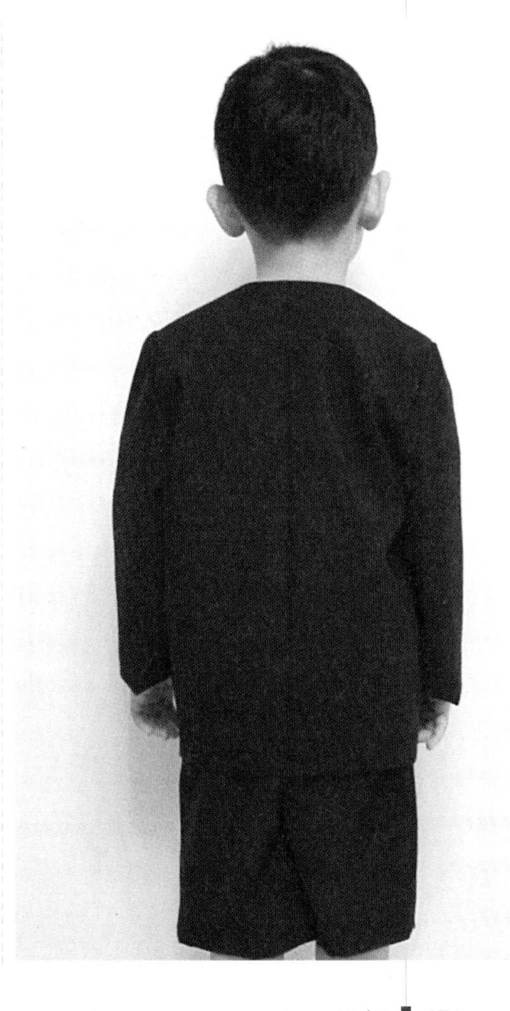

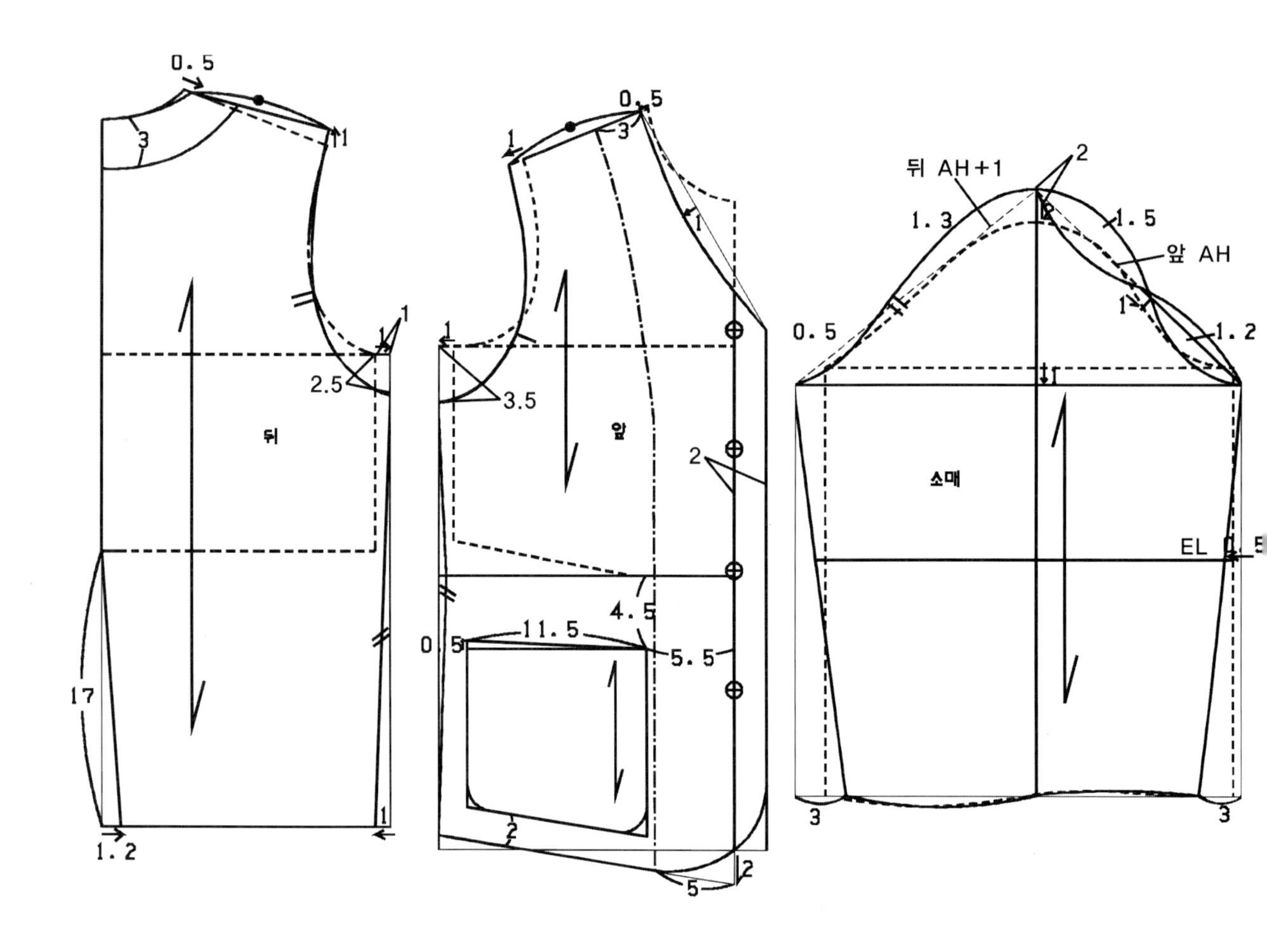
뒤
앞
소매
뒤 AH+1
앞 AH
EL

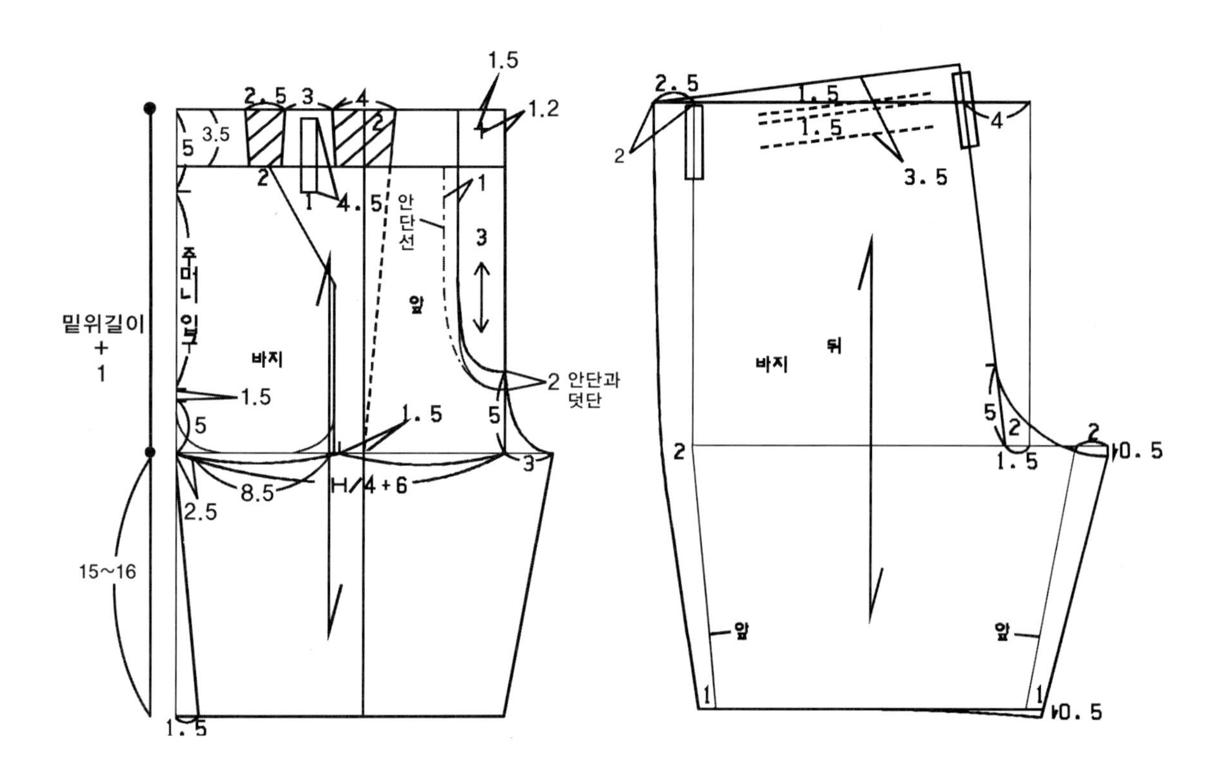
밑위길이
+
1
주머니입구
바지
앞
안단선
안단과
덧단
H/4+6
15~16
바지
뒤
앞
앞

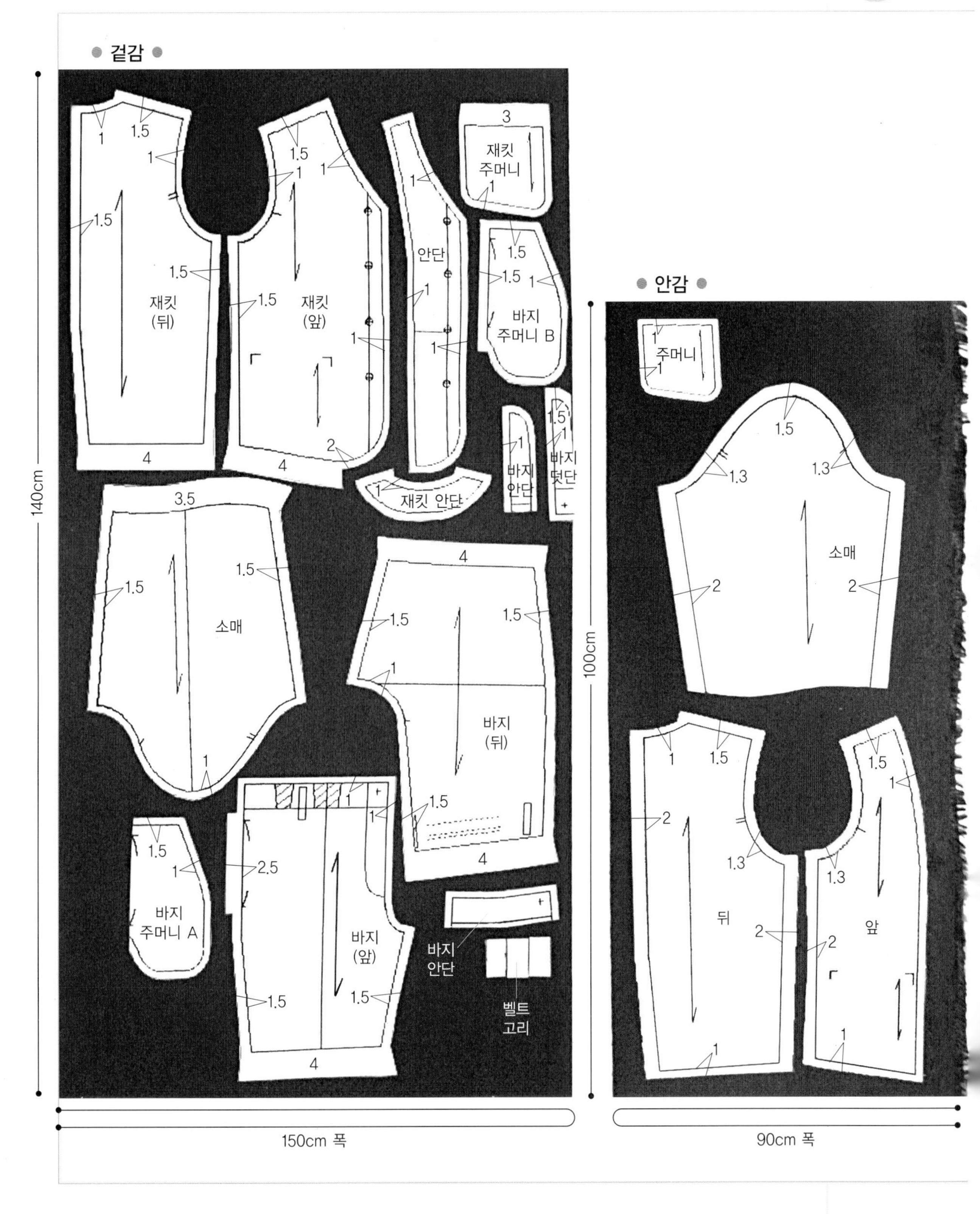

겉감
재킷
(뒤)
재킷
(앞)
안단
재킷
주머니
바지
주머니 B
바지
안단
바지
덧단
재킷 안단
소매
바지
(뒤)
바지
주머니 A
바지
(앞)
바지
안단
벨트
고리
140cm
150cm 폭
안감
주머니
소매
뒤
앞
100cm
90cm 폭

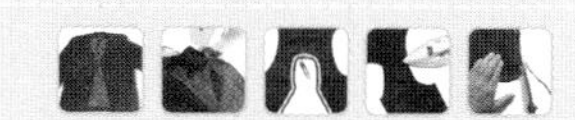

1. 접착심지를 붙인다.

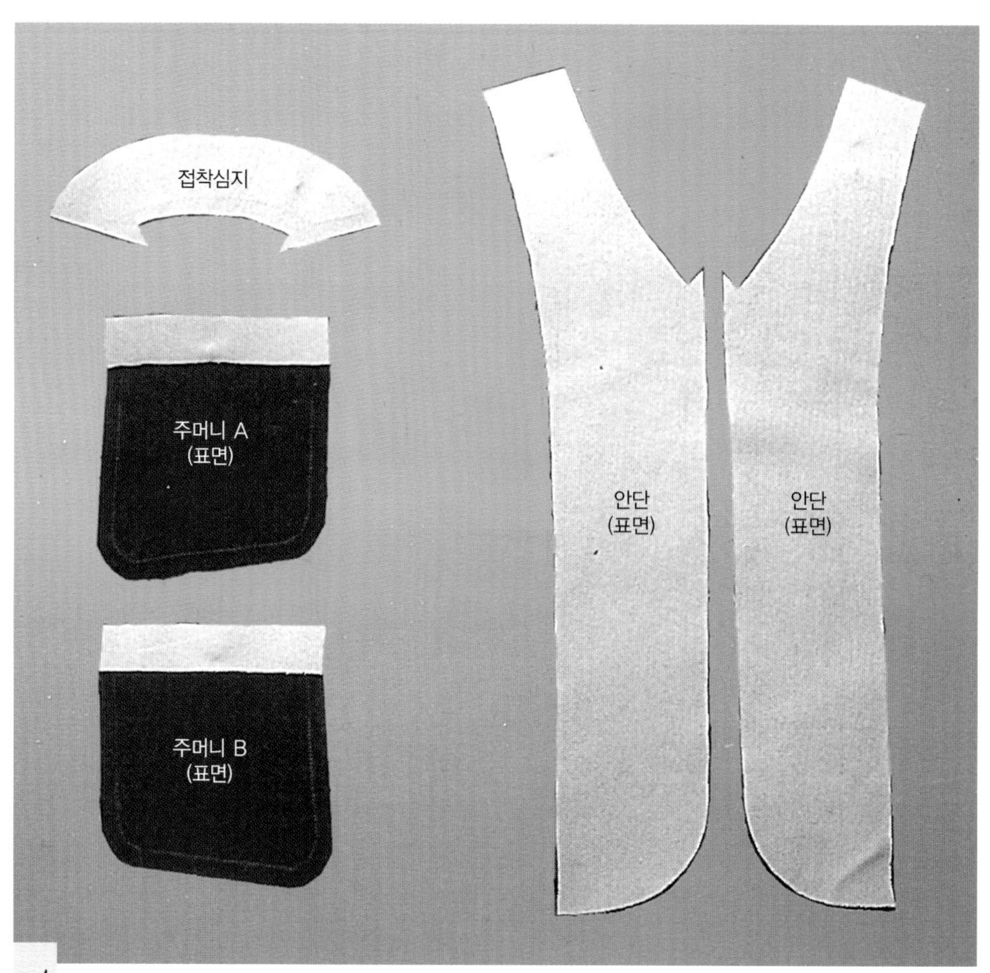

1 앞뒤 안단과 주머니 입구에 접착심지를 붙인다.

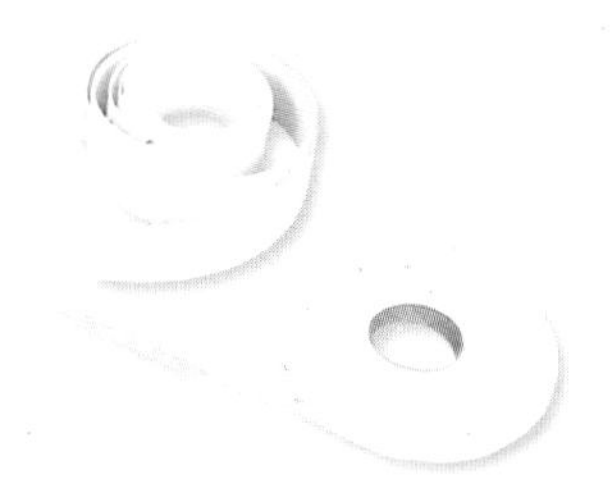

2. 주머니를 만들어 단다.

1 상침재봉을 한다.

2 안감과 겉감의 주머니 입구 시접을 겉끼리 마주 대어 박는다.

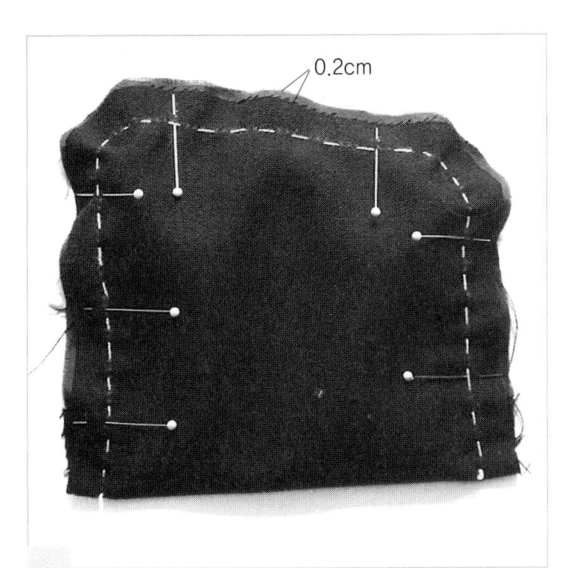

3 맞춤표시를 맞추어 겉감을 0.2cm 안쪽으로 밀어 핀을 꽂고 시침질한다.

4 안감의 완성선을 박는다.

5 시접을 정리한다.

6 곡선 부분에 가윗밥을 넣는다.

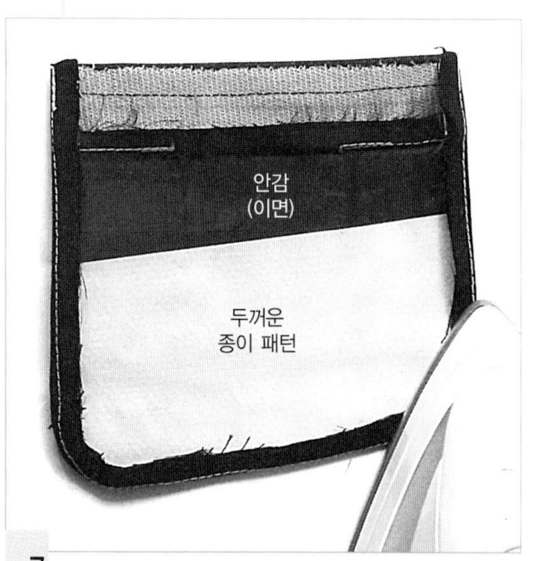

7 두꺼운 종이 패턴을 대고 모양을 만든다.

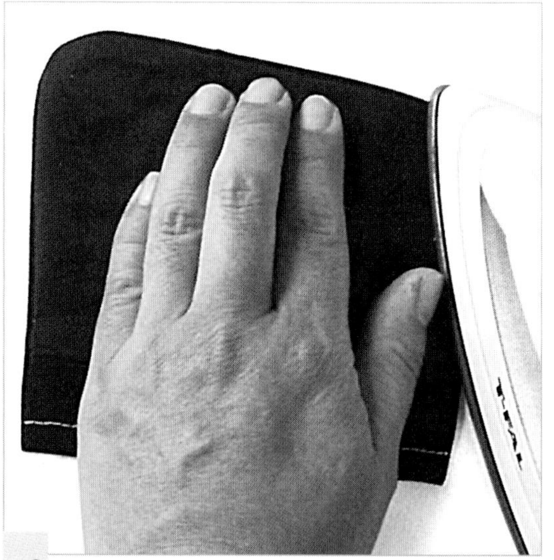

8 겉으로 뒤집어서 0.2cm 차이나게 다림질한다.

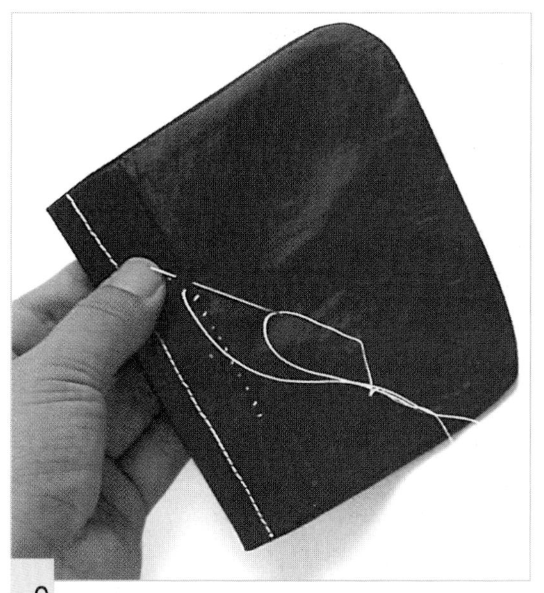

9 주머니 입구의 박지 않고 남겨두었던 곳을 감침질한다.

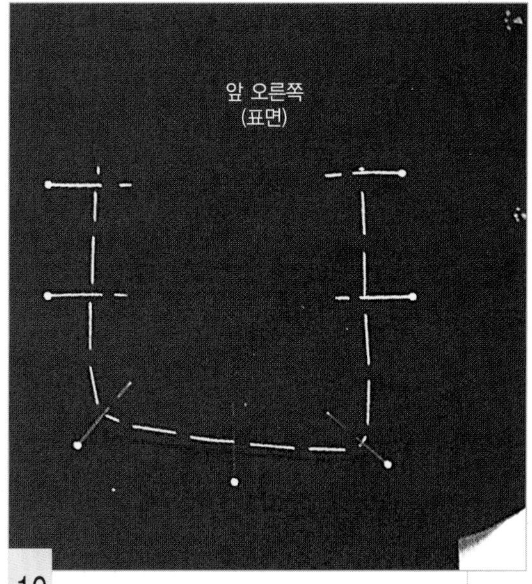

10 주머니 다는 위치에 맞추어 핀을 꽂고 시침질한다.

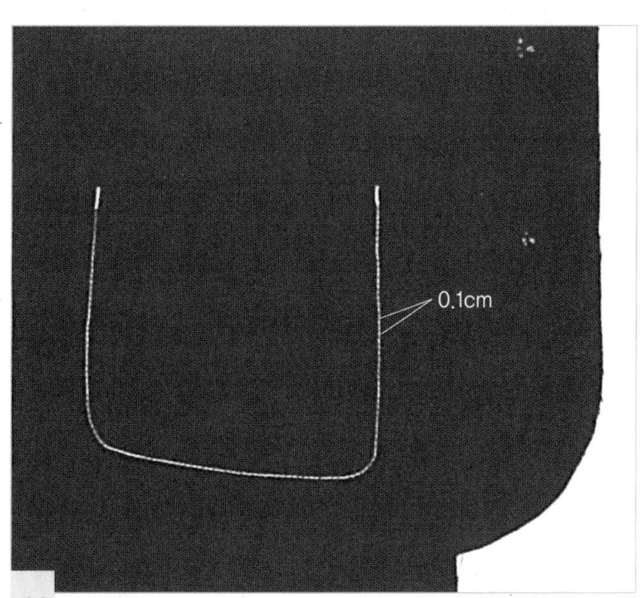

11 0.1cm에 스티치한다.

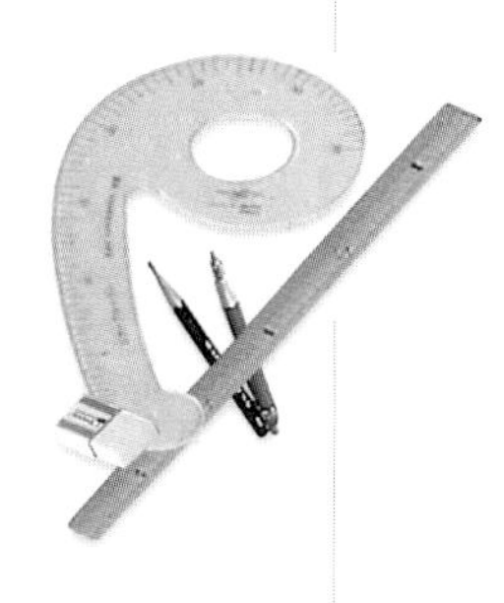

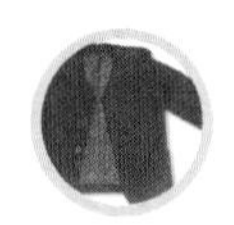

3. 뒤 중심선을 박는다.

1 뒤 중심선을 박는다.

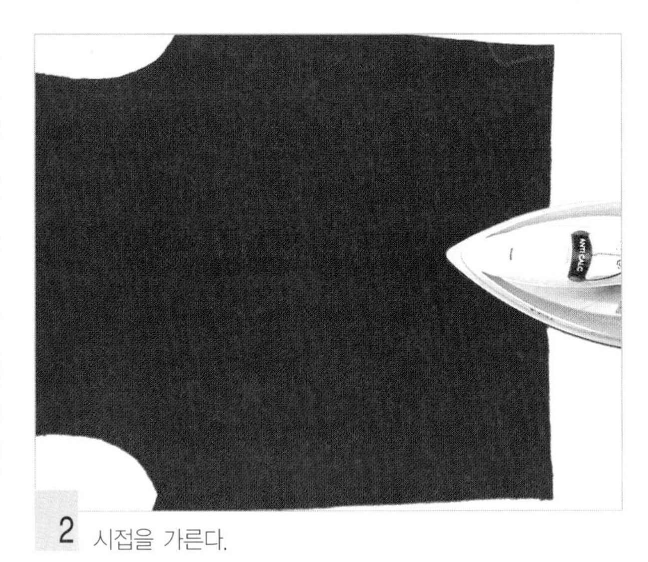

2 시접을 가른다.

4. 어깨선을 박는다.

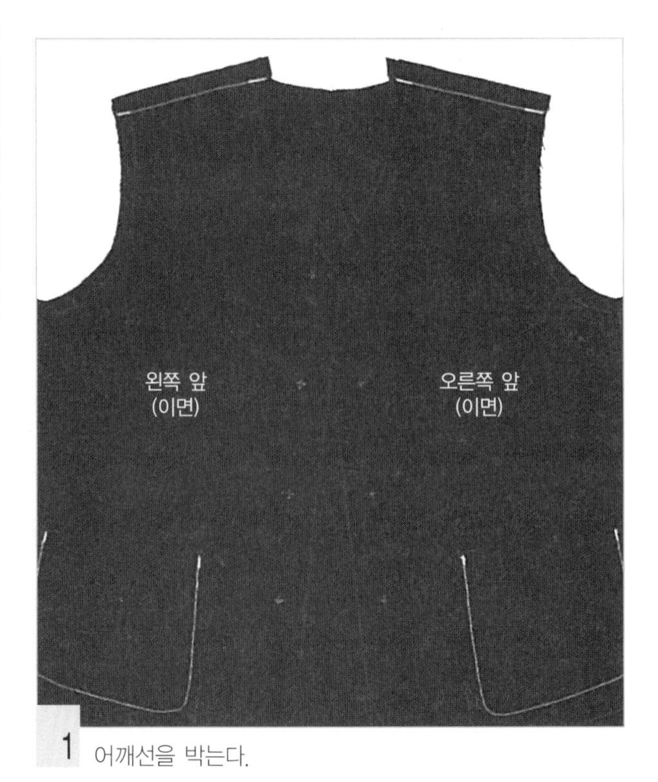

1 어깨선을 박는다.

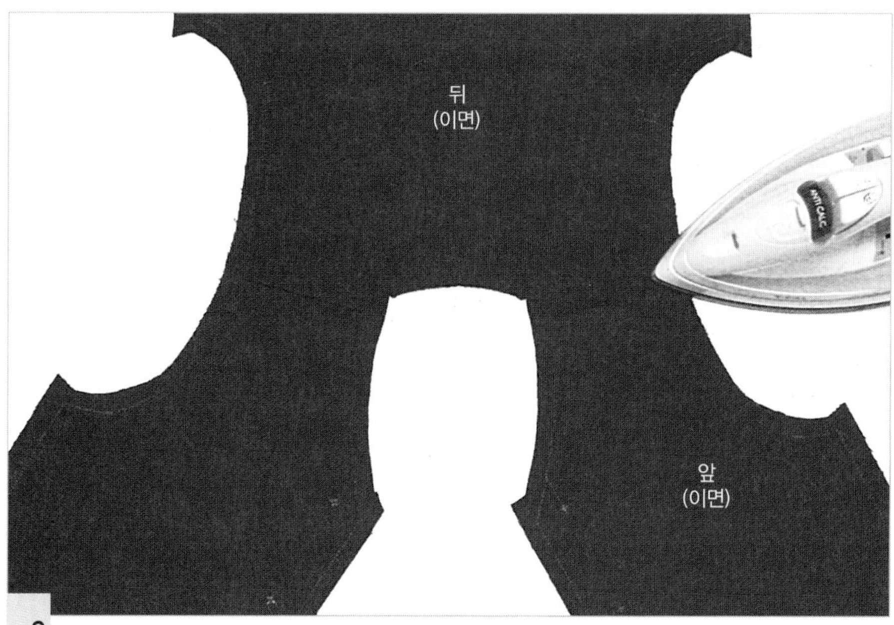

2 어깨선의 시접을 가른다.

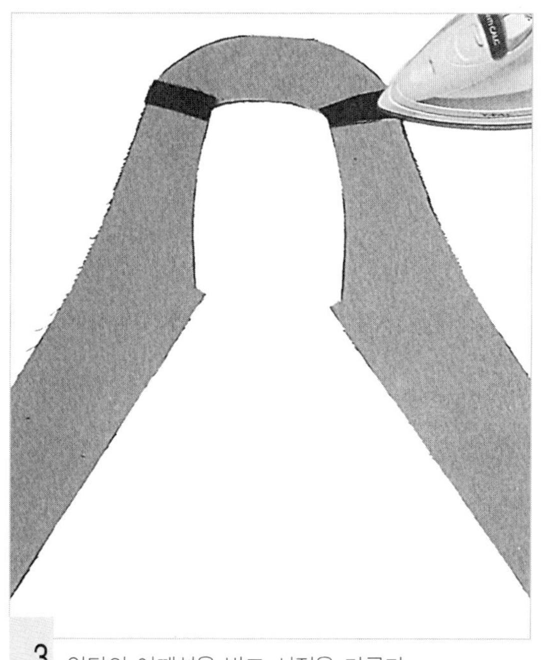

3 안단의 어깨선을 박고 시접을 가른다.

5. 목둘레와 앞 여밈을 처리한다.

1 목둘레와 앞단에 늘림방지 테이프를 붙인다.

2 몸판과 안단을 0.2cm 차이나게 겉끼리 마주 대어 맞추고 안단의 완성선을 박는다.

3 목둘레와 밑단 쪽의 곡선 부분에 가윗밥을 넣는다.

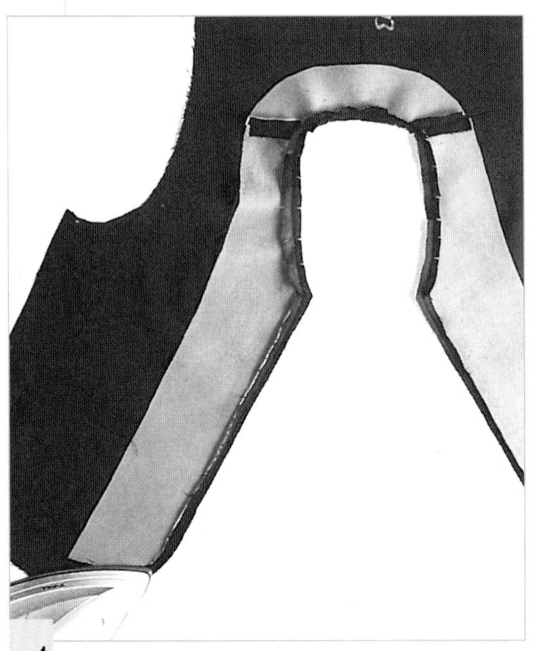

4 시접을 가른다.

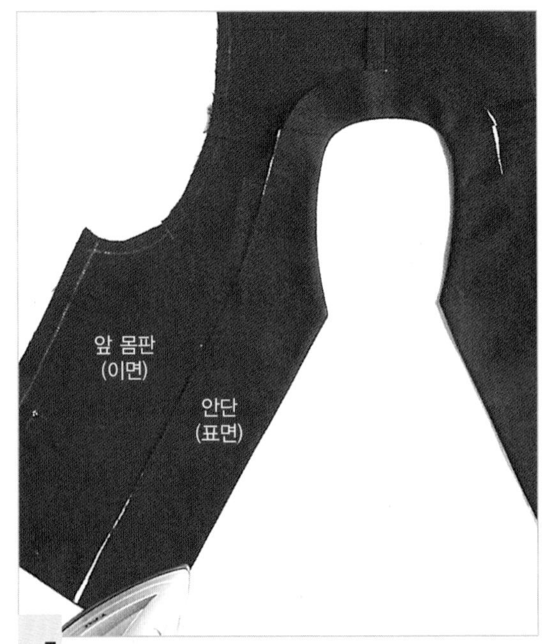

5 안단을 겉으로 뒤집어서 0.2cm 안쪽으로 들여서 다림질한다.

6. 옆선을 박는다.

1 옆선을 박고 시접을 가른다.

7. 소매를 만들어 단다.

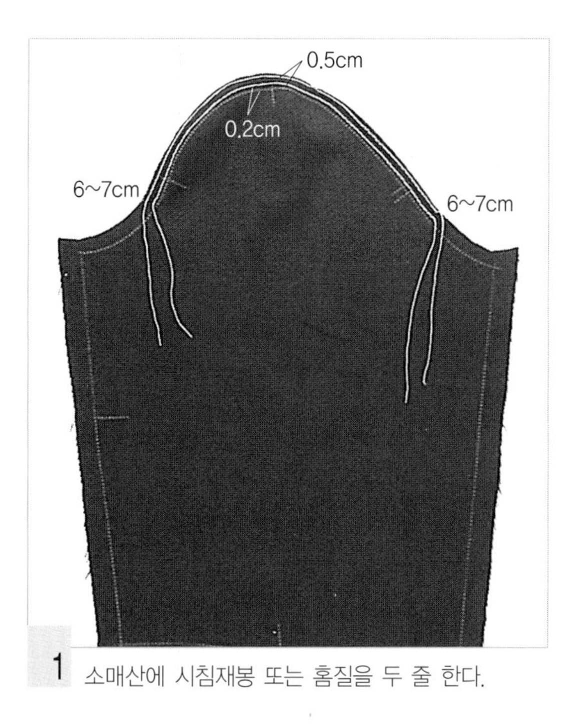

1 소매산에 시침재봉 또는 홈질을 두 줄 한다.

2 소매 밑을 박고 시접을 가른다.

3 소매 입구를 완성선에서 접어 올려 새발뜨기로 고정시킨다.

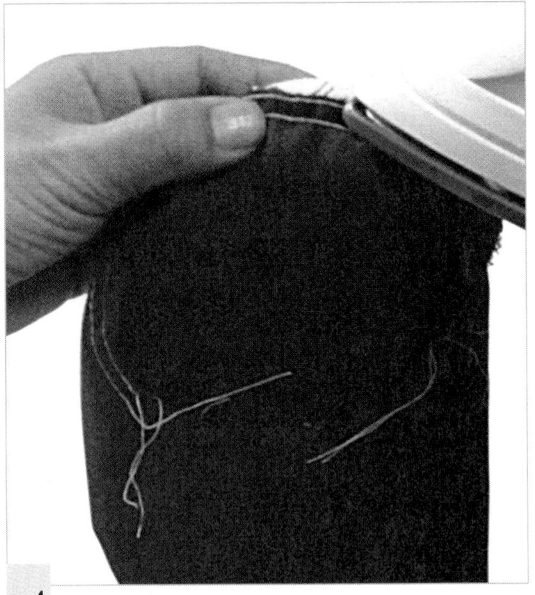

4 홈질한 실을 당겨 오그림분을 오그리고 프레스 볼이나 어깨 다리미대를 이용해서 다리미 끝으로 오그림을 눌러 준다.

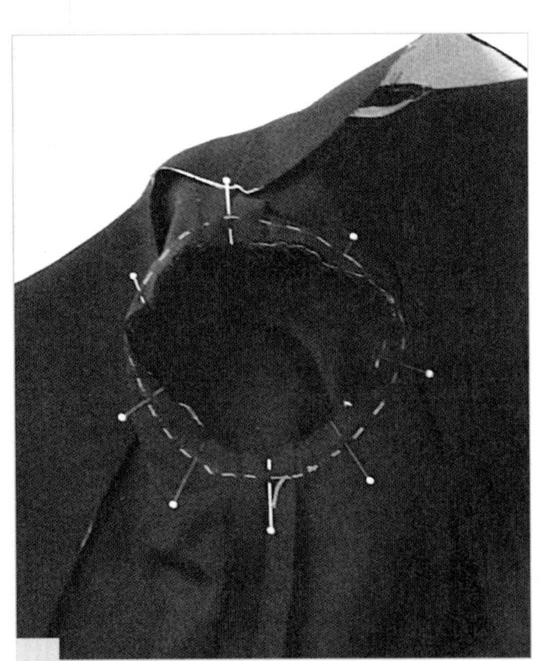

5 어깨와 소매산, 옆선과 소매 밑을 맞추어 핀으로 고정시킨 다음 몸판과 소매의 맞춤표시를 맞추어서 핀으로 고정시키고 시침질한다.

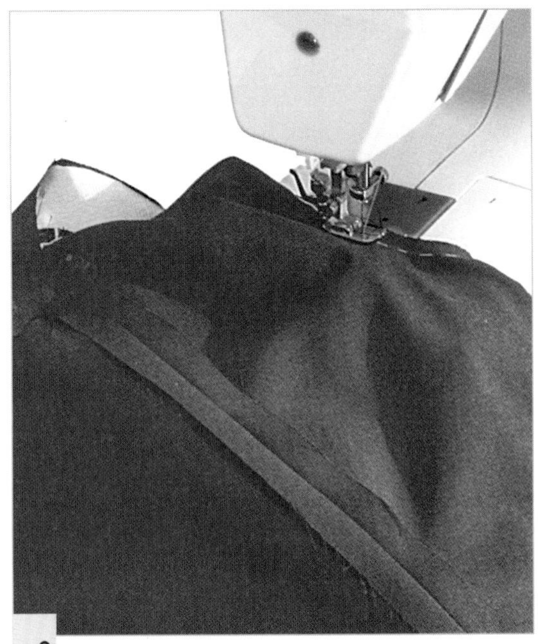

6 몸판 쪽이 위로 오게 하여 소매를 박는다.

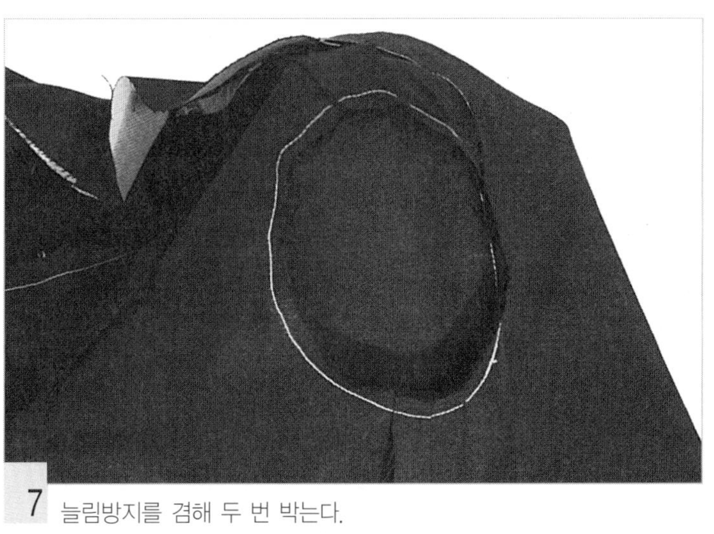

7 늘림방지를 겸해 두 번 박는다.

8. 안감을 만든다.

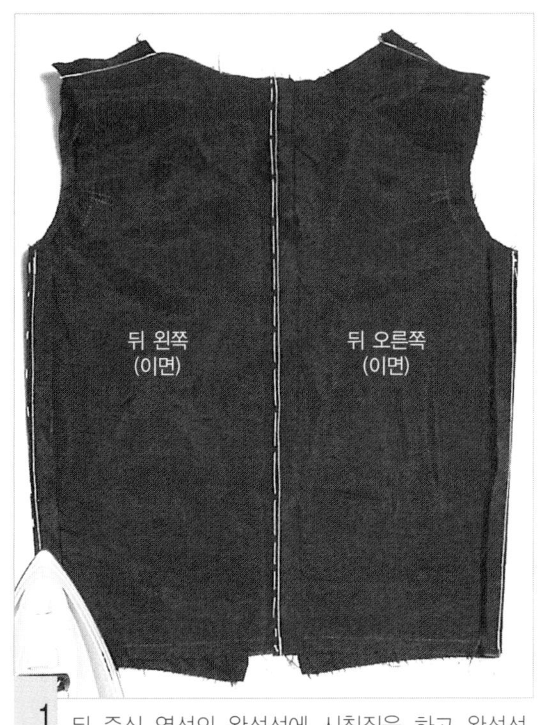

1 뒤 중심 옆선의 완성선에 시침질을 하고 완성선에서 0.3cm 시접 쪽을 박는다. 뒤 중심 시접은 두 장 함께 오른쪽으로, 옆선은 뒤쪽으로, 어깨 시접은 앞쪽으로 넘겨 완성선에서 접어 넘긴다.

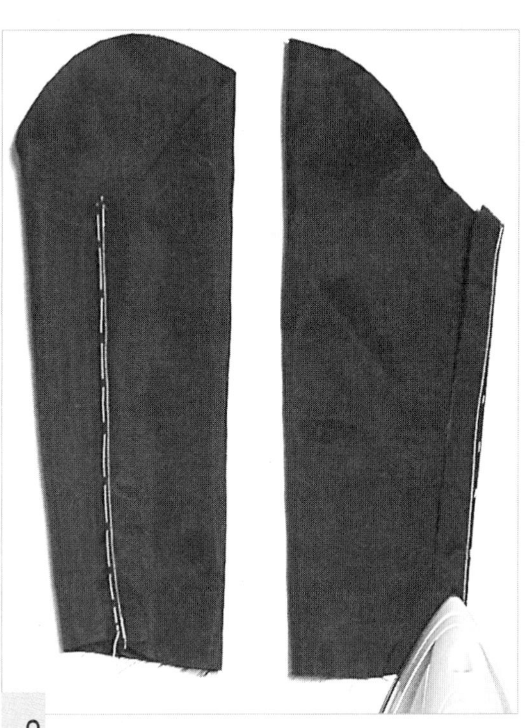

2 소매 밑의 완성선에 시침질을 하고 완성선에서 0.5cm 시접 쪽을 박는다. 시접은 두 장 함께 뒤 소매 쪽으로 넘긴다.

3 소매를 달아 안감을 완성한다.

9. 몸판과 안감을 맞추어 박는다.

1 안감의 밑단 시접을 겉감의 밑단 시접으로부터 2cm 접어 올리고 안단과 맞추어 시침질하고 박는다.

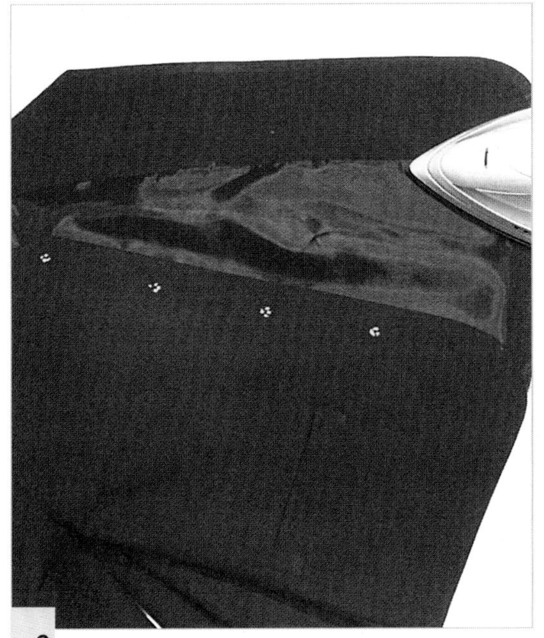

2 겉으로 뒤집어서 시접을 안감 쪽으로 넘긴다.

3 겉감과 안감의 옆선 시접을 맞추어 시침실 두 올로 틀어지지 않도록 느슨하게 고정시킨다.

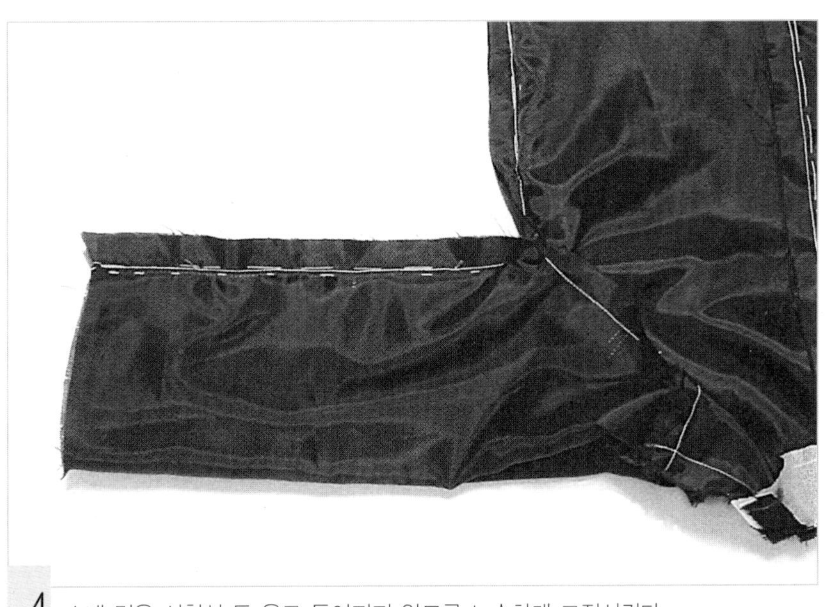

4 소매 밑을 시침실 두 올로 틀어지지 않도록 느슨하게 고정시킨다.

10. 소매 입구와 단을 처리한다.

1 소매 안감의 소매 입구를 접어 올려 감침질한다.

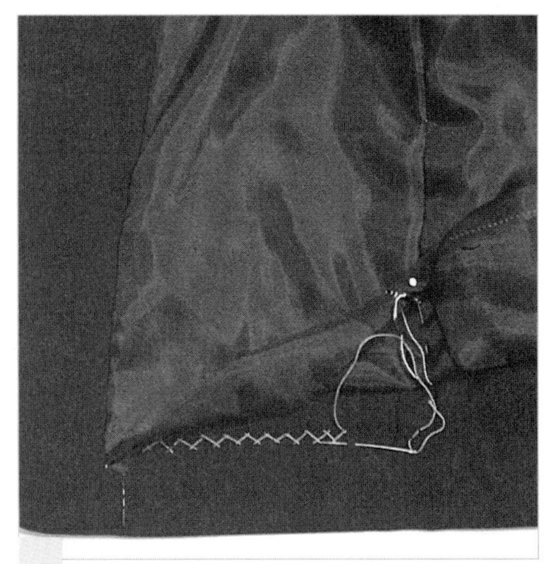

2 겉감의 밑단을 완성선에서 접어 올려 새발뜨기한다.

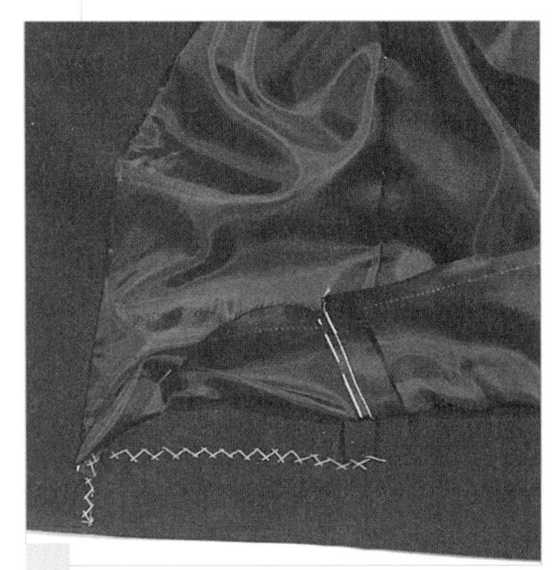

3 안단을 촘촘하게 새발뜨기 또는 촘촘한 감침질을 한다.

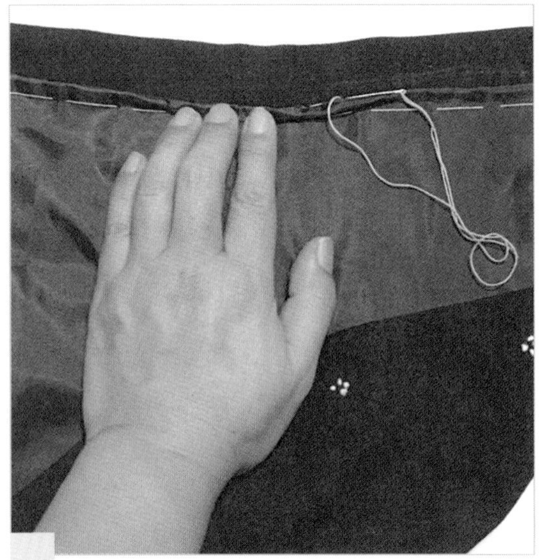

4 안감을 접어 올려 시침질로 고정시키고, 그 접은 산을 반만큼 밀어서 감침질한다.

11. 단춧구멍을 만들고 단추를 달아 완성한다.

1 완성.

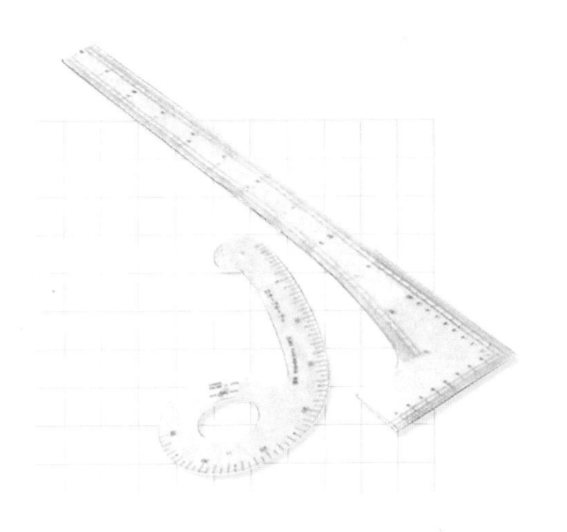

투피스의 바지 만들기

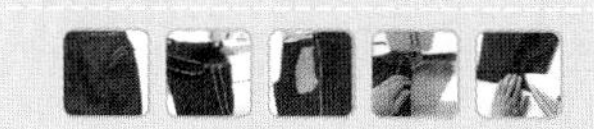

1. 시접에 오버록 재봉을 한다.

1 앞판의 허리선을 제외한 모든 시접에 오버록 재봉을 한다.

2. 앞 바지의 허리선에 안단을 단다.

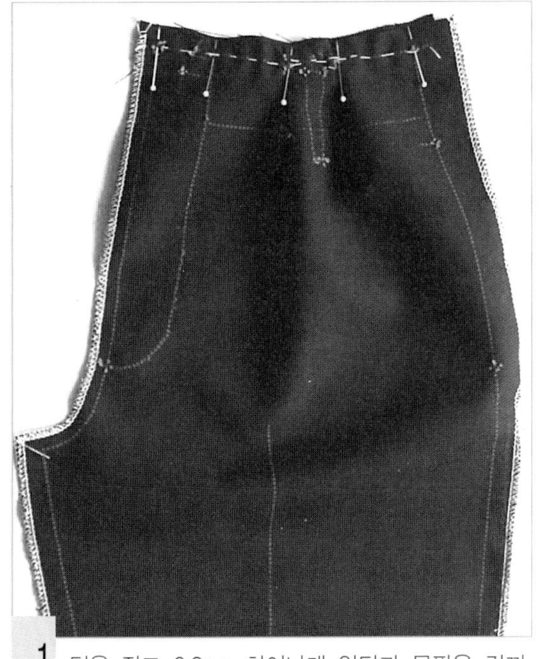

1 턱을 잡고 0.2cm 차이나게 안단과 몸판을 겉끼리 마주 대어 시침질한다.

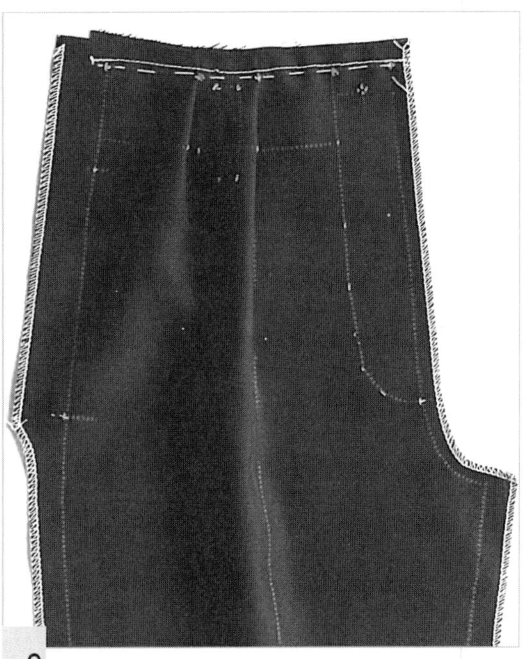

2 허리선을 박는다.

3 시접을 가른다.

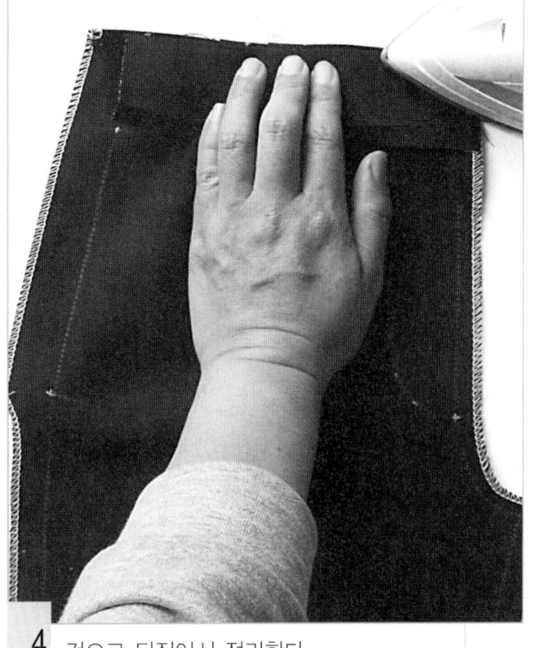

4 겉으로 뒤집어서 정리한다.

5 안단의 밑쪽 시접을 접는다.

3. 옆선을 박고 주머니를 만든다.

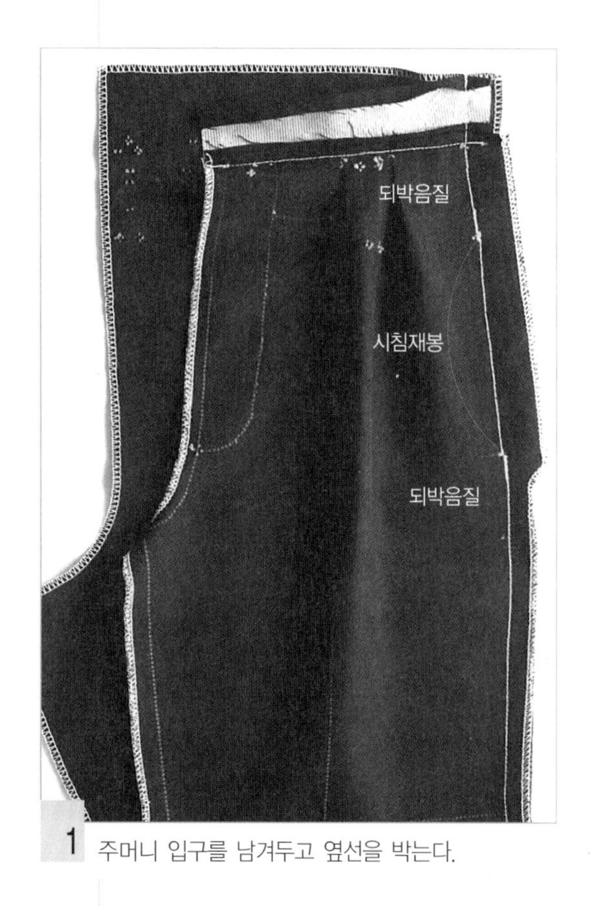

1 주머니 입구를 남겨두고 옆선을 박는다.

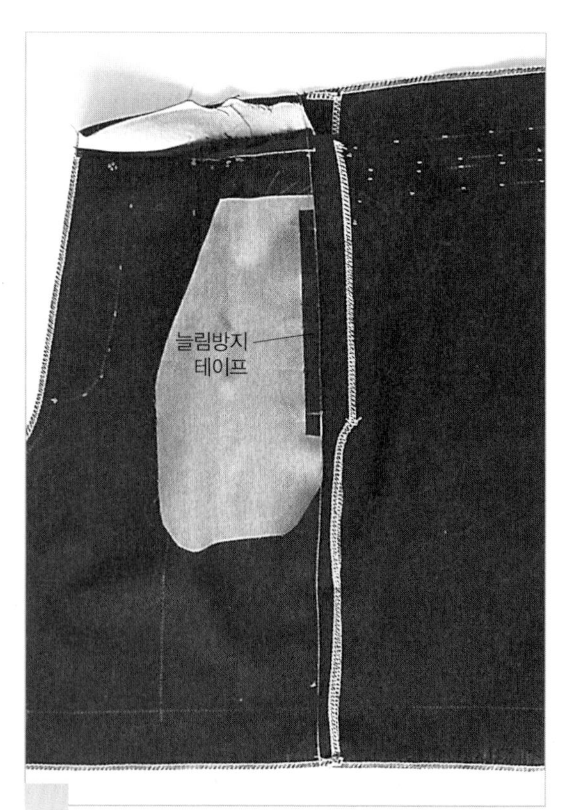

2 주머니 입구에 주머니 천 A를 얹어 늘림방지 테이프를 붙인다.

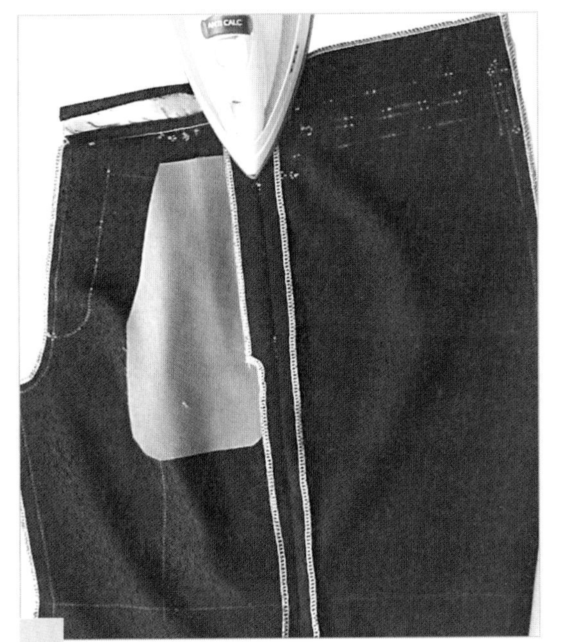

3 옆선의 시접을 가른다.

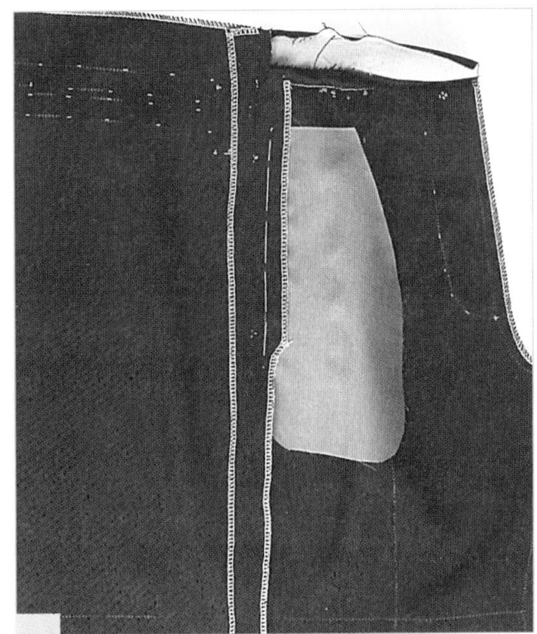

4 주머니 천 A를 시침질로 고정시킨다.

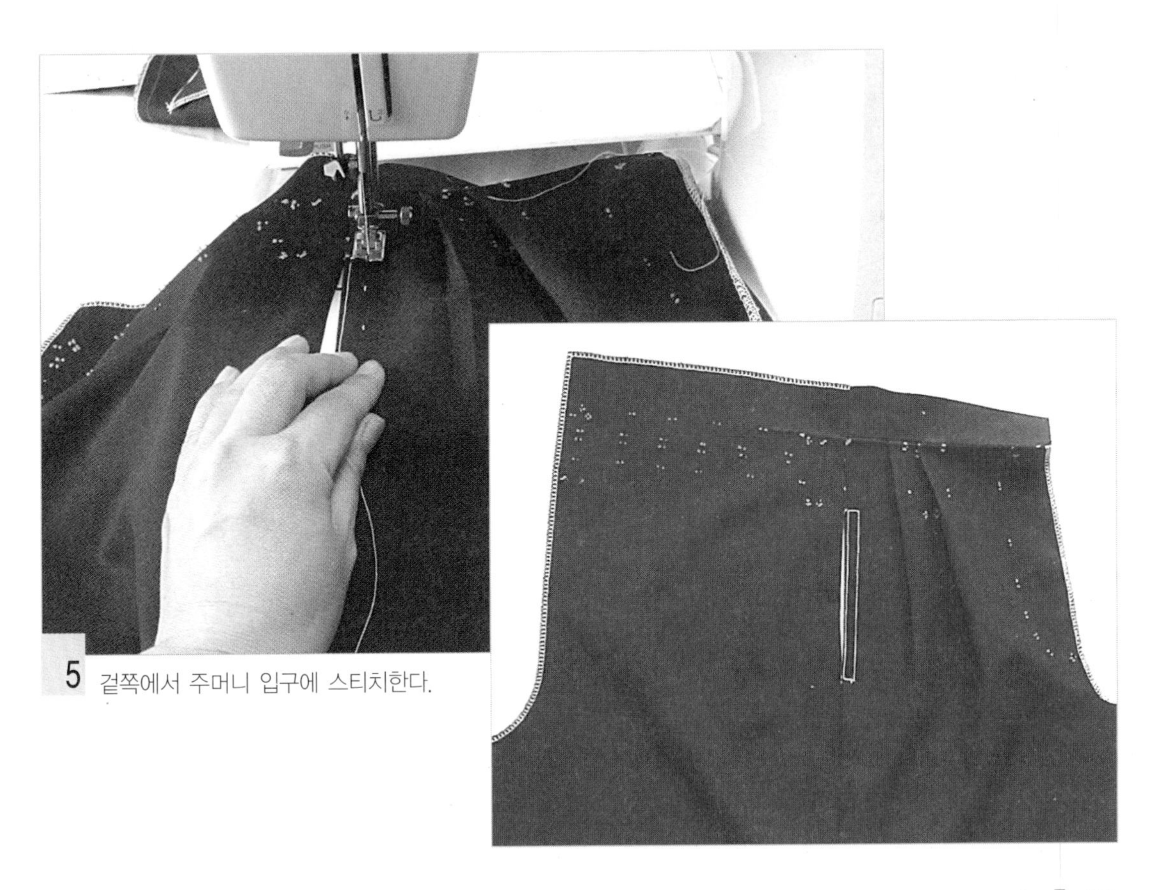

5 겉쪽에서 주머니 입구에 스티치한다.

6 주머니 입구의 옆선 시접과 주머니 천 A를 박아 고정시킨다.

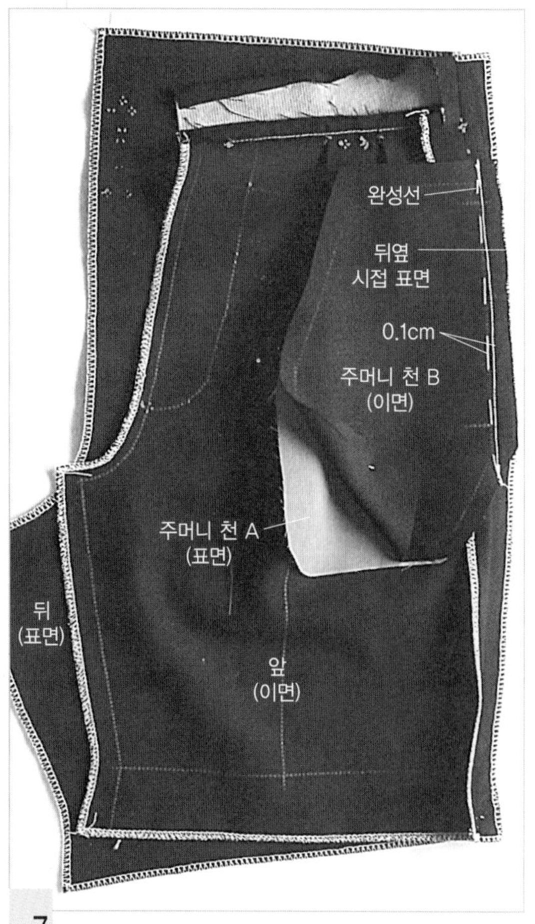

7 주머니 천 B를 얹어 완성선에서 0.1cm 시접 쪽을 박는다.

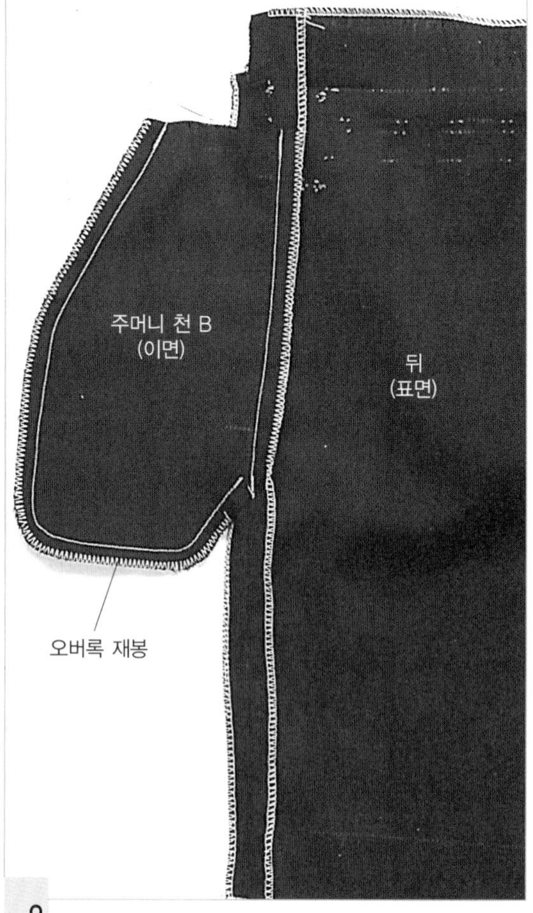

8 주머니 천 A, B를 맞추어 주머니 주위를 박고 오버록 또는 지그재그 재봉을 한다.

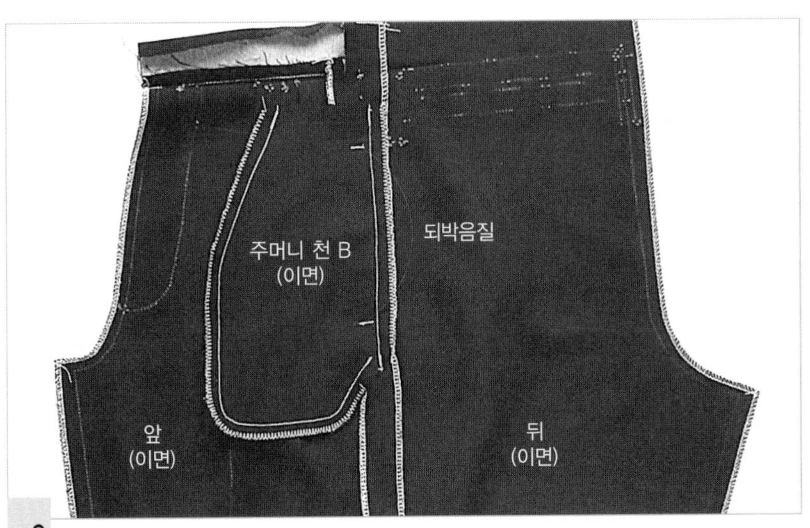

9 주머니 입구의 위아래를 겉쪽에서 되박음질로 고정한다.

4. 밑 아래를 박는다.

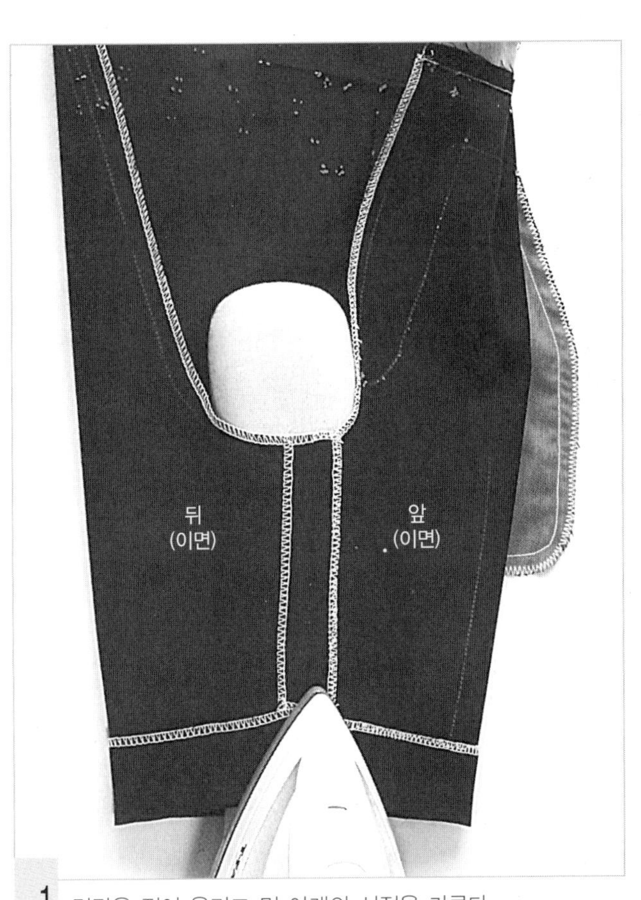

1 밑단을 접어 올리고 밑 아래의 시접을 가른다.

5. 앞 트임에 안단을 단다.

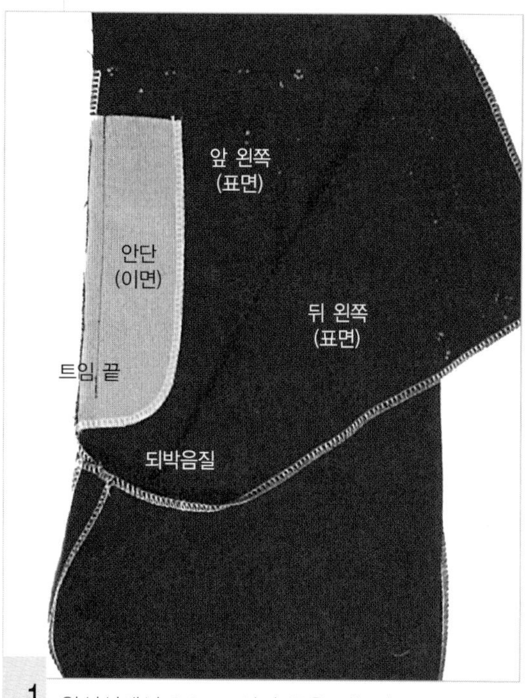

1 완성선에서 0.2cm 시접 쪽을 박는다.

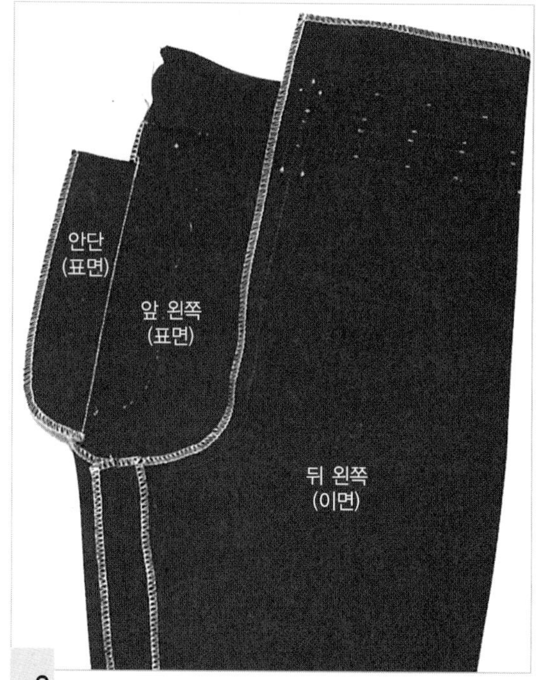

2 안단을 넘겨 0.1cm에 스티치한다.

3 0.2cm 차이나게 다림질한다.

6. 밑 위를 박는다.

1 왼쪽 바짓가랑이 사이로 오른쪽 바짓가랑이를 끄집어내어 트임 끝까지 밑 위를 두 번 박는다(P.135 참조).

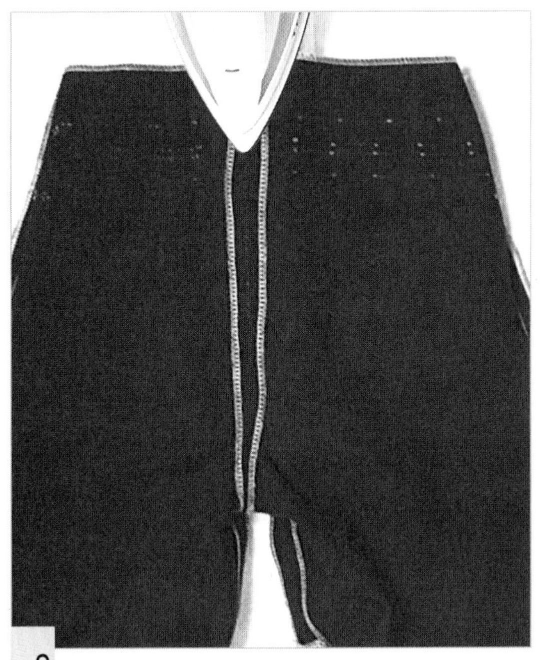

2 프레스 볼 위에서 다리미 끝을 사용해 시접을 가른다.

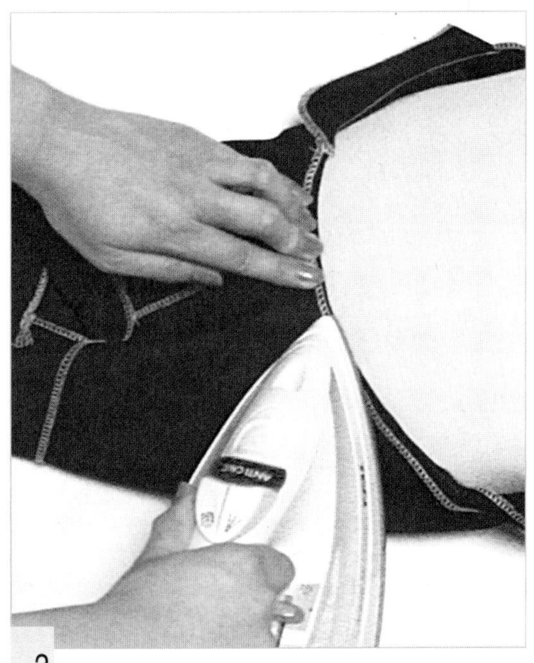

3 시접이 틀어지지 않도록 양쪽의 시접을 프레스 볼 위에서 다리미 끝을 사용해 좌우로 가른다.

7. 지퍼를 단다.

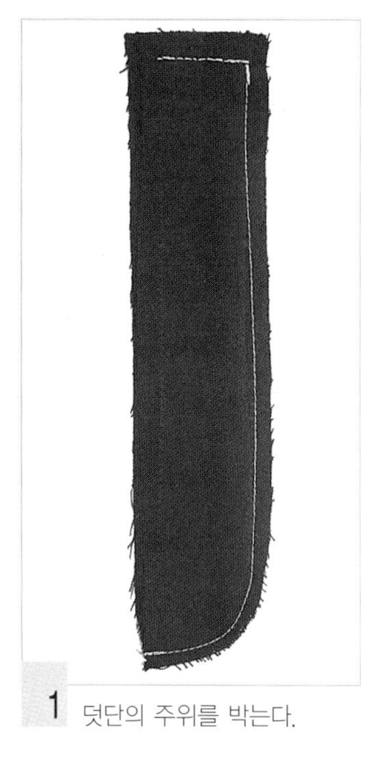

1 덧단의 주위를 박는다.

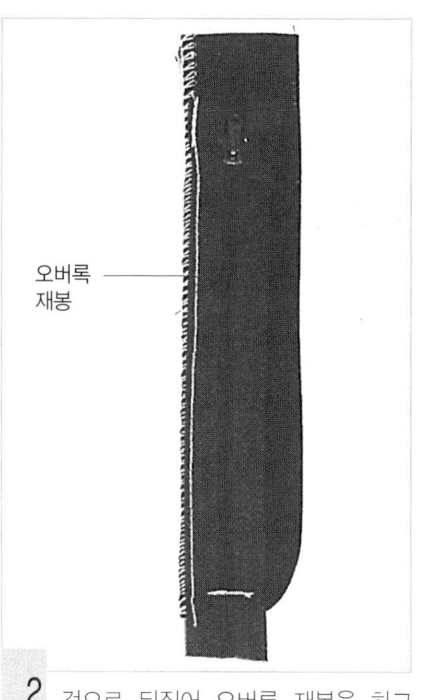

2 겉으로 뒤집어 오버록 재봉을 하고 덧단의 표면 위에 지퍼 이면을 얹어 지퍼를 단다.

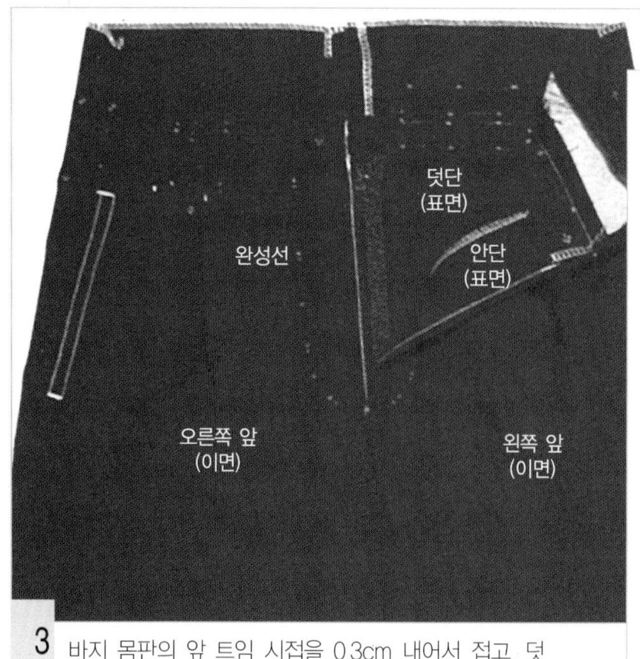

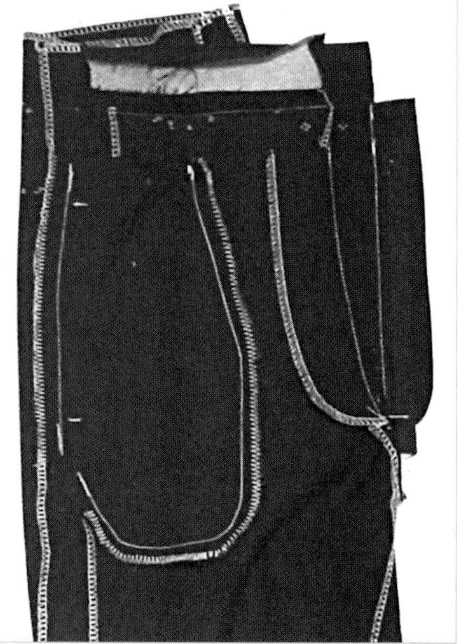

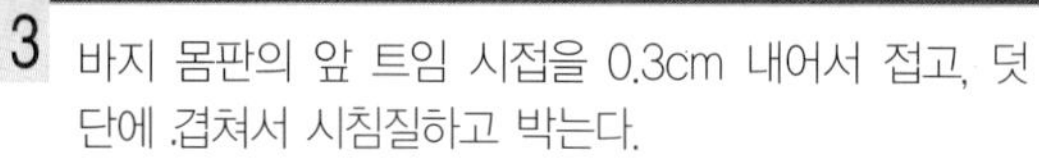

3 바지 몸판의 앞 트임 시접을 0.3cm 내어서 접고, 덧단에 .겹쳐서 시침질하고 박는다.

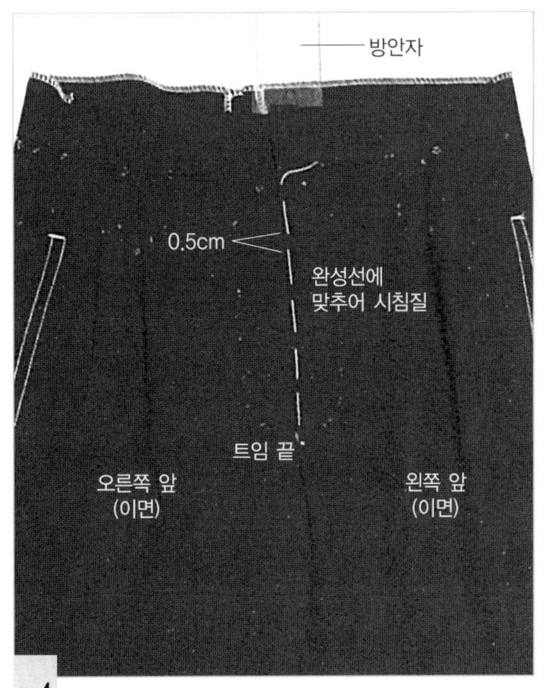

4 지퍼를 올리고 완성선에 맞추어 시침질한다.

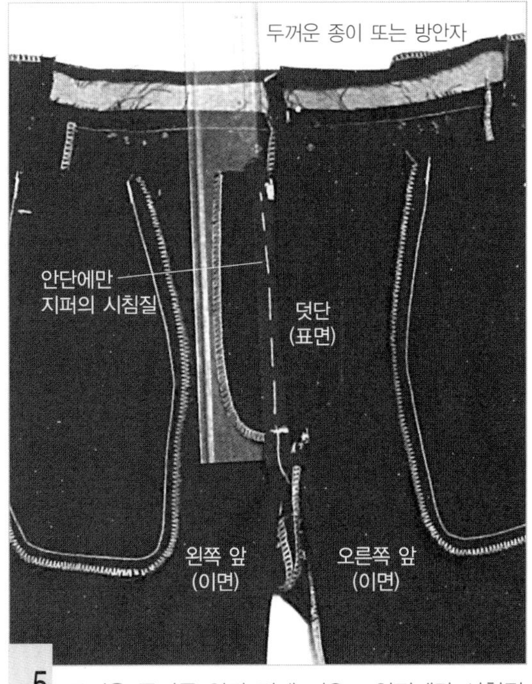

5 두꺼운 종이를 안단 밑에 끼우고 안단에만 시침질로 지퍼를 고정시킨다.

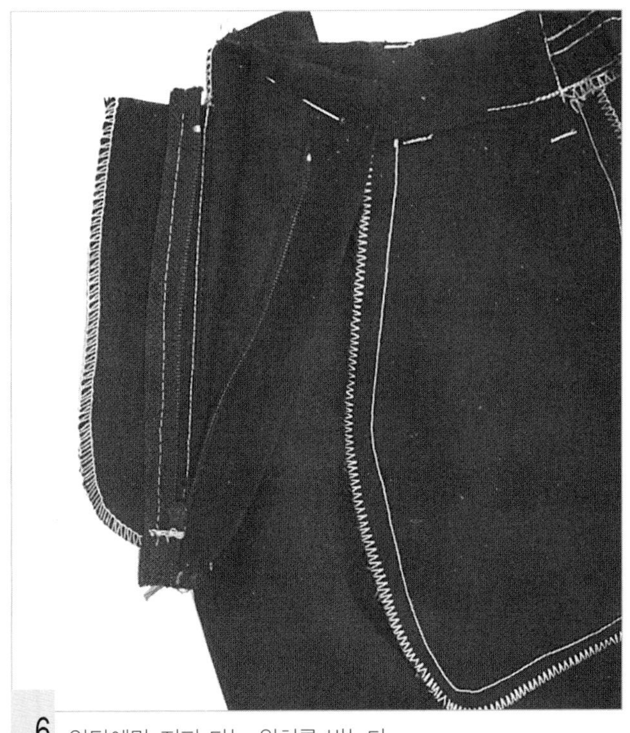

6 안단에만 지퍼 다는 위치를 박는다.

8. 허리선을 처리한다.

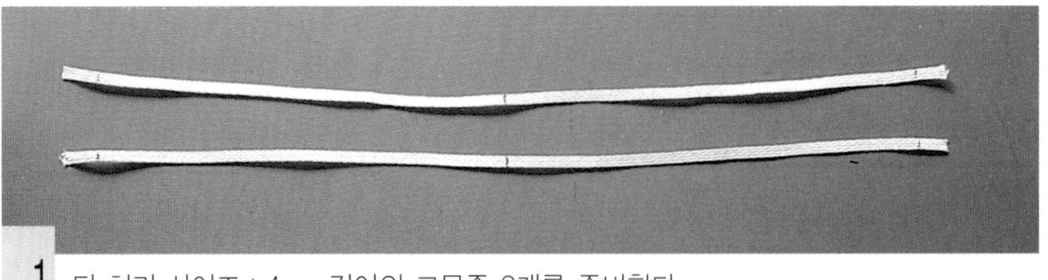

1 뒤 허리 사이즈+4cm 길이의 고무줄 2개를 준비한다.

2 덧단을 피해 겉에서 스티치하고, 트임 끝에서 덧단까지 통하게 되박음질한다.

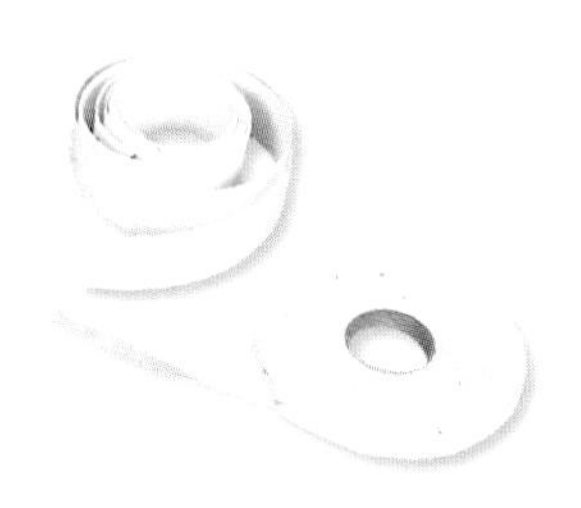

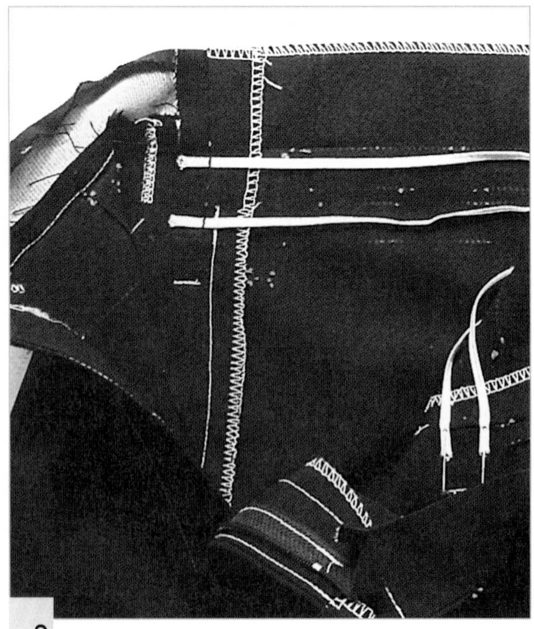

3 옆선에서 고무줄을 박아 고정시킨다.

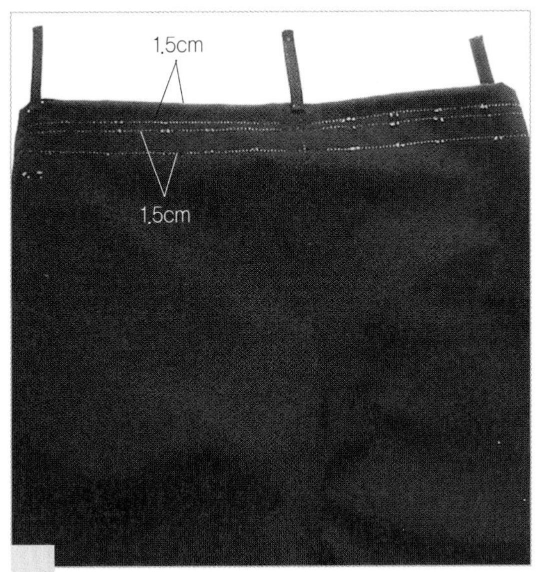

4 뒤 허리선을 완성선에서 접어 내려 겉쪽에서 스티치하고 벨트 고리를 허리선 쪽부터 박는다.

5 벨트 고리를 내려 시접을 접어 넣고 되박음질로 고정한다.

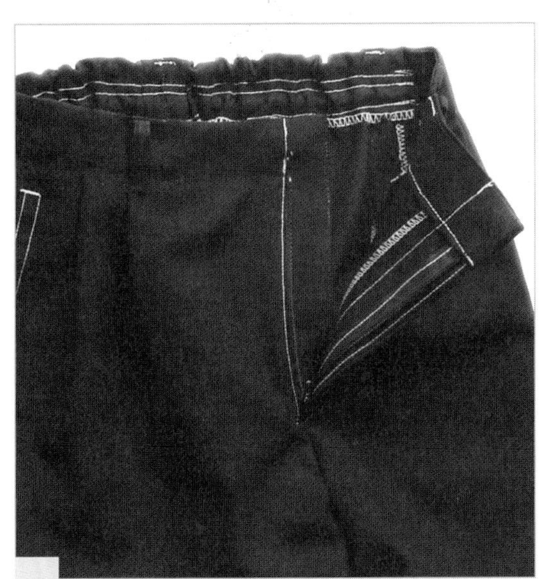

6 고무줄을 끼우고 고무줄 끝을 반대쪽 옆선에서 박아 고정시킨 다음 앞 허리선의 안단 밑쪽을 겉에서 스티치한다.

9. 단춧구멍을 만들고 단추를 달아 완성한다.

1 완성.

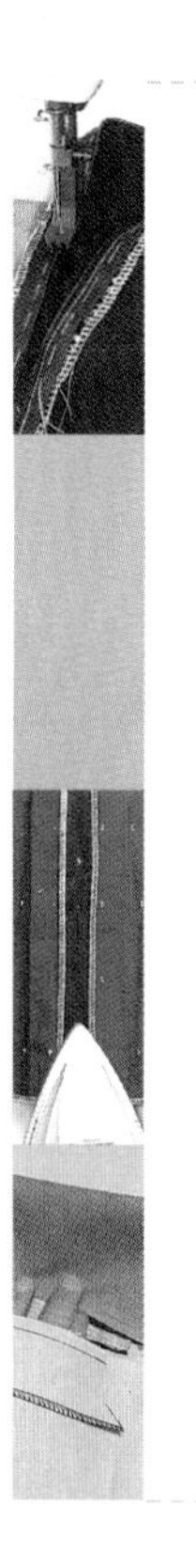

조현주 정혜민 정명희 공저

2016년 11월 25일 발행

발행처 * 전원문화사
발행인 * 남병덕

등록 * 1999년 11월 16일
제1999-053호

서울시 강서구 화곡로 43가길 30. 2층
T.02)6735-2100 F.6735-2103

E-mail * jwonbook@naver.com

*잘못된 책은 바꾸어 드립니다.

*책값은 표지에 있습니다.